中国土木工程建设发展报告

2023

中国土木工程学会　组织编写

中国建筑工业出版社

2023

Civil Engineering

编审委员会

主　　　任：易　军
副 主 任：王　刚　王立新
编委会委员：尚春明　马泽平　顾祥林　聂建国　叶卫东　李吉勤　王　俊
　　　　　　李建勋　叶阳升　肖汝诚　易国良　刘军进　马恩成　刘　飞
　　　　　　邢佩旭　周文波　张　悦　张必伟　张　毅　赵桂君　张　军
　　　　　　毛志兵　王　霓　周　云　王汉军　张冬梅　黄晓家　肖从真
　　　　　　石永久　林　鸣　伊　祥　岳清瑞　王要武

学术委员会

主　　　任：聂建国
委　　　员：周绪红　缪昌文　肖绪文　卢春房　陈湘生　张建民　岳清瑞
　　　　　　徐　建　张喜刚　王清勤　肖从真　叶阳升　张晋勋　冯　跃
　　　　　　龚　剑　洪开荣　孟凡超　杨　煜　方东平　范　峰　杨庆山
　　　　　　贾金生

编写组

主　　　编：尚春明　王要武
副 主 编：李吉勤　张　君　毛志兵　满庆鹏
编写组成员（按汉语拼音排序）：
　　　　　　董海军　冯凯伦　郭　妍　黄　宁　李　冰　李　浩　李林尧
　　　　　　李　宁　刘　渊　刘作为　戚　彬　石　凯　王　硕　王晓朦
　　　　　　王　新　王　羽　杨健康　张　洁　张佳琪　张紫仪

序

改革开放以来，我国土木工程建设经历了产业规模从小到大、建造能力由弱变强的转变，对经济社会发展、城乡建设和民生改善作出了重要贡献。2023年3月15日，习近平总书记在中国共产党与世界政党高层对话会上的主旨讲话中指出：随着中国现代化产业体系建设的推进，我们将为世界提供更多更好的中国制造和中国创造，为世界提供更大规模的中国市场和中国需求。《中华人民共和国国民经济和社会发展第十四个五年规划和2035年远景目标纲要》中明确提出：优化投资结构，提高投资效率，保持投资合理增长。加快补齐基础设施、市政工程、农业农村、公共安全、生态环保、公共卫生、物资储备、防灾减灾、民生保障等领域短板，推动企业设备更新和技术改造，扩大战略性新兴产业投资。推进既促消费惠民生又调结构增后劲的新型基础设施、新型城镇化、交通水利等重大工程建设。面向服务国家重大战略，实施川藏铁路、西部陆海新通道、国家水网、雅鲁藏布江下游水电开发、星际探测、北斗产业化等重大工程，推进重大科研设施、重大生态系统保护修复、公共卫生应急保障、重大引调水、防洪减灾、送电输气、沿边沿江沿海交通等一批强基础、增功能、利长远的重大项目建设。这些都为我国土木工程建设指明了发展方向、拓展了市场空间。面对新的形势和任务，需要通过对我国土木工程建设发展历程的全方位回顾，全面厘清土木工程建设的发展现状，深入了解土木工程建设项目管理与技术创新的进展程度，发现、梳理亟待解决的热点、难点问题，研判、分析土木工程建设未来的趋势和动向；需要通过先进典型的标杆示范，引领土木工程建设企业不断提升自身的核心竞争力。从这个意义而言，通过加强土木工程学科智库的建设，推进土木工程建设研究的科学化、专业化水平，显得尤为重要。

《中国土木工程建设发展报告》是中国土木工程学会系统筹划，组织专业团队精心打造的一项重要的智库成果。报告每年出版一部，力图全面记载、呈现过去一年我国土木工程建设的总体状况。报告通过翔实的数据资料和丰富的工程案例，呈现出近10年特别是上年度我国土木工程建设的发展概貌；基于中国土木工程学会下达的年度研究课题，围绕土木工程建设年度热点问题，汇集了相应的研究成果；通过建立模型和数据分析，进行了土木工程建设企业综合实力和科技创新能力排序分析。这部报告的出版，对于全面了解我国土木工程建设的发展状况，总结土木工程建设的发展经验，研判土木工程建设的未来趋势，明确土木工程建设的具体目标和行动路径，打造"中国建造"品牌，提升我国土木工程建设企业的核心竞争力，具有十分重要的意义。

本报告是我国发布的第四本土木工程建设发展年度报告。在短短几个月的时间里，编委会精心组织，系统谋划，全体参编人员集思广益、反复推敲，付出了极大的努力。我向为本报告的成功出版作出贡献的同志们表示由衷的感谢。

期待本报告能够得到广大读者的关注和欢迎，也希望你们在分享本报告研究成果的同时，也对其中尚存的不足提出中肯的批评和建议，以利于编写人员认真采纳与研究，使下一个年度报告更趋完美，让读者更加受益。希望中国土木工程学会和本书的编写者们，能够持之以恒地跟踪我国土木工程建设的发展动态，长期不懈地关注土木工程建设发展的热点问题和前沿方向，全面系统地总结土木工程建设企业项目管理和技术创新的成功经验，逐步形成年度序列性的土木工程建设发展研究成果，引领我国土木工程建设的发展方向，为打造"中国建造"品牌，提升我国土木工程建设企业的核心竞争力作出更大的贡献。

中国土木工程学会理事长

2024 年 10 月

前言

为了客观、全面地反映中国土木工程建设的发展状况，打造"中国建造"品牌，提升中国土木工程建设企业的核心竞争力，中国土木工程学会从 2021 年开始，每年编制一本反映上一年度中国土木工程建设发展状况的分析研究报告——《中国土木工程建设发展报告》。本报告即为中国土木工程建设发展报告的 2023 年度版。

本报告共分 6 章。第 1 章对土木工程建设的总体状况进行分析，包括对固定资产投资总体状况的分析和对房屋建筑工程、铁路工程、公路工程、水利与水路工程、机场工程、市政工程建设情况的分类分析；第 2 章从土木工程建设企业的经营规模、盈利能力两个维度，对土木工程建设企业的竞争力进行了分析，并通过构建综合实力分析模型，对土木工程建设企业进行了综合实力排序；第 3 章通过对进入国际承包商 250 强、全球承包商 250 强和财富世界 500 强中的土木工程建设企业的分析，阐述了土木工程建设企业的国际影响力状况；第 4 章从研究项目、科研成果、标准编制、专利研发四个方面，分析了土木工程建设领域科技创新的总体情况，对中国土木工程詹天佑奖获奖项目的科技创新特色进行了分析，提出了土木工程建设企业科技创新能力排序模型，对土木工程建设企业科技创新能力进行了排序分析；第 5 章基于中国土木工程学会下达的年度研究课题，围绕工程推动建筑业绿色低碳发展、中国城市住宅发展现状与趋势、"双碳"背景下智慧社区新技术体系及典型应用、超大城市深层地下空间技术四个土木工程建设年度热点问题，汇集了相应的研究成果；第 6 章汇编了土木工程建设年度颁布的相关政策、文件，总结了土木工程建设年度发展大事记和中国土木工程学会年度大事记。

本报告是系统分析中国土木工程建设发展状况的系列著作，对于全面了解中国土木工程建设的发展状况、学习借鉴优秀企业土木工程建设项目管理和技术创新的先进经验、开展与土木工程建设相关的学术研究，具有重要的借鉴价值。

可供广大高等院校、科研机构从事土木工程建设相关教学、科研工作的人员、政府部门和土木工程建设企业的相关人员阅读参考。

本报告在制定编写方案、收集相关数据和书稿编写及审稿的过程中，得到了有关行业专家、中国土木工程学会各分支机构、相关土木工程建设企业的积极支持和密切配合；在编辑、出版的过程中，得到了中国建筑工业出版社的大力支持，在此表示衷心的感谢。

限于时间和水平，本书错讹之处在所难免，敬请广大读者批评指正。

本书编委会

2024 年 10 月

目录

第 1 章 土木工程建设的总体状况

1.1 固定资产投资的总体状况
002　　1.1.1　固定资产投资及其增长情况
005　　1.1.2　房地产开发投资及其增长情况
009　　1.1.3　固定资产投资与土木工程建设的相互作用关系

1.2 房屋建筑工程建设情况分析
011　　1.2.1　房屋建筑工程建设的总体情况
015　　1.2.2　典型的建筑工程建设项目

1.3 铁路工程建设情况分析
023　　1.3.1　铁路工程建设的总体情况
025　　1.3.2　典型的铁路工程建设项目

1.4 公路工程建设情况分析
030　　1.4.1　公路工程建设的总体情况
033　　1.4.2　典型的公路工程建设项目

1.5 水利与水路工程建设情况分析
041　　1.5.1　水利与水路工程建设的总体情况
047　　1.5.2　典型的水利与水路工程建设项目

1.6 机场工程建设情况分析
051　　1.6.1　机场工程建设的总体情况
052　　1.6.2　典型的机场工程建设项目

1.7 市政工程建设情况分析
057　　1.7.1　市政工程建设的总体情况
060　　1.7.2　典型的市政工程建设项目

第 2 章 土木工程建设企业竞争力分析

2.1 分析企业的选择
2.2 土木工程建设企业经营规模分析
071　　2.2.1　土木工程建设企业营业收入分析
076　　2.2.2　土木工程建设企业资产总额分析

2.3 土木工程建设企业盈利能力分析

| 081 | 2.3.1 土木工程建设企业利润总额分析 |
| 085 | 2.3.2 土木工程建设企业净利润分析 |

2.4 土木工程建设企业综合实力分析

| 090 | 2.4.1 综合实力分析模型 |
| 091 | 2.4.2 土木工程建设企业综合实力 200 强 |

第 3 章　土木工程建设企业国际影响力分析

3.1 进入国际承包商 250 强的土木工程建设企业

100	3.1.1 进入国际承包商 250 强的总体情况
104	3.1.2 进入国际承包商业务领域 10 强榜单情况
105	3.1.3 区域市场分析
107	3.1.4 近 5 年国际承包商 10 强分析

3.2 进入全球承包商 250 强的土木工程建设企业

108	3.2.1 进入全球承包商 250 强的总体情况
111	3.2.2 业务领域分布情况分析
113	3.2.3 近 5 年全球承包商 10 强分析

3.3 进入财富世界 500 强的土木工程建设企业

| 115 | 3.3.1 进入财富世界 500 强的土木工程建设企业的总体情况 |
| 117 | 3.3.2 进入财富世界 500 强的土木工程建设企业主要指标分析 |

第 4 章　土木工程建设领域的科技创新

4.1 土木工程建设领域的科技进展

122	4.1.1 研究项目
126	4.1.2 科研成果
131	4.1.3 标准编制
134	4.1.4 专利研发

4.2 中国土木工程詹天佑奖获奖项目

| 141 | 4.2.1 获奖项目清单 |
| 145 | 4.2.2 获奖项目科技创新特色 |

4.3 土木工程建设企业科技创新能力排序

| 192 | 4.3.1 | 科技创新能力排序模型 |
| 194 | 4.3.2 | 科技创新能力排序分析 |

4.4 土木工程领域重要学术期刊

| 196 | 4.4.1 | 2023年土木工程领域重要学术期刊列表（中文期刊） |
| 199 | 4.4.2 | 2023年土木工程领域重要学术期刊列表（英文期刊） |

第5章 土木工程建设前沿与热点问题研究

5.1 推动建筑业绿色低碳发展

206	5.1.1	现状分析
210	5.1.2	面临的挑战与问题
211	5.1.3	有关建议
213	5.1.4	实施策略
216	5.1.5	结论与展望
218	5.1.6	工程案例

5.2 中国城市住宅发展现状与趋势研究（1978年至今）

229	5.2.1	绪论与背景
231	5.2.2	城市住宅建设转型起步阶段（1978~1985年）
235	5.2.3	城市住宅建设探索开拓阶段（1986~2003年）
239	5.2.4	城市住房建设蓬勃发展阶段（2004~2015年）
243	5.2.5	城市住宅全面提质阶段（2016年及以后）

5.3 "双碳"背景下智慧社区新技术体系及典型应用案例

248	5.3.1	智慧社区系统搭建原则
249	5.3.2	智慧社区管理平台
252	5.3.3	新型信息技术应用
262	5.3.4	智能系统
271	5.3.5	能源及碳排放管理平台应用
274	5.3.6	典型应用案例
296	5.3.7	智慧社区发展状况分析与发展建议

5.4 超大城市深层地下空间技术

| 298 | 5.4.1 | 深层地下空间功能分析及利用现状 |
| 304 | 5.4.2 | 深层地下空间建造技术 |

| 311 | 5.4.3 深层地下空间运营与安全 |
| 318 | 5.4.4 深层地下空间权属 |

第6章 2023年土木工程建设相关政策、文件汇编与发展大事记

6.1 土木工程建设相关政策、文件汇编

322	6.1.1 中共中央、国务院颁发的相关政策、文件
322	6.1.2 国家发展改革委颁发的相关政策、文件
323	6.1.3 住房和城乡建设部颁发的相关政策、文件
324	6.1.4 交通运输部颁发的相关政策、文件
325	6.1.5 水利部颁发的相关政策、文件
325	6.1.6 国家铁路局颁发的相关政策、文件
326	6.1.7 中国民用航空局颁发的相关政策、文件

6.2 土木工程建设发展大事记

326	6.2.1 土木工程建设领域重要奖励
327	6.2.2 土木工程建设领域重要政策、文件
332	6.2.3 重大项目获批立项
334	6.2.4 重要会议

6.3 2023年中国土木工程学会大事记

附 表

Civil Engineering

第 1 章

土木工程建设的总体状况

本章对土木工程建设的总体状况进行分析，包括对固定资产投资总体状况的分析和对房屋建筑工程、铁路工程、公路工程、水利与水路工程、机场工程、市政工程建设情况的分类分析。

1.1 固定资产投资的总体状况

1.1.1 固定资产投资及其增长情况

1.1.1.1 我国固定资产投资的总体情况

图1-1示出了2014~2023年我国固定资产投资的总体情况。从图中可以看出，2023年，我国全社会固定资产投资为509707.91亿元，固定资产投资（不含农户）为503036.03亿元。

图1-1 2014~2023年我国固定资产投资的总体情况
数据来源：国家统计局《国家数据（年度数据）》

1.1.1.2 固定资产投资总体增长情况

图1-2示出了2023年我国固定资产投资（不含农户）的增长情况。从图中可以看出，2023年1~2月全国固定资产投资（不含农户）增幅为5.5%，而后增幅逐月下降，10月降至谷底2.9%并保持到11月，12月份略有回升。全年投资比上年增长3.0%，增速比1~11月和前三季度分别上升0.2和下降0.1个百分点；民间固定资产投资（不含农户）增长趋势前降后升，8月降至谷底 –0.7%，之后逐月小幅回升，各月增速均低于全国。2023年，民间固定资产投资（不含农户）比上年下降0.4%，增速比1~11月和前三季度分别上升0.1和0.2个百分点；国有及国有控股固定资产投资（不含农户）增速呈逐月下降趋势，但增幅高于全国。2023年，国有及国有控股固定资产投资（不含农户）比上年增长6.4%，增速比

1~11月和前三季度分别放缓0.1和0.8个百分点。

2023年，三次产业的固定资产投资增长情况如图1-3所示。从图中可以看出，第一产业固定资产投资出现负增长，第二和第三产业均实现了正增长。2023年，第一产业固定资产投资比上年微降0.1%，增速比1~11月回升0.1个百分点；第二产业投资增长9.0%，增速与1~11月增速持平；第三产业投资微增0.4%，增速相比1~11月增加0.1个百分点。

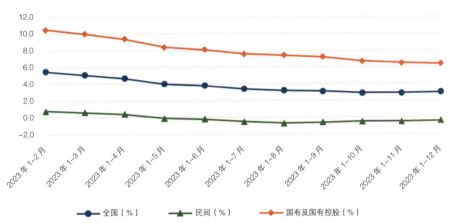

图 1-2　2023年我国固定资产投资（不含农户）增长情况
数据来源：国家统计局《国家数据（月度数据）》

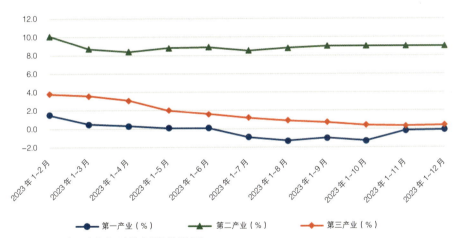

图 1-3　2023年三次产业固定资产投资增长情况
数据来源：国家统计局《国家数据（月度数据）》

1.1.1.3　按建设项目性质划分的固定资产投资增长情况

2023年，按建设项目性质划分的固定资产投资增长情况如图1-4所示。从图中可以看出，新建、扩建、改建固定资产投资均实现了正增长。2023年，新建项目投资比上年增长 7.3%，增速比 1~11 月下降 0.2 个百分点；扩建项目投资比上年增长 9.3%，增速比 1~11 月增加 0.2 个百分点；改建项目投资比上年增长 2.6%，增速比 1~11 月增加 0.2 个百分点。

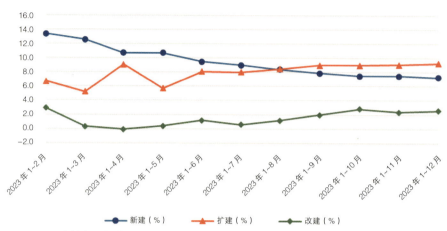

图 1-4　2023 年按建设项目性质划分的固定资产投资增长情况
数据来源：国家统计局《国家数据（月度数据）》

1.1.1.4　按构成划分的固定资产投资增长情况

2023 年，按构成划分的固定资产投资增长情况如图 1-5 所示。从图中可以看出，建筑安装工程、设备工器具购置和其他费用固定资产投资均实现了正增长。2023 年，建筑安装工程投资比上年增长 2.1%，增速与 1~11 月持平；设备工器

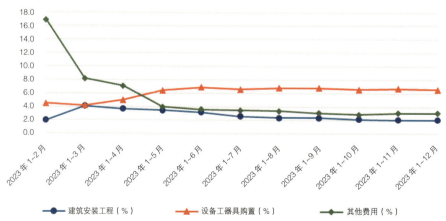

图 1-5　2023 年按构成划分的固定资产投资增长情况
数据来源：国家统计局《国家数据（月度数据）》

具购置投资比上年增长 6.6%，增速比 1~11 月降低 0.1 个百分点；其他费用投资比上年增长 3.1%，增速与 1~11 月持平。

1.1.1.5 基础设施领域固定资产投资增长情况

2023 年，我国铁路运输业投资大幅增长，增速达 25.2%，比 1~11 月增加 3.7 个百分点；道路运输业投资降低 0.7%，增速比 1~11 月降低 0.5 个百分点；航空运输业投资增长 4.1%，增速比 1~11 月下降 5.2 个百分点；水利管理业投资增长 5.2%，增速与 1~11 月持平；生态保护和环境治理业投资下降 2.9%，增速比 1~11 月降低 0.3 个百分点；公共设施管理业投资下降 0.8%，增速比 1~11 月回升 1.7 个百分点。上述行业 2023 年固定资产投资增长情况如图 1-6 所示。

图 1-6　2023 年基础设施领域部分行业固定资产投资增长情况
数据来源：国家统计局《国家数据（月度数据）》

1.1.2　房地产开发投资及其增长情况

1.1.2.1　房地产开发投资总体情况

图 1-7 示出了 2014~2023 年我国房地产开发投资的总体情况。从图中可以看出，2023 年，我国房地产开发投资为 110912.88 亿元，比上年降低 9.60%，增幅比上年回升 0.40 个百分点。

图 1-7 2014~2023 年我国房地产开发投资的总体情况
数据来源：国家统计局《国家数据（年度数据）》

图 1-8 示出了 2014~2023 年我国房地产开发投资的构成情况。从图中可以看出，建筑工程投资在房地产开发投资中占比最大，2023 年为 55.56%；其次为其他费用投资，2023 年为 40.07%；2023 年两者合计占比达到 95.63%。

图 1-8 2014~2023 年我国房地产开发投资的构成情况
数据来源：国家统计局《国家数据（月度数据）》

1.1.2.2　2023 年我国房地产开发投资的增长情况

图 1-9 示出了 2023 年我国房地产开发投资的增长情况。2023 年，房地产开发投资比上年下降 9.6%，增速比 1~11 月降低 0.2 个百分点。

图 1-9 2023 年我国房地产开发投资的增长情况
数据来源：国家统计局《国家数据（月度数据）》

1.1.2.3　2023 年我国房地产开发投资的构成及其增长情况

图 1-10 示出了 2023 年我国不同类型房地产开发投资的增长情况。2023 年，住宅投资降低 9.3%，增速比 1~11 月放缓 0.3 个百分点；办公楼投资下降 9.4%，降幅比 1~11 月降低 0.6 个百分点；商业营业用房投资下降 16.9%，降幅与 1~11 月持平；其他房地产投资降低 7.2%，增速比 1~11 月放缓 0.1 个百分点。

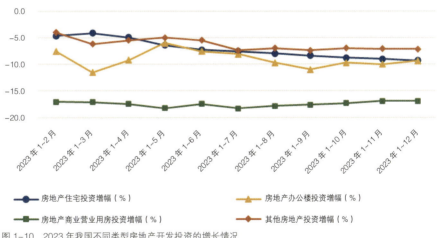

图 1-10 2023 年我国不同类型房地产开发投资的增长情况
数据来源：国家统计局《国家数据（月度数据）》

1.1.2.4　我国房地产施工面积、竣工面积情况

图 1-11 示出了 2014~2023 年我国房地产施工面积、竣工面积情况。2023 年，房地产施工面积为 83.84 亿 m²，比上年减少 7.23%，增速比上年回升 0.09 个百

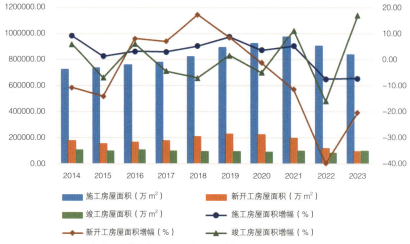

图1-11 2014~2023年我国房地产施工面积、竣工面积情况
数据来源：国家统计局《国家数据（年度数据）》

分点；房地产新开工施工面积为9.54亿m^2，比上年减少20.43%，增速比上年回升19.30个百分点；房地产竣工面积为9.98亿m^2，比上年大幅增长16.99%，增速比上年大幅提高32.84个百分点。

图1-12示出了2014~2023年我国商品住宅施工面积、竣工面积情况。2023年，商品住宅施工面积为58.99亿m^2，比上年减少7.7%，增速比上年降低0.4个百分点；商品住宅新开工施工面积为6.93亿m^2，比上年减少20.9%，增速比上年回升19.1个百分点；商品住宅竣工面积为7.24亿m^2，比上年大幅增长17.2%，增速比上年大幅提高31.5个百分点。

图1-12 2014~2023年我国商品住宅施工面积、竣工面积情况
数据来源：国家统计局《国家数据（月度数据）》

图1-13示出了2014~2023年我国办公楼施工面积、竣工面积情况。2023年，办公楼施工面积为3.31亿 m²，比上年减少5.1%，增速比上年回升2.4个百分点；办公楼新开工施工面积为0.26亿 m²，比上年减少18.5%，增速比上年回升20.6个百分点；办公楼竣工面积为0.29亿 m²，比上年增长10.6%，增速比上年提高33.4个百分点。

图1-13　2014~2023年我国办公楼施工面积、竣工面积情况
数据来源：国家统计局《国家数据（月度数据）》

图1-14示出了2014~2023年我国商业营业用房施工面积、竣工面积情况。2023年，商业营业用房施工面积为7.22亿 m²，比上年减少9.6%，增速比上年回升2.2个百分点；商业营业用房新开工施工面积为0.65亿 m²，比上年减少20.4%，增速比上年回升21.5个百分点；商业营业用房竣工面积为0.70亿 m²，比上年增长4.6%，增速比上年提高26.6个百分点。

1.1.3　固定资产投资与土木工程建设的相互作用关系

土木工程是建造各类工程设施的科学技术的统称。它既指所应用的材料、设备和所进行的勘测、设计、施工、保养、维修等技术活动，也指工程建设的对象。即建造在地上或地下、陆上或水中，直接或间接为人类生活、生产、军事、科研服务的各种工程设施，例如房屋、道路、铁路、管道、隧道、桥梁、运河、堤坝、港口、电站、飞机场、海洋平台、给水排水以及防护工程等。

图 1-14　2014~2023 年我国商业营业用房施工面积、竣工面积情况
数据来源：国家统计局《国家数据（月度数据）》

　　固定资产投资与土木工程建设具有非常密切的相互作用关系。固定资产投资为我国土木工程建设企业的生产经营提供了巨大的市场空间，我国土木工程建设企业的生产经营活动，也为固定资产投资的实现作出了重要贡献。图 1-15 所示的我国固定资产投资（不含农户）与建筑业总产值的关系曲线，形象地反映出二者间的这种相互作用关系。2023 年，我国土木工程建设企业完成的建筑业总产值占我国固定资产投资（不含农户）的比重为 62.80%，比上年增加 0.61 个百分点，是 2014 年以来的最高点。

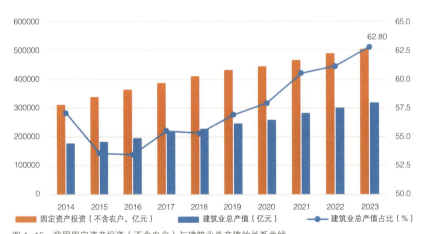

图 1-15　我国固定资产投资（不含农户）与建筑业总产值的关系曲线
数据来源：国家统计局《国家数据（年度数据）》

1.2 房屋建筑工程建设情况分析

1.2.1 房屋建筑工程建设的总体情况

房屋建筑工程一般简称建筑工程，是指新建、改建或扩建房屋建筑物及其附属设施和与其配套的线路、管道、设备安装工程及室内外装修工程所进行的勘察、规划、设计、施工、安装和维护等各项技术工作及其完成的工程实体。其中，房屋建筑指有顶盖、梁柱、墙壁、基础以及能够形成内部空间，满足人们生产、居住、学习、公共活动等需要的工程。

1.2.1.1 房屋建筑施工面积

图 1-16 示出了 2014~2023 年我国房屋建筑施工面积的情况。2023 年，我国土木工程建设企业完成房屋建筑施工面积 151.34 亿 m^2，比上年减少 3.38%。其中，新开工面积 40.40 亿 m^2，比上年减少 8.51%。

图 1-16　2014~2023 年我国房屋建筑施工面积的情况
数据来源：国家统计局《国家数据（季度数据）》

1.2.1.2 房屋建筑竣工面积

图 1-17 示出了 2014~2023 年我国房屋建筑竣工面积的情况。2023 年，我国土木工程建设企业房屋建筑竣工面积 38.56 亿 m^2，比上年减少 4.91%。从房屋建筑竣工面积的构成看，住宅房屋占比最大，2023 年，住宅房屋竣工面积

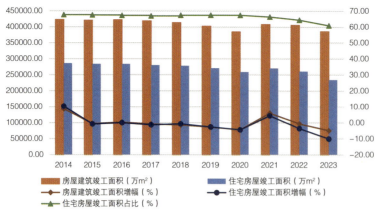

图 1-17 2014~2023 年我国房屋建筑竣工面积的情况
数据来源：国家统计局《国家数据（季度数据）》

的占比为 60.78%。2023 年，住宅房屋竣工面积为 23.447 亿 m²，比上年减少 10.10%。

图 1-18 示出了 2014~2023 年我国除住宅外的民用房屋竣工面积情况。2023 年，我国土木工程建设企业商业及服务用房屋竣工面积 2.57 亿 m²，比上年减少 2.13%；办公用房屋竣工面积 1.36 亿 m²，比上年减少 7.07%；科研、教育和医疗用房屋竣工面积 1.93 亿 m²，比上年减少 5.36%；文化、体育和娱乐用房屋竣工面积 0.44 亿 m²，比上年增长 0.40%。这四类房屋建筑竣工面积，分别占土木工程建设企业房屋建筑竣工面积的 6.67%、3.53%、5.01% 和 1.14%。

厂房和建筑物、仓库、其他未列明的房屋三类房屋建筑竣工面积情况参见图 1-19。2023 年，我国土木工程建设企业厂房和建筑物竣工面积 6.97 亿 m²，比

图 1-18 2014~2023 年我国除住宅外的民用房屋竣工面积情况
数据来源：国家统计局《国家数据（季度数据）》

图1-19 2014~2023年我国厂房和建筑物、仓库、其他未列明的房屋建筑竣工面积情况
数据来源：国家统计局《国家数据（季度数据）》

上年增长11.91%；仓库竣工面积0.33亿m^2，比上年增长14.49%；其他未列明的房屋竣工面积1.51亿m^2，比上年增长9.24%。这三类房屋建筑竣工面积，分别占土木工程建设企业房屋建筑竣工面积的18.07%、0.85%和3.92%。

1.2.1.3 房屋建筑竣工价值

图1-20示出了2014~2023年我国房屋建筑竣工价值的增长情况。2023年，我国土木工程建设企业房屋建筑竣工价值8.18万亿元，比上年增长0.55%。从房屋建筑竣工价值的构成看，住宅房屋占比最大，2023年，住宅房屋竣工价值的占比为58.99%。2023年，住宅房屋竣工价值为4.83万亿元，比上年减少2.95%。

图1-20 2014~2023年我国房屋建筑竣工价值的增长情况
数据来源：国家统计局《国家数据（季度数据）》

图 1-21 示出了 2014~2023 年我国除住宅外的民用房屋竣工价值情况。2023 年，我国土木工程建设企业商业及服务用房屋竣工价值 0.61 万亿元，比上年增长 4.69%；办公用房屋竣工价值 0.35 万亿元，比上年减少 4.28%；科研、教育和医疗用房屋竣工价值 0.58 万亿元，比上年减少 1.82%；文化、体育和娱乐用房屋竣工价值 0.15 万亿元，比上年减少 18.72%。这四类房屋建筑竣工价值，分别占土木工程建设企业房屋建筑竣工价值的 7.45%、4.33%、7.06% 和 1.78%。

图 1-21　2014~2023 年我国除住宅外的民用房屋竣工价值情况
数据来源：国家统计局《国家数据（季度数据）》

图 1-22 示出了 2014~2023 年我国厂房和建筑物、仓库、其他未列明的房屋三类房屋建筑竣工价值情况。2023 年，我国土木工程建设企业厂房和建筑物竣

图 1-22　2014~2023 年我国厂房和建筑物、仓库、其他未列明的房屋建筑竣工价值情况
数据来源：国家统计局《国家数据（季度数据）》

工价值 1.29 万亿元，比上年增长 17.25%；仓库竣工价值 0.064 万亿元，比上年减少 0.45%；其他未列明的房屋竣工价值 0.31 万亿元，比上年增长 12.57。这三类房屋建筑竣工价值，分别占土木工程建设企业房屋建筑竣工价值的 15.80%、0.79% 和 3.82%。

1.2.2 典型的建筑工程建设项目

1.2.2.1 三星堆博物馆新馆

2023 年 7 月 27 日，四川省广汉市城西鸭子河畔，三星堆遗址旁，三星堆博物馆新馆开馆试运行。三星堆遗址面积约 12km²，年代距今 4500 年至 2900 年。1986 年三星堆发现一、二号祭祀坑，出土青铜神树、青铜立人像、金面人头像、青铜纵目面具等文物 4000 余件，三星堆"一醒惊天下"。2019 年以来，新发现三至八号祭祀坑，出土象牙、青铜器、金器、玉器等各类文物 17000 余件，三星堆"再醒惊天下"。考古发现三星堆遗址是迄今长江流域规模最大的商时期古蜀国都城遗址，是中华文明多元一体起源、发展格局的重要见证，是中华文明的重要组成部分。三星堆博物馆于 1992 年 8 月奠基，1997 年 10 月正式开放。为了更好地展示出土文物，2022 年 3 月，三星堆博物馆新馆破土动工，16 个月之后正式落成。三星堆博物馆新馆建筑面积约 5.44 万 m²，按照世界一流博物馆的标准建设，是 2022 年四川省重点推进项目之一，是目前西南地区最大的遗址类博物馆单体建筑（图 1-23）。

图 1-23 三星堆博物馆新馆

新馆建筑设计秉承"馆园结合"理念，突出"消隐""协调""实用"三大原则，延续了老馆经典的螺旋曲线外墙，作为三个堆体外形和空间控制曲线，三个堆体的平面控制线延长相交于一点，平面夹角呈现几何逻辑，生成独特的形体韵律，三个沿中轴排列的覆土堆体，寓意"堆列三星"。项目造型新颖、大气美观，但异形轮廓、曲面幕墙、斜坡屋面、螺旋坡道等，也给施工带来了不小的挑战，技术攻关是实现设计蓝图的唯一途径。为此，项目团队成立了高效建造创新小组，对标学习、超前策划、过程深耕，先后累计辨别出10余项科技重难点：大跨度空间倾斜网架偏转提升，巨型单支座螺旋坡道加工与安装，双曲面折板天然石材拼接安装，双斜屋面网架风管安装……这些关键技术被一一攻破，极具古蜀文化气息的新馆也得以完美呈现。

建设过程中，利用虚拟设计与仿真系统，以及建筑信息化模型，项目提前搭建了一个虚拟博物馆。作为项目整个建设阶段的智慧大脑，虚拟博物馆依托BIM建模，人机交互视频影音等可视化操作方式，提前对项目全生命周期进行了数字化演练，特别针对其中的关键性方案，施工组织、工程重难点等，通过可视化演练进行全方位的策划和修订，并在全过程全专业应用BIM技术。同时借助激光整平智能机器人，放线机器人、三维扫描仪、MR智慧系统等"黑科技"，在控制质量和精度的同时，大大提升了施工效率。在设备安装过程中，项目还针对象牙、玉石、青铜器、金器等，不同库区文物各不相同的温度、湿度及空气洁净度要求，安装了恒温恒湿系统、吸气式感烟火灾探测系统等，为文物"安心入住"提供了保证。

作为展示传播三星堆文化和古蜀文明的主阵地，三星堆博物馆的藏品精美独特，资源禀赋得天独厚，在国内外具有较高的知名度和影响力。新馆的建成和开放是一个重大契机，将有效保障三星堆出土文物的安全，同时更有效地开展三星堆及古蜀文明的专题研究。

1.2.2.2　中山大学附属第一（南沙）医院

中山大学附属第一（南沙）医院位于广州市南沙区横沥镇明珠湾起步区横沥岛西侧，是集医疗、教学、科研、预防等功能于一体，国内领先、国际一流的高水平三级甲等综合医院。2023年3月29日，中山大学附属第一医院南沙院区正式启用，拉开了粤港澳大湾区医疗卫生新高地建设的序幕。

中山大学附属第一（南沙）医院项目，总建筑面积51万 m^2，采用"静水南沙、医养身心"设计主题，呈现"海鸥展翅"造型，项目定位为"全国领先、湾区特色"的高水平三级甲等医院，致力打造粤港澳大湾区医疗科研新高地和国际医疗中心。项目实行"南北分区"，北区为门急诊医技住院综合楼，南区分布科研楼、实验动物楼、教学行政公寓楼、国际医疗保健中心等，南北区通过形如"生命密钥"的架空连廊和地下通道相连，往来便捷，联系紧密（图1-24）。

图1-24 中山大学附属第一（南沙）医院

在建设过程中，项目团队通过与院方充分沟通，结合以往建设经验及咨询相关厂家，按照最高标准预留各科室的电气、通风和给水排水等安装条件，同时充分考虑医疗设备运输通道需求，精确计算各高端设备的安装空间，为设备运输与安装制定最优方案。项目创造性采用"六路外电＋柴油发电机＋UPS不间断电源"的三级电力保障模式，以及"太阳能热水＋空气源热泵＋电辅热"的三大水利循环系统，全方位确保医院的水电供应，同时安装"冰蓄冷"系统，并铺设2260m^2的光伏发电板，实现节能、绿色、减排。根据医院各类不同功能区域，项目分类安装舒适性空调系统、恒温恒湿精密空调系统、净化空调系统、多联机空调系统、分体式空调系统五大空调系统，满足不同功能的需求。

面向国家和粤港澳大湾区战略需求，南沙院区是中山一院创建国家医学中心的重要载体，将全面承载国家医学中心研发攻关、成果转化、数据科学与人工智能、公共卫生、临床诊疗、中西医协同创新、人才培养、国际交流合作八大功能。

南沙院区将成为中山一院立足湾区、协同港澳、服务全国、走向世界新征程中的重要布局。

1.2.2.3 世界气象中心（北京）粤港澳大湾区分中心

2023年11月20日，世界气象中心（北京）粤港澳大湾区分中心正式启用。项目位于广东省广州市黄埔区，总建筑面积约4万m^2，由科研楼、公用设施配套楼和室外气象智能装备综合实验观测场等组成。项目是全球首个世界气象中心分中心，是贯彻落实粤港澳大湾区建设重大国家战略的举措之一，是2021年至2023年国家发展改革委粤港澳大湾区重点项目。目前，全球共有10个世界气象中心，其中，世界气象中心（北京）是唯一设在发展中国家的世界气象中心，粤港澳大湾区分中心是全球首个世界气象中心分中心（图1–25）。

项目包含了三大重点科研机构，一是承接世界气象中心（北京）为"海上丝绸之路"沿线国家和地区提供气象预报预测指导产品和技术交流培训的职能。二是建设气象监测预警预报中心，引进具有国际水平的气象科技人才，组建气象科技创新团队。研发精细化预警预报模式、改进提升中小尺度恶劣天气识别跟踪及临近预报、台风暴雨对城市影响预报等技术。三是建设气象科技融合创新平台，组建粤港澳大湾区气象智能装备研究中心，推动大湾区气象智能装备综合试验区建设，同步启动气象生态知识经济产业园区建设。

建筑设计采用三面围合布局，在南侧设置开口，引入夏季东南风，利用内部风腔产生"烟囱效应"，营造出四季舒适的微气候条件。将步移景异的园林空间，

图1–25 世界气象中心（北京）粤港澳大湾区分中心

植入高层办公楼内，逐层设置绿化平台，形成立体绿化体系。采用能量回收、空调热能回收、新风等系统，保障整个建筑系统。项目采用预制装配式的工业化建造方式，其中主体结构体系采用钢柱+钢梁框架、内墙采用非砌筑预制轻质墙板，楼板或屋面板采用免模免支撑楼板，有效减少碳排放。建筑、结构、机电与装修采用一体化设计，实现全专业协调。材料选用当地可采购运输、具备国家绿色建材标识的建筑材料。项目全生命周期碳排放比先进值低10%。节水措施主要采用一级节能器具，预期节水率20%左右。项目运用物联网、BIM等技术，综合空间、人员与机电设备的各项信息，实现跨专业、跨部门，可变流程的协同管理。同时通过大数据分析，对建筑的整体建造进行综合性评估，为后期建筑运行至最佳状态提供保证。

项目投用后，将为解决粤港澳大湾区气象防灾减灾以及国际远洋航运气象保障等多项"卡脖子"技术提供保障，为海上丝绸之路共建国家和地区提供全方位的气象预报预测服务，助力粤港澳大湾区经济高质量发展。

1.2.2.4 厦门新体育中心凤凰体育馆

2023年3月26日，全国最大的单体体育馆——厦门新体育中心凤凰体育馆正式投入使用。凤凰体育馆位于厦门市翔安区刘五店片区，总建筑面积约15.5万m^2，可容纳观众约1.8万人。凤凰体育馆包含比赛馆与训练馆，比赛馆大厅建筑面积约1.32万m^2，高度达45m。场馆内配备国际顶尖的声、光、电、屏系统。设有中央悬浮LED高清斗屏端屏、LED环屏组，可现场同步直播比赛画面，设多组矩阵式扬声器组，打造优于一级比赛场馆声学特性指标的室内扩声系统（图1-26）。

凤凰体育馆是福建省首个实现冰篮模式转换的体育馆，可用于冰上竞赛、陆上竞赛、全民健身等。场馆前排看台采用一体伸缩式设计，根据赛事需求可实现"八排化一排"，为冰球比赛场地腾出空间，甚至还能临时搭建起一套标准200m短道速滑赛道。冰篮模式转换过程中，先在冰面盖上特制冰被，减缓温度提升速度，再在冰被上搭设篮球场木质地砖等设施，6h内即可完成冰球场到篮球场的转换，有效提升场馆使用效能。

项目建设场地临海，跨越不同地貌单元，岩层坡度大且孤石率高，土质包含深厚淤泥层、砂层，地勘报告显示地下水干湿交替具有强腐蚀性，施工难度大。地勘报告没办法对整个建设场地的情况进行分析，桩基施工存在不可预见性，成桩质量成为难点所在。为确保桩基沉桩质量，项目团队多次组织建设、设计、地勘、

图1-26 厦门新体育中心凤凰体育馆

监理单位和岩土专家召开桩基工程专题会议,根据实际情况做针对性部署,分区重新划定施工方式,将部分锤击法施工优化为旋挖植桩法,采用植桩法施工及长螺旋引孔措施,确保桩基沉桩质量满足设计及相关规范要求。

凤凰体育馆比赛馆屋盖为带加劲肋桁架的双曲网壳结构、外网壳呈"7"字形结构,钢屋盖最大跨度钢梁达117m、提升重量470t,结构复杂,提升重量大,吊装距离远,现场施工条件苛刻,构件安装难度大。项目采用"场芯整体提升+高空"原位拼装的建设方法,通过计算机同步控制系统,将场芯构件精准整体提升28m至设计位置,实现提升过程的毫米级精度控制,顺利完成内网与其他构件吊装。场馆斜柱曲梁数量多、斜柱高、曲梁跨度大、倾斜角度大、重量重,外壳径向斜柱曲梁大部分悬挑于下部结构外,无法使用常规的胎架支撑安装方法,项目团队创新应用大跨度钢结构斜柱曲梁一体化施工技术,有效提高斜柱曲梁安装效率与成型质量,同时降低高空焊接作业风险,该技术经中国钢结构协会鉴定达到国际先进水平。

凤凰体育馆可举办大型综合性体育赛事、演艺活动等,并作为全民健身场所使用。体育馆的建成使用,对促进厦门市竞技体育、群众体育及体育产业协调发展,具有重要支撑作用。

1.2.2.5 日照国际博览中心

2023年4月8日,日照国际博览中心项目全面交付运营。日照国际博览中心位于山东省日照市中央活力区,总建筑面积约42万m^2,从北向南依次划分为大剧院、会议会展、酒店、政务服务中心、大数据中心等 8 个功能区，是集科技展览、旅游服务、酒店购物、文化办公于一体的综合性地标建筑（图 1-27）。

图 1-27　日照国际博览中心

项目东侧毗邻奥林匹克水上公园，西侧为中央活力区城市建筑群，为更好融入海岸风景带，将"波光粼粼"的最美"海浪"幕墙呈现眼前，项目采用了面积多达 30 余万平方米的曲面波纹折线镜面复合板。项目团队革新现有幕墙装配式技术，建立了折线错位异形幕墙的龙骨单元体系，实现了折线错位异形幕墙的装配式施工，创新研发的折线错位异形幕墙安装结构及安装方法，实现了复杂幕墙标准化、批量化加工、模块化安装，开发的幕墙龙骨三维调节挂耳构件实现了异形幕墙单元的空间定位及精度控制。项目屋面均为斜坡种植屋面，平均坡度 20°，最高可达 50°，坡屋面绿化面积约 10 万 m^2。坡屋面水土保持及确保大面积绿植的成活率是最大难点。项目团队与农科院校组成攻坚技术组，积极响应国家绿色建造及"双碳"目标，研制了防滑单元构造和轻型基质种植体系。通过"预埋件+角钢+挡土板"相结合的方法，将包括种植层、无纺布层、滤水层、隔根层、隔水层等 7 层构造层在内的轻型基质种植体系"隔一断一"式排列，促进水流分流及排水，防止植物烂根。

日照国际博览中心整体造型流畅，如岸边一朵朵涌动的浪花，完美融入日照海岸风景带，全面投入运营后将进一步完善城市会展展览格局，进一步激发城市活力，助力日照发展会展经济助推新旧动能转换，实现经济社会发展提档升级。

1.2.2.6　长安乐·"一带一路"文化艺术中心

长安乐·"一带一路"文化艺术中心，坐落于西安国际港务区灞渭大道西侧，毗邻西安奥体中心主体育场。长安乐·"一带一路"文化艺术中心总建筑面积约 14.4 万 m^2，其建筑造型以西安半坡出土的传统乐器"埙"为原型，建筑形式明快沉稳，典雅豪迈，形似张开的风帆。从空中俯瞰，在艺术展廊的串联衬托下，犹如一个个在水畔跳动的音符，水波荡漾，舞动长安，因此取名"长安乐"。2023 年 10 月 15 日，长安乐·"一带一路"文化艺术中心正式投入运营（图 1-28）。

图 1-28　长安乐·"一带一路"文化艺术中心

长安乐·"一带一路"文化艺术中心是西部地区最大规模的文化艺术综合体。五大主体建筑歌剧院、音乐厅、多功能厅、电影院、传媒中心分别对应中国传统五声音调"宫、商、角、徵、羽"，因此取名为"长安乐"。其中歌剧院可容纳座位 2049 座，其剧院规模位列全国第二，仅次于国家大剧院，是丰富市民精神文化生活，献礼党的二十大的新时代重点民生工程。

建设过程中，项目团队充分应用 BIM+ 三维扫描、BIM+AR+VR 仿真模拟等技术，高效解决 BIM 模型二次优化、重大方案样板确认、复杂节点质量把控等难题，最大限度实现各专业协同作业、高效作业，在保障工程质量的同时提高建设效率。项目极具特色的双曲面造型外立面是建设重难点之一。项目团队通过数字化的设计构建，严控误差，将长安乐 6.7 万根乐符单元组合为约 9 万 m² 幕墙，确保造型圆润顺滑。长安乐项目的歌剧院属于特大型剧院，是全国第二、西北第一的大体量歌剧院，这也意味着需要更大的结构与更长的工期。项目团队通过优化施工工序及建设材料对项目进行提质增效，将原计划使用的混凝土材料改为钢结构，有效提高了建设效率，提前约 2 个月完成建设。

在提高建设质量和效率的同时，项目团队还充分运用智慧平台、降低能耗、可再生能源利用等措施实现碳排放减少。在建设现场围挡上安装智能喷淋系统、环境监测系统等智能仪表，通过云筑智联平台和计算机软件技术，实时监测建设现场能耗、水耗、噪声、扬尘及大型设备安全状况的数据，并对扬尘治理、重污染天气进行预警公示，实现绿色建造。

长安乐·"一带一路"文化艺术中心是西部地区最大规模的文化艺术综合体，将成为西安现代都市文化新地标，以及面向"一带一路"的国际人文交流新平台。

1.3 铁路工程建设情况分析

1.3.1 铁路工程建设的总体情况

铁路工程是综合工程，涉及多个学科。铁路工程最初包括与铁路有关的土木（轨道、路基、桥梁、隧道、站场）、机械（机车、车辆）和信号等工程。随着建设的发展和技术的进一步分工，其中一些工程逐渐形成为独立的学科，如机车工程、车辆工程、信号工程；另外一些工程逐渐归入各自的本门学科，如桥梁工程、隧道工程。

图 1-29 示出了 2014~2023 年我国铁路固定资产投资情况。2023 年，全国铁路完成固定资产投资 7645 亿元，比上年增长 7.54%。

图 1-30、图 1-31 分别示出了 2014~2023 年我国铁路、高速铁路营运里程情况。2023 年，我国铁路营运里程达到 15.9 万 km，比上年增长 2.58%。其中，高速铁路营运里程达到 45000km，比上年增长 7.14%。

图1-29 2014~2023年我国铁路固定资产投资情况
数据来源：交通运输部《交通运输行业发展统计公报》

图1-30 2014~2023年我国铁路营运里程情况
数据来源：交通运输部《交通运输行业发展统计公报》

图1-31 2014~2023年我国高速铁路营运里程情况
数据来源：交通运输部《交通运输行业发展统计公报》

1.3.2 典型的铁路工程建设项目

1.3.2.1 贵南高铁贵荔段

2023年8月8日,贵阳至南宁高速铁路贵阳至荔波段(贵南高铁贵荔段)开通运营,贵州省首个世界自然遗产地荔波进入高铁时代。贵南高铁是"八纵八横"高速铁路网包头(银川)至海口通道的重要组成部分,线路自贵阳铁路枢纽龙里北站引出,向南经贵州省黔南布依族苗族自治州,广西壮族自治区河池市、南宁市,接入南宁铁路枢纽南宁东站,线路全长482km,设计时速350km。此次新开通的是龙里北站至荔波站,全长175km,共设龙里北、贵定县、都匀东、独山东、荔波5座车站,其中龙里北、贵定县、都匀东为改扩建车站,独山东、荔波为新建车站(图1-32)。

图1-32 贵南高铁贵荔段

贵南高铁贵荔段穿越云贵高原、苗岭山脉,横跨清水河、澄江河、红水河等多条河流,沿线山高谷深,地形地貌复杂多变,岩溶滑坡等地质灾害时有发生,线路桥隧比高达90%。项目自2017年12月开工建设以来,各参建单位充分发挥自身专业优势,攻克了多项技术难关,创新多项工艺工法。项目团队积极开展装配式梁场关键技术研究,打造装配式绿色梁场——贵南高铁都匀东制梁场;成立技术创新工作室,与高校合作研究"国内较高桥隧比高速铁路电气化施工关键技术",全力推进 BIM 技术在"四电"工程领域的研究应用;完成了《铁路机制砂应用技术规程》编制任务,填补了铁路施工在该领域的空白。

贵南高铁贵荔段开通运营后,贵州境内拥有贵广高铁、沪昆高铁、渝贵高铁、成贵高铁、贵阳环线铁路、安顺至六盘水高铁等多条高铁,为贵州区域经济发展注入蓬勃动力。贵南高铁贵荔段的开通运营,将进一步便利沿线各族人民群众出行,助力旅游等产业发展,对支持民族地区加快发展、助力乡村振兴、促进高水平对外开放,具有十分重要的意义。

1.3.2.2 福厦高铁

福厦高铁北起福州,途经莆田、泉州,南至厦门和漳州,北端衔接合福、温福铁路,南端衔接厦深、龙厦铁路,预留衔接规划温福高铁、漳汕高铁。福厦高铁全长277.42km,是中国首条设计速度350km/h的跨海高铁。高铁全线设福州南、福清西、莆田、泉港、泉州东、泉州南、厦门北、漳州8座车站。项目从2014年初启动前期工作,2023年9月28日开通运营,总投资530.4亿元(图1-33)。

图1-33 福厦高铁

福厦高铁正线桥梁84座、隧道29座,桥隧比高达85.1%。线路设计建设难度极大,建设团队采用新结构、新技术、新材料,推动了我国高铁桥梁技术走向深海,填补了我国跨海高速铁路建设的空白。在智能建造方面,岩内隧道、同安轨枕厂运用BIM技术,在无砟轨道施工中应用CRTS I型双块式无砟轨道施工工艺,在工地推出以"门禁劳务管理+人员定位+智能安全帽"为架构的作业人员智慧工程线系统,实现分部工程与现场人员的智能管理。在我国同类型跨度最长、吨位最重的连续梁转体工程—项目控制工程西溪特大桥跨越杭深高铁转体桥施工过程中,项目采用双幅同步转体,单个转体桥长168m,重19000t,双幅重

38000t，两个转体桥顺时针转体 24°和 21.1°，其中 68 号、69 号主墩采用圆端形双肢薄壁墩，在全国高铁转体桥主墩施工中尚属首例，填补了高铁转体桥双肢薄壁墩施工的技术空白，为国内同类桥梁施工提供了借鉴经验。

2023 年 6~7 月，福厦高铁福清至泉州区段承担了新一代动车组（CR450 动车组）新技术部件性能验证试验工作，期间创造了明线相对交会时速 891km、隧道内相对交会时速 840km 的世界纪录，为我国高铁技术的创新发展提供了有力支撑。

福厦高铁正式通车后，将与温福铁路、厦深铁路等铁路连为一体，形成四通八达的东南沿海高铁运输网络，进一步完善东南沿海快速铁路网络，福州、厦门实现"一小时生活圈"，厦门、漳州、泉州等地形成"半小时交通圈"。福厦高铁的建成还可推动海上丝绸之路、海峡西岸经济区与长三角、大湾区城市群间的互联互通，为沿线区域经济社会发展注入新动能。

1.3.2.3 滇藏铁路丽香段

滇藏铁路丽香段（图 1-34），位于云南省西北部，是中国云南省境内一条连接丽江市与迪庆藏族自治州香格里拉市的国铁 I 级电气化铁路，是中国中长期铁路网规划中"西部铁路网"中滇藏铁路的组成部分。丽香铁路于 2014 年 10 月 28 日开工建设，于 2023 年 11 月 26 日通车运营。丽香铁路由丽江站至香格里拉站，全长 139.666km，设计速度为 140km/h。

滇藏铁路丽香段桥梁有 9.42km、隧道 92.48km，桥隧占比高达 72.96%，沿途跨越金沙江、拉市海，穿过玉龙雪山、哈巴雪山等多座山峰。面对复杂多变的

图 1-34 滇藏铁路丽香段

施工环境和极大的施工难度，建设团队对四电工程新材料、新工艺、新设备、新技术开展研发与创新，致力于解决施工生产中遇到的重难点问题。期间，项目建设团队在尚无先例可以借鉴的情况下，立项的全球首例高原铁路科研课题——丽香铁路金沙江悬索铁路特大桥接触网施工技术及弓网系统研究，解决了列车通过金沙江特大桥时，因桥面动态变化对接触网设备产生影响，甚至造成列车弓网等安全风险问题，实现了复杂艰险山区铁路悬索桥接触网施工领域零的突破，从而为后续铁路工程施工做好了技术储备、积累了施工经验。面对高原铁路"大坡道，提速慢，惯性通过无电区难"的问题，项目建设团队还创新采用刚性悬挂电分相结构的施工方法，保证了列车在大坡道区段的安全平稳运行，并为高原铁路建设提供了重要借鉴。

滇藏铁路丽香段开通运营后，大幅压缩昆明到香格里拉的通行时间。这条连接丽江古城、拉市海、玉龙雪山、虎跳峡、哈巴雪山、香格里拉等著名景区的"最美天路"将迎来"动车时代"，成为促进民族团结的重要纽带，对于区域资源深度开发，助推滇西北少数民族地区旅游经济的发展以及云南边疆少数民族聚居区乡村振兴起到重要作用。

1.3.2.4　川青铁路青白江东至镇江关段

川青铁路是我国"八纵八横"高铁网中兰州、西宁至广州通道的组成部分，路网地位十分重要。线路起自成都东站，接入青海省西宁站，正线全长约836km，设计速度200km/h。川青铁路青白江东至镇江关段是川青铁路的重要组成部分，2023年11月28日，四川首段青白江东至镇江关段贯通运营。该段铁路共设10个车站，起自成都，途经三星堆、什邡西、绵竹南、安州、高川、茂县等站，至海拔2503m的阿坝藏族羌族自治州松潘县镇江关站（图1-35）。

图1-35　川青铁路青白江东至镇江关段

川青铁路青白江东至镇江关段处于成都平原向青藏高原东部边缘过渡的高山峡谷地带，海拔从安州站的 634m 攀升至镇江关站的 2503m，高差近 2000m，穿越了龙门山、岷山等众多山脉，跨越涪江、岷江、嘉陵江三大水系，沿线地质条件复杂，施工难度大。各参建单位和建设者发扬"逢山开路、遇水搭桥"的奋斗精神，优质高效地推进工程建设，历时 12 年架设了镇江关五线特大桥等 33 座桥梁，建成了跃龙门隧道等 10 座隧道，确保了工程如期完成。其中平安隧道是川青铁路全线最长隧道，也是目前我国西南地区已贯通的最长隧道，双洞单线，单线长度约 28km，双线总长 56km。该隧道的建成填补了我国强烈地震带、极端地质条件下特长隧道空白。工程的太平站四线大桥项目所处地质为深厚古堰塞湖淤积体，采用传统的钻孔桩施工工艺无法正常成桩。为此，建设、设计、施工、院校等多方协同攻关，形成《桥梁桩基全回转分级钢套管跟进施工工法》，应用此法，桩基成功穿越厚 140 余米的古堰塞湖淤积体，最长桩约达 145m，为国内内陆桥梁地质最复杂及最长桩。

川青铁路青白江东至镇江关段的开通运营，使川西北高原正式进入"动车时代"，极大便利沿线各族人民群众出行，推动沿线经济社会发展。

1.3.2.5 昌景黄高铁

昌景黄高铁位于皖南、赣东北地区，线路西起江西省南昌市，途经上饶、景德镇市，经安徽省祁门县、黟县，东至黄山市，正线全长 290km，设计速度 350km/h，共设置南昌南、南昌东、进贤北、余干、鄱阳、乐平北、景德镇北、浮梁东、祁门南、黟县东、黄山北 11 座车站，其中南昌南、景德镇北、黄山北站为既有车站改扩建，其余为新建车站。由国铁集团、江西省、安徽省共同出资建设，中国铁路设计集团有限公司 EPC 总承包。项目于 2019 年 5 月开工建设，2023 年 12 月 27 日开通运营（图 1-36）。

昌景黄高铁是中国"八纵八横"高速铁路网的重要区域连接线和沪昆通道东段的客运分流通道。项目开通运营后，江西省浮梁、乐平、余干和安徽省祁门、黟县等地进入高铁时代，同时串联起英雄城南昌、世界瓷都景德镇、鄱阳湖国家自然保护区、世界文化遗产西递宏村、黄山风景区等多个国家级旅游风景区，进一步拉近沿线南昌、景德镇地区与黄山、杭州等地的时空距离，形成跨越皖赣两省的"名城—名湖—名山"世界级黄金旅游线，对完善区域路网布局、促进沿线旅游经济和区域经济协调发展等具有重要意义。

图 1-36　昌景黄高铁

1.4　公路工程建设情况分析

1.4.1　公路工程建设的总体情况

公路工程指公路构造物的勘察、测量、设计、施工、养护、管理等工作。公路工程构造物包括：路基、路面、桥梁、涵洞、隧道、排水系统、安全防护设施、绿化和交通监控设施，以及施工、养护和监控使用的房屋、车间和其他服务性设施。

图 1-37 示出了 2014~2023 年我国公路固定资产投资情况。2023 年，全国

图 1-37　2014~2023 年我国公路固定资产投资情况
数据来源：交通运输部《交通运输行业发展统计公报》

公路固定资产投资为 28240 亿元，比上年减少 1.01%。其中，高速公路固定资产投资达到 15955 亿元，比上年减少 1.89%。高速公路固定资产投资占公路固定资产投资的 56.50%，比上年降低 0.51 个百分点。

图 1-38、图 1-39 分别示出了 2014~2023 年我国公路总里程、高速公路里程情况。2023 年，我国公路总里程达到 543.68 万 km，比上年增长 1.53%。其中，高速公路里程达到 18.36 万 km，比上年增长 3.55%。

图 1-40、图 1-41 分别示出了 2014~2023 年我国公路桥梁和公路桥梁长度情况。2023 年，我国公路桥梁达到 107.93 万座、9528.82 万延米，分别比上年增长 4.46%、11.10%。其中，特大桥梁达到 10239 座、1873.01 万延米，分别

图 1-38　2014~2023 年我国公路总里程情况
数据来源：交通运输部《交通运输行业发展统计公报》

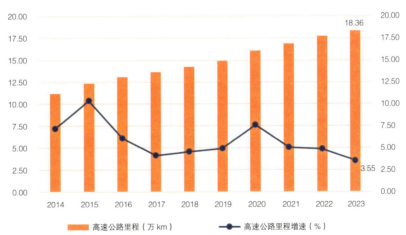

图 1-39　2014~2023 年我国高速公路里程情况
数据来源：交通运输部《交通运输行业发展统计公报》

图 1-40　2014~2023 年我国公路桥梁情况
数据来源：交通运输部《交通运输行业发展统计公报》

图 1-41　2014~2023 年我国公路桥梁长度情况
数据来源：交通运输部《交通运输行业发展统计公报》

比上年增长 16.14%、15.52%。大桥达到 17.77 万座、4994.37 万延米，分别比上年增长 11.34%、12.69%。

图 1-42、图 1-43 分别示出了 2014~2023 年我国公路隧道和公路隧道长度情况。2023 年，我国公路隧道达到 27297 处、3023.18 万延米，分别比上年增长 9.85%、12.87%。其中，特长隧道达到 2050 处、924.07 万延米，分别比上年增长 17.01%、16.22%。长隧道达到 7552 处、1321.38 万延米，分别比上年增长 12.46%、12.67%。

图 1-42　2014~2023 年我国公路隧道情况
数据来源：交通运输部《交通运输行业发展统计公报》

图 1-43　2014~2023 年我国公路隧道长度情况
数据来源：交通运输部《交通运输行业发展统计公报》

1.4.2　典型的公路工程建设项目

1.4.2.1　京雄高速公路

京雄高速公路（京雄高速）是北京市、河北省境内高速公路，为雄安新区规划纲要确定的构建"四纵三横"区域高速公路网组成部分，是雄安新区对外骨干路网。2020 年 3 月，京雄高速涿州段正式开始施工建设。2023 年 12 月 28 日，京雄高速公路北京五环至六环段开通，标志着京雄高速全线通车运营。京雄高速公路主线全长约 97km，其中北京段长约 27km、河北段长约 70km。京雄高速（北京段）整体呈南北走向，跨越大兴、房山、丰台等区域，全线采用双向八车道，五环至主线收费站设计速度100km/h，主线收费站至市界段设计速度120km/h。全线设有1座特大桥梁——京雄大桥、4座高架桥、5座互通立交以及北京市首座陆地高架桥主线收费站——房山北站（图1-44）。

图1-44　京雄高速公路

京雄高速全线重难点和控制性工程——京雄大桥，全长1.62km，是国内首座空间异形拱肋飞燕提篮式钢箱拱桥，是北京地区单跨跨度最大桥梁。建设团队对高烈度地区大跨度异形钢箱拱肋系杆拱桥进行抗震性能研究；应用逆作法围堰工法，满足深厚胶结卵石层深水基础施工要求，解决特殊地质围堰施工难题，确保大桥高标准高效率安全建设。2023年开通的北京市首座陆地高架桥主线收费站——房山北站，创新性采用桥梁分幅设计，实现快慢车、客货车分离式通行，提升了通行效率；结合北京市高速公路主线收费站交通流量大、潮汐现象明显的特点，房山北站收费广场设置了潮汐车道，当进出京单向交通量每小时达到6000辆时将启用，进一步提升通行效率。此外作为我国示范性"智慧公路"，京雄高速（北京段）全线实现5G专网全覆盖。通过建立智慧高速监控中心，利用北斗高精度定位、高精度数字地图、可变信息标志等，不仅能为车主提供车路通信、高精度导航和预警等服务，还可实现对雨、雾、冰、雪等多种气象灾害的监测与预警。

京雄高速全线通车运营后，将成为首都北京连接雄安新区最便捷的直通高速公路，与京港澳、大广高速共同形成便捷顺畅、功能互补、安全可靠的区域高速公路网，将为支持雄安新区建设发展、促进北京非首都功能疏解和京津冀协同发展提供有力交通服务保障。

1.4.2.2　重庆巫溪至陕西镇坪高速公路

2023年12月4日，重庆巫溪至陕西镇坪高速公路（巫镇高速）建成通车，渝陕两地首次实现高速公路直连互通。巫镇高速是国家高速公路网银百高速联络线（陕西安康—湖北来凤）G6911中的一段，也是重庆市"四环二十二射六十联线"高速公路网的第三十八联线的重要组成部分。项目起于巫溪县墨斗城，接重庆奉节至巫溪高速公路止点，向北经巫溪县止于鸡心岭隧道渝陕省界，接陕西平利至镇坪高速公路。项目全长约48.7km（其中，重庆境内45.2km，陕西境内3.5km），采用双向四车道高速公路标准建设，设计速度80km/h。

巫镇高速全线共有桥梁20座、隧道11条。巫镇高速建设创下多个行业纪录，整个工程桥隧比高达91%，是目前全国桥隧比较高的高速公路之一；项目控制性工程东溪河特大桥桥面距离地面垂直高度达289m，为西南地区之最。除此之外，项目沿线地质条件极为复杂，共穿越了28个褶皱和7条断裂带，施工过程中先后遭遇断层、岩爆、大变形、岩溶、地下水、煤层瓦斯及高地应力等各种不良地质，堪称典型的"地质博物馆"（图1-45）。

图1-45　巫镇高速

东溪河特大桥为全线重点控制性工程，全长506m，主桥设计为跨径330m的上承式钢管混凝土拱桥。面对阴晴山"V"字形峡谷，谷深超600m，两岸为近乎垂直的陡坡及陡崖，建设团队首创采用钢管拱智能建模出图技术，研发大直径钢管管内定位组装焊接装置、研制深切斜交峡谷环境下大型构件旋转式轨道运梁装置及方法，解决了深山峡谷钢管拱特大桥制造、运输、安装难题。同样面临地质难题的还有位于"中国自然之心"的鸡心岭隧道。面对隧道穿越多条断层破碎带和煤层瓦斯区域，且地下暗河、巨型溶洞发育、高地应力等施工难题，建设团队大胆开展富水岩溶隧道施工创新、大纵坡斜井施工、开挖多断面工序衔接、反坡长距离独头掘进、隧道仰拱快速施工等专项技术创新研究，总结形成公路隧道无仰拱段找平层快速施工技术、大纵坡隧道二衬施工技术等一系列创新成果。建设团队还在瓦斯风险隧道施工中，应用气体传感器等智能检测设备，构建起一套集自动断电和声光警报于一体的智能管控系统，并创新瓦斯工装工艺、开展机械设备工艺改造，配备人员定位系统、风电瓦斯电闭锁装置、主备电源切换体系、瓦斯自动监测系统，确保"高危"隧道安全平稳掘进。

作为重庆首条直接连接陕西的高速公路，巫镇高速建成通车后，将打通陕西和重庆的山水阻隔，重庆巫溪至陕西镇坪的车程可从3个多小时缩短至1h以内，改善渝东北三峡库区城镇群高速公路路网结构。同时巫镇高速也将成为一条重要旅游线路，串起沿线的陕西镇坪飞渡峡景区、"一脚踏三省"的鸡心岭、潮汐瀑布黄龙潭、秦巴古盐道、三道门和天生石桥等景区，对于生态旅游、区域融合发展、新型城镇化建设以及乡村振兴战略等具有重要意义。

1.4.2.3 海南环岛旅游公路

海南环岛旅游公路位于环海南岛沿海，贯穿海口、文昌、琼海、万宁、陵水、三亚、乐东、东方、昌江、儋州、临高、澄迈沿海12个市县和一个国家级开发区，有机串联沿途9个旅游小镇、37个产业小镇，50余个旅游景区和度假区。海南环岛旅游公路被定位为"国家海岸一号风景道"，是海南国际旅游消费中心标志性项目，也是海南全域旅游迈上新台阶的重要一步。环岛旅游公路，总投资约175亿元，于2023年12月18日全线通车（图1-46）。

图1-46 海南环岛旅游公路

海南环岛旅游公路是建设海南自贸港和创建国际旅游消费中心的先导性重大基础设施项目，主线总里程 988km，其中新建改建段 453km、利用段 535km，连接线、支线、鱼骨线等新建改建 90km。全线工程具有标段线路长、施工组织难度大、沿海受汛期台风影响大、海域环保要求高等特点。施工过程中，各参建单位围绕"生态路、风景路、文化路、智慧路"的建设目标，坚持把生态优先和绿色发展理念贯穿最美旅游公路建设全过程。线路在穿越昌化江、珠碧江、海尾湿地公园等生态保护重点管控区时，为最大限度减少施工对湿地鸟类及自然环境的影响，施工禁止工程车辆鸣笛，并根据鸟类活动规律，禁止早晚和中午进行高噪声施工；为禁止污染物的排放，大桥桩基施工采用泥沙分离器，缩短了桩基施工的清孔时间，极大地提高了废弃泥浆重复利用率、减少了废弃泥浆外运量。同时项目团队充分利用"BIM 智慧建造 + 无人机航测技术"，将数字化设计和精细化相结合，采用全自动滑模机进行混凝土水沟的施工，成品外观平顺，强度、结构尺寸等满足设计要求，降低了施工成本，减少了环境污染，实现了智慧建造与绿色工地的高度统一。

海南环岛旅游公路的全线通车将串联起海南旖旎风光，对优化海南交通体系和旅游布局，促进交通、旅游和经济融合发展，展示海南自贸港新形象具有重大意义。

1.4.2.4 西海（海晏）至察汗诺高速公路

2023 年 6 月 10 日，青海省第一条 PPP 高速公路项目西海（海晏）至察汗诺公路（西察高速）正式运营。西察高速是交通运输部《深入实施西部大开发战略公路水路交通运输发展规划纲要（2010-2020 年）》"八纵八横""横二"中天津至喀什高速公路项目的重要组成部分，是区域中心通达各市州的重要高等级公路。项目位于青海省东北部的柴达木盆地边缘、青海湖北岸，连接青海省海西蒙古族藏族自治州、海北藏族自治州，建设里程为 224km，与茶（卡）德（令哈）高速交汇，连接京藏高速。项目采用双向四车道一级公路建设标准，设计行车速度 100km/h，与青海湖南岸京藏高速隔湖相对，从海北藏族自治州向北绕青海湖最北端抵达海西蒙古族藏族自治州时间将由 3.5h 缩短至 2h，彻底结束了海晏县、刚察县、天峻县不通高速公路的历史（图 1-47）。

西察高速地处生态较为脆弱的高原高海拔地区，为确保通车目标顺利实现，建设者们克服高寒高海拔、高原冻土施工等困难，攻克特大桥布哈河大桥（横跨

图 1-47 西察高速

青海湖裸鲤洄游产卵主流域）和特长隧道关角山隧道，完成了青海第一转察汗诺立交互通。布哈河大桥是西察高速公路全线三大关键重难点控制性工程之一，也是布哈河流域内结构最复杂、长度最长的公路桥，横跨在布哈河国家湿地公园内，大桥全长507m，全桥共15孔，桥宽25.5m，主跨跨度为60m，最大水深3.5m。面对布哈河大桥复杂的构造特点，项目部为大桥连续梁建立模型，通过碰撞检查、施工过程预演，发现问题，优化施工方案，并积极运用多孔振捣、多导管下料、端模卡槽、全截面井字定位架、智能张拉压浆等先进工艺，保障施工安全、质量和进度。

西察高速兼具干线公路和旅游公路的双重功能，对完善国家高速公路网、促进经济发展与加强民族团结和社会稳定、促进地方旅游业发展以及缓解315国道主干线的交通运输压力具有十分重要的意义。

1.4.2.5 宁芜高速公路改扩建项目

2023年12月29日，G4211南京至芜湖高速公路皖苏界至芜湖枢纽段改扩建项目（宁芜高速公路改扩建项目）建成通车，标志着安徽首条交通强国智慧高速试点项目正式投入使用。宁芜高速公路改扩建项目起于南京市江宁区江宁街道皖苏界，止于芜湖枢纽互通南侧，路线全长49.3km，全线采用双向八车道高速公路标准改扩建（图1-48）。

作为安徽首条交通强国智慧高速试点项目，宁芜高速公路改扩建项目统筹考虑智能化技术和传统机电、主体工程的融合，构建智慧感知、智慧赋能、智慧管理、智慧应用、智慧交互"五智一体"的智慧高速架构，实现主动式安全预警、伴随

图 1-48　宁芜高速公路改扩建项目

式信息服务、准全天候安全通行、可视化智能管控。根据测算，"改扩建 + 智慧高速"使车辆通行效率提升 10%、交通事故发生率降低 30%、异常交通事件救援时间缩短 50%。

在宁芜高速改扩建项目管控过程中，建设团队始终以"品质工程"为核心，依托北斗系统与人工智能、大数据、云计算、5G 通信等技术的融合，构建起庞大的项目数据库，打造信息化综合管理"云"平台，进而实现全过程智能化监管，为建设"建管养一体化"智慧高速奠定了基础。在交通状态感知方面，项目基于高速公路高清摄像头构建高精度地图数字孪生平台，可以实现车道级交通事件主动发现和重点车辆跟踪监控；在交通基础设施感知方面，在地表监测技术的基础上引入遥感监测技术，建立天地一体化高速关键基础设施全天候状态感知体系。为了给司乘带来全过程、全方位的信息服务体验，项目在传统交通信息发布措施的基础上，统御路侧信息发布设备、手机移动终端等多维度信息发布方式，构建出一套可靠性高、实时响应快、安全性强、开放性好的伴随式信息服务系统，方便司乘通过手机查询道路封闭信息、雨雾天气信息，提前规划出行时间和出行路线，提前了解前方道路实时状态，包括拥堵、事故、抛撒物、服务区信息等，并可以通过手机端的"一键救援"功能，实现事故快速救援。

宁芜高速是连接安徽省皖江地区与苏南、上海等东部沿海发达地区的重要通道，宁芜高速公路改扩建项目建成，芜湖到马鞍山、南京、上海等地将更加通畅，对完善区域交通路网、促进沿线经济社会发展、助力长三角一体化发展具有重要意义。

1.4.2.6　济南绕城高速公路二环线西环段

2023 年 7 月 11 日，济南绕城高速公路二环线西环段项目（济南大西环项目）

梁庄至刘桥段建成通车，该段与 2022 年 12 月底建成的刘桥至张夏段相接，至此，济南大西环项目实现全线建成通车。济南大西环项目途经德州禹城市、齐河县和济南长清区，全长 103.9km，投资概算 209.75 亿元，按照双向六车道高速公路标准建设，设计速度 120km/h（图 1-49）。

图 1-49　济南大西环项目

　　济南大西环项目大型桥梁数量多，小净距、大断面长隧道多，工程规模大，互通立交多，沿线穿越多个矿区，过半路段地处黄河冲积平原，两次跨越齐长城遗址，给道路修建带来了挑战。黄河特大桥是项目的重点控制工程，在国内首创了梁底悬挂运梁关键技术，并自主研发机电液一体化智能运梁成套装备，实现钢箱梁运输安装的智能化、信息化、自动化，开拓了宽浅河流、高深峡谷地带桥梁安装的新思路与新标准，填补了目前国内外工艺技术的空白，建成了国内最大规模的四塔钢混组合梁部分斜拉桥，也为山东省再增加一条跨越黄河的通道。另一控制性工程，跨京沪铁路转体桥，桥梁转体重量高达 25680t，是目前国内最重单墩双幅宽体无合龙段转体桥梁，且施工邻近繁忙干线京沪铁路，施工过程复杂、精度要求高。施工中，为确保顺利转体，项目部反复模拟复核转体各项数据，加强技术安全保障，采用两台连续千斤顶牵引大桥底部的圆形转台，确保转体成功。同时，项目互通立交多，其中梁庄枢纽互通立交是济南大西环项目 5 处枢纽互通立交之一，多次上跨京台高速，共有桥梁 13 座。改扩建后的京台高速公路德州段，双向 8 车道，是目前国内跨度最大、车流量最多的高速公路之一，施工内容繁多、施工组织难度大、安全风险大，是全线重难点工程。为确保施工顺利进行，项目部加强交通组织保障，制定交通保畅方案和车辆分流措施，采取错峰施工形式，保证施工安全。同时加强全过程安全质量管控和技术指导，综合研判施工方案，确保梁庄枢纽互通上跨京台高速各项施工任务顺利完成。

作为山东省高速公路网"九纵五横一环七射多连"的重要组成部分，项目建成通车后会形成济南市新的高速西环，合理组织、疏导长途过境交通，缓解区域中短途交通压力，改善济南西部城区交通出行环境，促进济南市黄河国家战略、"强省会"发展战略等的实施。

1.5 水利与水路工程建设情况分析

1.5.1 水利与水路工程建设的总体情况

1.5.1.1 水利工程建设的总体情况

水利工程是用于控制和调配自然界的地表水和地下水，达到除害兴利目的而修建的工程。水利工程需要修建坝、堤、溢洪道、水闸、进水口、渠道、渡漕、筏道、鱼道等不同类型的水工建筑物，以实现其目标。

图1-50、图1-51分别示出了2014~2023年我国水利建设投资和投资构成情况。2023年，我国水利建设投资为11996亿元，比上年增长10.12%。其中，建筑工程完成投资9089亿元，较上年增加7.03%；安装工程完成投资583亿元，较上年增加19.96%；机电设备及工器具购置完成投资321亿元，较上年增加12.00%；其他完成投资2003亿元，较上年增加22.97%。

图1-50 2014~2023年我国水利建设投资情况
数据来源：水利部《全国水利发展统计公报》

图 1-51　2014~2023 年我国水利建设投资构成情况
数据来源：水利部《全国水利发展统计公报》

图 1-52　2014~2023 年我国水利建设投资按用途的构成情况
数据来源：水利部《全国水利发展统计公报》

图 1-52 示出了 2014~2023 年我国水利建设投资按用途的构成情况。2023 年完成投资中，防洪工程建设完成投资 3227 亿元，较上年降低 11.06%；水资源工程建设完成投资 5665 亿元，较上年增加 26.63%；水土保持及生态工程完成投资 2079 亿元，较上年增加 27.90%；水电、机构能力建设等专项工程完成投资 1025 亿元，较上年降低 12.08%。

图 1-53 示出了 2014~2023 年我国江河堤防建设情况。截至 2023 年年底，全国已建成 5 级及以上江河堤防 32.5 万 km，累计达标堤防 25.7 万 km，堤防达标率为 79.08%。其中，一级、二级达标堤防 4.0 万 km，堤防达标率为 88.3%。

图 1-54、图 1-55 分别示出了 2014~2023 年我国水闸的建设情况和不同类型水闸的分布情况。截至 2023 年年底，全国已建成流量为 5 m³/s 及以上水闸

图 1-53 2014~2023 年我国江河堤防建设情况
数据来源：水利部《全国水利发展统计公报》

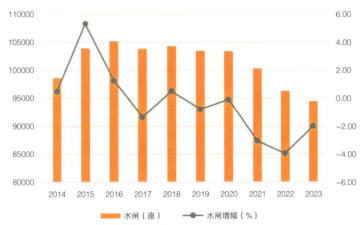

图 1-54 2014~2023 年我国水闸的建设情况
数据来源：水利部《全国水利发展统计公报》

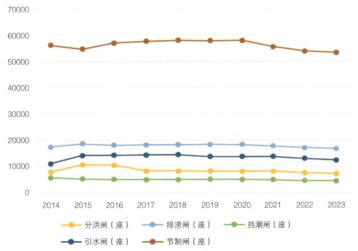

图 1-55 2014~2023 年我国不同类型水闸的分布情况
数据来源：水利部《全国水利发展统计公报》

94460座,其中,大型水闸911座。按水闸类型分,分洪闸7300座、排(退)涝闸16857座、挡潮闸4522座、引水闸12461座、节制闸53320座。

图1-56~图1-58分别示出了2014~2023年我国水库以及大型水库、中型水库的建设情况。截至2023年年底,全国已建成各类水库94877座,水库总库容9999亿m^3。其中,大型水库836座,占水库总量的0.88%;大型水库总库容8077亿m^3,占水库总库容的80.78%。中型水库4230座,占水库总量的4.46%,中型水库总库容1210亿m^3,占水库总库容的12.10%。

图1-56 2014~2023年我国水库建设情况
数据来源:水利部《全国水利发展统计公报》

图1-57 2014~2023年我国大型水库建设情况
数据来源:水利部《全国水利发展统计公报》

图 1-58 2014~2023 年我国中型水库建设情况
数据来源：水利部《全国水利发展统计公报》

1.5.1.2 水路工程建设的总体情况

水路工程指为保证内河运输和海上运输所实施的建设工程。

图 1-59 示出了 2014~2023 年我国水路固定资产投资情况。2023 年，我国水路固定资产投资为 2016 亿元，比上年增长 20.07%，实现四连增。其中，内河固定资产投资为 1052 亿元，比上年增长 21.34%；沿海固定资产投资为 912 亿元，比上年增长 14.86%。

图 1-60 示出了 2014~2023 年我国生产用码头情况。2023 年，我国生产用码头泊位数量达到 22023 个，比上年增长 3.28%。其中，沿海港口生产用码头泊

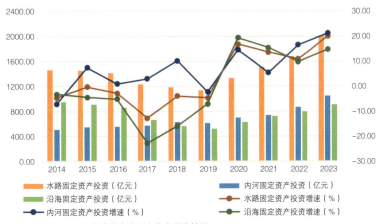

图 1-59 2014~2023 年我国水路固定资产投资情况
数据来源：交通运输部《交通运输行业发展统计公报》

位数量为5590个，比上年增长2.74%；内河港口生产用码头泊位数量为16433个，比上年增长3.47%。生产用码头泊位数量、沿海港口生产用码头泊位数量和内河港口生产用码头泊位数量均实现两连增。

图1-61示出了2014~2023年我国港口万吨级及以上泊位情况。港口万吨级及以上泊位数量近年来一直保持正增长态势。2023年，我国港口万吨级及以上泊位数量为2878个，比上年增加4.62%。其中，沿海港口万吨级及以上泊位数量为2409个，比上年增长4.74%；内河港口万吨级及以上泊位数量为469个，比上年增加3.99%。

图1-60　2014~2023年我国生产用码头情况
数据来源：交通运输部《交通运输行业发展统计公报》

图1-61　2014~2023年我国港口万吨级及以上泊位情况
数据来源：交通运输部《交通运输行业发展统计公报》

1.5.2 典型的水利与水路工程建设项目

1.5.2.1 黄藏寺水利枢纽工程

黄藏寺水利枢纽工程，是国务院批复的《黑河流域近期治理规划》安排的黑河干流骨干调蓄工程，是黑河流域重要的水资源配置工程、生态保护工程和扶贫开发工程。2023年11月20日，黑河黄藏寺水利枢纽工程下闸蓄水，水库总库容超4亿 m^3，标志着该工程投入初期运用（图1-62）。

图1-62 黄藏寺水利枢纽工程

黑河发源于祁连山北麓，流经青海、甘肃、内蒙古3省（自治区），是我国西北内陆地区重要河流之一。作为国务院确定的172项节水供水重大水利工程之一，黄藏寺水利枢纽位于黑河上游峡谷河段，左岸为甘肃省肃南县，右岸为青海省祁连县，控制黑河干流莺落峡以上来水的80%，是黑河流域生态龙头控制性工程。枢纽为Ⅱ等大（2）型工程，总投资28.52亿元，主要由拦河坝、引水发电系统、电站厂房等建筑物组成，按地震基本烈度8度设防；拦河坝为碾压混凝土重力坝，最大坝高123m，坝顶长度210m；水库正常蓄水位2628m，设计洪水水位2628m，总库容为4.03亿 m^3，调节库容2.95亿 m^3，具有年调节性能，电站装机容量49MW，多年平均发电量为2.03亿 kW·h。

黄藏寺是"三高"项目，高寒、高海拔、高边坡，施工难度较大。由于高寒地区材料性能会发生显著变化，如果应用不当，将会影响坝面防渗效果。经过与设计等多方论证研究，在进行防渗工作时，上下游坝面采用聚脲材料进行防渗施工，项目部通过改变浇筑方式来控制聚脲喷涂基层清洁度，达到防渗性强、抗冲耐磨性好、环保且粘结强度大的效果。如何快速清理喷涂聚氨酯临时保温层，一直是项目关注的重点。由于大坝日渐"升高"，若在混凝土上直接喷涂聚氨酯来提供保温作用，在拆除时则会费时费力。项目部利用钢钉加木板在大坝已完混凝土纵缝临时界面上固定一道塑料布隔层，在塑料布上喷涂聚氨酯，确保冬休期间混凝土温度。在后续施工时，再自上而下分块拆除塑料以及聚氨酯，快速拆除聚氨酯临时保温层，大大降低了施工难度，并加快了施工进度。除了防渗和混凝土入仓，大坝 5~6 号坝段也为项目施工带来了不小困难。该部位结构复杂、仓内作业空间狭窄，与大坝碾压混凝土顶面施工存在上下交叉作业。项目技术部极力优化施工方案，使门槽部位模板持续上升不再拆模，将地泵、塔式起重机、皮带机、溜管、溜槽等多种浇筑方式结合进行施工，发电引水进口按期成功上升 40.5m，为大坝同步上升创造了有利条件。

黄藏寺水利枢纽下闸蓄水投入初期运用后，将有效缓解黑河流域水资源供需矛盾。通过发挥水库的调蓄作用，不断提高中游灌区供水保证率，改善正义峡水文断面来水过程和下游生态供水过程，为合理配置黑河中下游生态和社会经济用水，提高水资源综合管理能力创造条件，对进一步构筑西北绿色生态屏障，实现区域水资源优化配置，稳定社会环境具有重要意义。

1.5.2.2 朱溪水库工程

2023 年 4 月 28 日，国家重大水利工程——浙江省台州市朱溪水库下闸蓄水，标志着该水库正式投入使用。朱溪水库位于台州市仙居县灵江上游永安溪的支流朱溪港上，是国家 172 项重大水利项目和浙江省"五水共治"十大枢纽，也是台州市北水南调一期工程。工程集雨面积 168.9km²，水库总库容 1.26 亿 m³，概算总投资 37.44 亿元，是一座以供水为主，结合防洪、灌溉，兼顾发电等综合利用的大型水库（图 1-63）。

朱溪水库工程建设包括输水系统工程和大坝枢纽工程。在工程施工过程中，建设者创新使用新技术，攻克重重困难。在输水线路建设过程中，由于输水隧道

图 1-63 朱溪水库工程

洞径小、埋深深，需要横穿的括苍山脉又是极硬岩，使用传统爆破法不但效率低下，而且容易破坏环境。在反复考虑之后，建设团队最终决定创新使用TBM，即硬岩掘进机结合钻爆法施工法进行施工，成为华东地区的首创。历时1146d，掘进机破岩而出，宣告了朱溪水库工程输水隧洞全线贯通。在大坝枢纽工程建设中，建设团队创新采用中热水泥，实施分坝段、分层、分块浇筑的"标准仓"工艺，提升了混凝土浇筑质量和施工速度。2022年10月，历时1088d，随着最后1仓混凝土浇筑完成，全长260m、高73m的混凝土重力坝全线结顶。

台州市水资源时空分布不均，为资源型缺水城市，南片水资源供需矛盾尤其突出。随着朱溪水库工程的投入使用，台州"三纵三横"及南北水源应急互备系统布局全面落地，台州南片形成长潭-朱溪双库联供格局，多年平均向台州南片调水9072万m^3，向仙居朱溪流域城镇供水873万m^3，彻底解决台州南片水资源供需矛盾突出的历史问题。同时，朱溪下游两岸的防洪能力也将大大提高，缓解下游永安溪、灵江两岸的防洪压力，有效推动水资源合理配置，提升流域防洪能力，保障经济社会高质量发展。

1.5.2.3　西藏湘河水利枢纽工程

2023年6月30日，西藏湘河水利枢纽及配套灌区工程——湘河水电站正式投入商业运行，标志着该工程全面转入运行阶段。西藏湘河水利枢纽工程是国务院确定的172项节水供水重大水利工程之一，也是西藏自治区水利改革发展"十三五"规划重点骨干工程。项目位于西藏自治区日喀则市南木林县境内的湘河上游段，由拦河坝、洞式溢洪道、导流泄洪洞、发电引水系统、电站厂房、鱼道等子项组成，是湘河干流上的控制性工程和流域农业综合开发项目，是一座以灌溉、供水、改善自然保护区生态环境为主，兼顾发电等综合效益的大型骨干工程。工程包括枢纽工程和配套灌区两大部分，总库容约1.13亿m^3，电站装机容量40MW，多年平均发电量1.38亿kW·h，配套灌区设计灌溉面积12.49万亩，多年平均供水量1.11亿m^3（图1-64）。

图1-64　西藏湘河水利枢纽工程

湘河水利枢纽工程位于西藏自治区日喀则市南木林县城上游，雅鲁藏布江一级支流湘河流域中部，海拔在3790~4950m。工程建设以来，面临地质条件复杂、地基岩层松散等多重挑战，参建各方共同攻克了高海拔、高地震烈度、超高边坡、超深覆盖层的"三高一深"难题。大坝基础防渗墙，是在松散透水地基或土石坝（堰）坝体中连续造孔成槽，以泥浆固壁，再浇筑免振捣混凝土，在大坝基础底下形成一道铜墙铁壁，以稳固大坝和防止大坝基础渗水。防渗墙施工工期直接关系到大坝能否按期填筑和水库按期蓄水。湘河水利枢纽大坝防渗墙的总面积约3.15万m^2，造孔最大深度141.5m。由于这里的地质条件十分复杂，地基岩层松散，造孔、固壁、成槽很难，经常发生塌孔事故，墙段与墙段之间接头孔连接质量很难保证。为了确保工程质量和工期，项目团队采用钻抓法和钻劈法相结合的方式，成功解决了高海拔、高寒地区复杂地质情况超深混凝土防渗墙难以成槽的难题；采用新型固壁正电胶泥浆，有效解决槽孔坍塌问题；槽段间采用"接头管"法连接，确保墙段搭接厚度和墙体连接质量。为了实现按期下闸蓄水目标，项目部根据地理环境以及施工现场实际情况，采取分两个阶段施工的方法，第一个阶段先完成右岸防渗墙施工，将河流改道后，再实施左岸防渗墙施工，成功避免了汛期造孔容易塌孔的恶性事故发生，极大地提高了功效。

工程全面建成投用后，将有效解决区域内百姓的生产生活用水问题，使南木林县灌区成为日喀则市最大的"粮仓"、黑颈鹤国家级自然保护区生态环境得到升级；同时也能为藏中电网提供电力支持，持续优化当地能源结构，还能为高原地区建设大型水利水电工程积累宝贵的经验，有力推动地方经济社会发展和民生改善，推进脱贫攻坚与乡村振兴有效衔接。

1.5.2.4　山东港口青岛港全自动化码头（三期）

2023年12月27日，中国首个全国产全自主自动化码头——山东港口青岛港全自动化码头（三期）投产运营。山东港口青岛港全自动化码头（三期）位于山东港口青岛港前湾港区南岸，建设2个10万吨级集装箱泊位，码头岸线长768m，陆域纵深784m，总面积约为60.21万m^2，其中后方陆域总面积为57.15万m^2。投产运营后，全自动化集装箱码头岸线总长达2088m，可用岸线1652m，将提升码头堆存能力26%，提升综合服务效率6%（图1-65）。

在工程桩基施工过程中，针对二类桩产生的原因，项目建设团队迎难而上，认真研究，采用焊接速度快、质量好的二保焊，并采取防风罩保护，在焊接完成后进行探伤检测。这一方法进一步提高了工程质量，满足了设计、规范要求，

PHC 管桩一类桩比例由二期工程的 90.4% 提高至 96.8%，提升了 6.4%，深埋于地下的 4102 根 PHC 管桩构成了自动化码头三期的"钢筋铁骨"，支撑起了近 3.5 万 t 重的箱角梁及上面的集装箱，堆场内高低差也控制在 2mm 之内。为了实

图 1-65　山东港口青岛港全自动化码头（三期）

现对繁忙的施工现场进行智能管控，建设团队打造了首个水运系统"BIM+ 智慧工地"平台，将大数据、VR、云计算、人工智能、数字孪生等新一代信息技术与 BIM 技术深度融合，进一步提升了现场管理水平。

山东港口青岛港全自动化码头（三期）是全国首个全国产全自主自动化码头，拥有六大自主突破、12 项创新攻坚成果，实现了"全国产、全自主"，打造了港口领域的新质生产力，标志着我国在自动化码头领域实现了全自主集成创新应用场景"零"的突破，将引领港口向智慧管理和数字经济转型，助力实现港口高水平科技自立自强。

1.6　机场工程建设情况分析

1.6.1　机场工程建设的总体情况

图 1-66 示出了 2014~2023 年我国民航固定资产投资情况。2023 年，全国民航完成固定资产投资 1933.26 亿元，比上年增长 1.43%，连续三年增长。其中，民航基本建设和技术改造投资达到 1241.30 亿元，比上年增长 0.81%，连续五年增长。

图 1-67 示出了 2014~2023 年我国机场和通航城市的情况。2023 年，我国有颁证民用航空机场 259 个，比上年增加 5 个，增长了 1.97%。其中，定期航班通航机场 259 个，比上年增加 6 个，增长了 2.37%。2023 年，我国定期航班通航城市 255 个，比上年增加了 6 个，增长了 2.41%。

图 1-66　2014~2023 年我国民航固定资产投资情况
数据来源：中国民用航空局《民航行业发展统计公报》

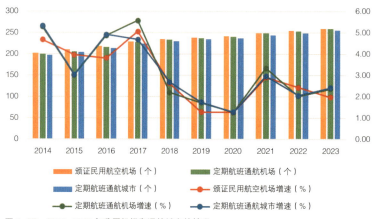

图 1-67　2014~2023 年我国机场和通航城市的情况
数据来源：中国民用航空局《民航行业发展统计公报》

1.6.2　典型的机场工程建设项目

1.6.2.1　安阳红旗渠机场

安阳红旗渠机场，位于中国河南省安阳市汤阴县伏道镇与瓦岗乡交界处，西北距安阳市中心约 27km、距汤阴县县城约 11km，为 4C 级国内支线机场。2021 年 2 月 20 日，机场正式开工，2023 年 11 月 29 日，机场正式通航。安阳红旗渠机场占地约 2339 亩，主要建设 1 条 2600m×45m 跑道、6122m^2 航站楼、7 个站坪机位等，项目总投资 13.66 亿元（图 1-68）。

机场航站楼为双层曲面网架钢结构 + 金属屋面，单坡长度约 30m，屋面造型高差达 14.8m，曲率非线性变化大、造型复杂。项目结合 BIM 协同管理平台，全

图 1-68 安阳红旗渠机场

过程运用 3D 实景扫描技术，实现钢结构工程深化设计。施工对每个钢结构构件进行编码，采用"分片吊装+高空散拼"施工工艺，实现快速定位和定点安装。室内大空间异形吊顶以"十字"天窗分隔对称排列，项目通过特制万向节组件和双层龙骨转换挠度，将1832块铝合金条板层压排布。由于项目现场土质为膨胀土，不宜直接作为回填材料，且进场时正值雨期，为此，项目团队对膨胀土进行改良，顺利完成13层、3.36万 m^3 土方回填，有效降低后期回填土沉降风险。同时项目落实绿色节能施工理念，运用新型 ALC 隔墙板节能材料，大大提升砌体隔热、隔声、保温性能。使用竖明横隐玻璃幕墙系统和透光十字天窗，充分利用自然通风和自然采光等被动式节能技术，有效降低建筑能耗，打造节能高效、舒适便捷的机场室内空间。

安阳红旗渠机场是民航局"十二五""十三五"规划明确的新建支线机场项目、是河南省重点民生工程，也是打造豫东北地区对外开放高地和世界文明交流互鉴高地的重要支点。机场建成后将直接服务安阳、濮阳和鹤壁豫北三市 1160 万人，并辐射晋东、冀南、鲁西南 150km 范围内约 6000 万人，将填补豫东北地区民航发展空白，对于安阳市经济社会发展乃至河南北部跨区域协同发展意义重大。

1.6.2.2 新疆和静巴音布鲁克机场

和静巴音布鲁克机场，位于中国新疆维吾尔自治区巴音郭楞蒙古自治州和静县巴音布鲁克镇乌兰恩格，东北距巴音布鲁克镇中心约 13.5km，为 4C 级国内旅游支线机场。2022 年 4 月 25 日，和静巴音布鲁克机场正式开工，2023 年 12 月 15 日，机场工程完成竣工验收。和静巴音布鲁克机场海拔高度 2506.89m，是新疆第二座高原机场，包括新建 3500m^2 航站楼，1 条长 3000m、宽 45m 跑道，6

图1-69 新疆和静巴音布鲁克机场

个机位的站坪，1座塔台，800m² 的航管楼及相关配套设施等23个单体建筑（图1-69）。

机场地处高原，年平均气温零下3.7℃，冻土层深达4.5m。周边属于国家自然生态环境保护区，周边生态环境脆弱。建设期间，施工人员严格按照当地政策做好环境保护，采用科学方法复绿增绿，并在机场西南角新建污水处理站及垃圾转运站，有效地避免了环境污染。同时，针对当地极寒气候，技术人员在航站区采用石墨烯加热器及石墨烯高导电复合加热膜，电热转化率达99%，有效抵抗严寒天气的影响，达到节能减排的低碳目的，全面保护了机场周边的草原环境。

机场的建成，将打破地方经济社会发展的瓶颈，不仅可以为当地及周边地区群众以及投资者提供安全、舒适、便捷的交通条件，完善巴州综合交通体系，缩短与疆内各大城市以及内地城市的空间距离，而且可以有力促进旅游业和物流业的发展，改变县域经济社会发展环境，有效促进当地经济高质量发展，在维护社会稳定、提高应急救灾能力、带动少数民族就业、促进多民族文化交流等方面具有十分重要的意义。

1.6.2.3 济宁大安机场

济宁大安机场，位于中国山东省济宁市兖州区漕河镇和大安镇交界处，西南距济宁市中心约30km、南距兖州区约12km，是济宁曲阜机场民用部分的迁建机场。2020年10月31日，济宁新机场正式开工建设，2023年12月28日，机场正式通航。大安机场规划占地总面积2909亩，飞行区指标本期为4C、远期为4E，定位为民用航空支线机场。机场新建一条长2800m、宽45m跑道，建设29700m²的航站楼，16个C类机位的站坪，配套建设空管、供油、供电、消防救援等设施。航管楼建筑面积为1996m²，塔台建筑面积为831m²，建筑高度43.75m；综合楼、公安楼、物管办公楼建筑面积15800m²，站前广场总面积70000m²。

项目航站楼的设计理念充分汲取"孔孟故里"深厚的儒家文化与"运河之都"

独有的运河文化,航站楼以"祥云璞玉"为设计理念,暗合"君子如玉"的儒家精神,屋面造型如同祥云般蒸腾而升,犹如同京杭大运河般波浪起伏,航站楼屋檐走势如水,波浪起伏,象征着运河文化带来的流畅与鲜活,将古建筑"重檐、斗栱、柱列"的特点与现代机场建设相结合。

机场项目拥有复杂多变的结构形式,包含航站楼、高架桥、塔台、附属构筑物等24个单体结构,造型多变,形式复杂,参考标准繁多。项目应用智慧建造管理体系,实现现场管理数字化、实时化、精确化,成功突破大跨度双曲钢结构网架结构、清水混凝土效果预应力现浇箱梁、幕墙外倾框架拉杆组合式结构等技术难题。其中,航站楼钢网架屋盖主体采用4643个焊接球、17932根杆件,网架重量达980.71t,钢结构总用钢量6000余吨。项目建立精确BIM模型,导入有限元力学分析软件,测算杆件力学性能与面域受力情况,建立点云实测实量模型,实时校核结构偏差,将网架拼接误差控制在毫米级。由于浅层地温能常年保持15~25℃,项目建设分布式低碳复合供能系统,以地埋管地源热泵系统加冷却塔的方式,利用浅层地热资源进行制热供冷,共布置1547个地埋管换热器,供能建筑面积5.27万 m^2,年节约用电量约132万 kW·h,打造低碳节能的绿色机场(图1-70)。

图1-70 济宁大安机场

济宁大安机场是山东省"三枢十三支"运输机场群的重要组成部分,中国民用航空局和山东省政府重点推进的机场项目。大安机场建成通航,将为济宁搭建起高水平对外开放的空中桥梁,大幅提升济宁对外交流窗口形象,在更大范围内传播儒家文化、讲好孔子故事,对济宁增强综合实力、推动产业结构转型升级、打造世界文明交流互鉴高地产生积极影响。

1.6.2.4 阆中古城机场

阆中古城机场,位于中国四川省南充市阆中市河溪街道朱家山,西北距阆中市中心约6.5km、距阆中古城约10.5km。2020年1月1日,机场正式开工,2023年12月17日,阆中古城机场正式通航。阆中古城机场,为4C级民用运输机场,主要由2600m长、45m宽的机场跑道,7200m^{2}的航站楼和11个机位的站坪以及两座廊桥组成(图1-71)。

航站楼整体采用主轴均衡对称式的平面布局,使整个空间更加具有凝聚力,通过张弛有度的设计,体现出现代航站区的特色。航站楼钢结构屋面设计为"双翼展翅"型,寓意蓄势待飞。在建筑造型上,项目设计充分考虑现代性、地域性,整体效果简洁,机场单体的建筑材料以浅色真石漆、浅色石材、白色涂料与钢架、玻璃等材料相结合,形成具有现代感的风格统一、色彩一致的航站区建筑群。为保障阆中机场"双翼"的完美呈现,项目团队精益求精,以实际行动践行工匠精神。传统的压型金属板屋面抗风掀性能不足,螺钉直接穿透屋面板的固定方式也会带来漏水隐患,项目部在分析后采用直立锁边固定方式,用高强铝合金固定座与檩条固定,将屋面板卡在固定座的梅花头部位,再用电动锁边机将板肋锁在固定座上,这种固定方式有效避免了屋面板损伤,解决了应力集中的问题,提高了屋面抗风掀性能,增强了屋面美观性,预防了屋面漏水隐患。

项目整体位于宽沟丘陵地貌,场地高回填区域达80%左右,回填深度最深可达35m。在桩基施工过程中,遇到地下水丰富、土质较差、原地基碎石桩处理等导致塌孔的难题。项目部多次通过试桩研究,采用钢护筒+混凝土换填技术施工,调整泥浆护壁的泥浆配合比以保证成孔质量;通过在桩身钢筋笼布置桩端阻

图1-71 阆中古城机场

力及桩侧阻力测验的应力传感器，采集土壤对桩基负摩阻数据，经数据分析和结构荷载设计研究，结合试桩承载力试验最终确定桩基长度，并刷新了阆中市最长工程桩记录。

阆中古城机场是南充第 2 座机场，标志着南充也成为四川省第 4 个"双机场"城市。阆中古城机场的通航投用，将进一步完善区域交通网络，助力南充建设国家立体综合交通物流枢纽，进一步促进全市交通物流、文化旅游、商贸服务等产业融合发展，推动加速构建现代化产业体系。

1.7 市政工程建设情况分析

1.7.1 市政工程建设的总体情况

市政基础设施是指在城市区、镇（乡）规划建设范围内设置、基于政府责任和义务为居民提供有偿或无偿公共产品和服务的各种建筑物、构筑物、设备等。城市生活配套的各种公共基础设施建设都属于市政工程范畴，比如常见的城市道路、桥梁、地铁、地下管线、隧道、河道、轨道交通、污水处理、垃圾处理处置等工程，又比如与生活紧密相关的各种管线：雨水、污水、给水、中水、电力（红线以外部分）、电信、热力、燃气等，还有广场、城市绿化等的建设，都属于市政工程范畴。

图 1-72 示出了 2014~2023 年我国市政设施固定资产投资情况。2023 年，我国市政设施固定资产投资 2.03 万亿元，同比降低 8.87%。其中，道路桥梁占城市市政设施固定资产投资的比重最大，为 36.60%；轨道交通、排水投资分别占 26.80%、9.66%；园林绿化、供水、集中供热、地下综合管廊、市容环境卫生、燃气占比均低于 5%，分别为 4.99%、3.72%、2.54%、1.71%、1.70%、1.54%。其他投资占比 10.73%。

图 1-73 示出了 2014~2023 年我国城市实有道路长度和城市桥梁建设的相关情况。2023 年，我国城市实有道路长度为 56.44 万 km，比上年增加 2.21%。城市桥梁 89.30 千座，比上年增加 3.52%。

图 1-74 示出了 2014~2023 年我国城市轨道交通运营线路情况。2023 年，

图 1-72　2014~2023 年我国市政设施固定资产投资情况情况
数据来源：住房和城乡建设部《2023 年中国城市建设统计年鉴》

图 1-73　2014~2023 年我国城市实有道路长度和城市桥梁建设的相关情况
数据来源：国家统计局《中国统计年鉴》

图 1-74　2014~2023 年我国城市轨道交通运营线路情况
数据来源：交通运输部《交通运输行业发展统计公报》

我国有城市轨道交通运营线路 308 条，比上年增长 5.48%。其中地铁运营线路 256 条，比上年增长 6.67%。

图 1-75 示出了 2014~2023 年我国城市轨道交通运营里程情况。2023 年，我国城市轨道交通运营里程 10158.6km，比上年增长 6.32%。其中地铁运营里程 9042.3km，比上年增长 7.03%。

图 1-76 示出了 2014~2023 年我国供气管道（含天然气管道、人工煤气管道、液化石油气管道）、供水管道建设的相关情况。2023 年，我国年末供气管道长度为 104.73 万 km，比上年增加 5.82%。年末供水管道长度为 115.31 万 km，比上年增加 4.54%。

图 1-75　2014~2023 年我国城市轨道交通运营里程情况
数据来源：交通运输部《交通运输行业发展统计公报》

图 1-76　2014~2023 年我国供气、供水管道建设的相关情况
数据来源：国家统计局《中国统计年鉴》

图 1-77 示出了 2014~2023 年我国城市排水管道建设的相关情况。2023 年，我国城市排水管道长度为 95.25 万 km，比上年增加 4.27%。

图 1-77　2014~2023 年我国城市排水管道建设的相关情况
数据来源：国家统计局《中国统计年鉴》

1.7.2　典型的市政工程建设项目

1.7.2.1　光谷空轨一期

2023 年 9 月 26 日，全国首条悬挂式单轨商业运营线——光谷空轨一期工程开通运营，这也是我国首条开通运营的空轨线路。光谷空轨全长约 26.7km，设站 16 处，并配套车辆段与停车场各 1 处。一期工程线路全长约 10.5km，设站 6 座，起于九峰山、止于龙泉山，设有龙泉山车辆基地，串联两端的九峰国家森林公园、龙泉山明楚王墓考古遗址公园等旅游资源；同时，可与地铁 11 号线、光谷有轨电车 L2 换乘，方便乘客游玩光谷生态大走廊和沿线风光（图 1-78）。

图 1-78　光谷空轨一期

空轨即悬挂式单轨列车，是一种新型中低运量、生态环保、绿色低碳的城市轨道交通制式。与传统交通方式不同，空轨列车车体悬挂于轨道梁下方凌空"飞行"，被称为"空中列车"，具有不占用地面路权、环境适应性强、景观效果好等优点，兼具通勤和观光功能。作为我国首条商用运营城市空轨项目，光谷空轨旅游线车辆采用了多项先进"硬科技"。列车智能化程度高，可实现智能感知、智能行车；具备 GoA3 级别全自动无人驾驶功能，车辆启动、停车、出库、入库、开关门及正线运行等均实现了全过程自动控制，无需人工操作，司乘人员只需随车应对突发情况。车体采用空气弹簧等类高铁多项减振技术，提高空轨车辆的平稳性和舒适性。

线路上跨 11 个城市主干道，8 座大跨度大桥，均采用一跨跨越，一桥一景。建设团队采用了十大创新施工技术，如期完成斜拉桥、拱桥、钢桁梁桥和连续刚构等施工。九峰山站"建 – 桥分离"的钢框架结构，钢结构雨棚与内部主体结构脱开，各自形成独立结构体系，采光穹顶造型独特，由 1280 块大小、形状不一的不规则曲面玻璃组成，施工难度大。施工过程中，项目部创新采用高精度焊接管桁架及杆件相贯，同时，采用桥建分离装配式钢框架结构等施工新技术。项目还运用 BIM 总承包管理模式，运用 BIM 技术，将三维模型可视化，为管线改迁、方案定位和比选、空间构造、多专业之间配合提供了极大方便。BIM 软件还用于全面检测管线之间、管线与土建之间的所有碰撞问题，并反馈给各专业设计人员进行调整，消除所有管线碰撞问题。

作为光谷生态大走廊配套设施，光谷空轨将串联起两端的九峰国家森林公园、龙泉山明楚王墓考古遗址公园等沿线旅游观光资源，与水道、绿道一起，完美实现光谷生态大走廊"三道布局"，打造流动的"空中观景平台"，对于城市轨道交通建设具有重要意义。

1.7.2.2 郑州地铁 12 号线一期

郑州地铁 12 号线，是中国河南省郑州市第十条建成运营的地铁线路，于 2023 年 12 月 20 日开通运营一期工程（梁湖站至龙子湖东站）。郑州地铁 12 号线一期工程全长 16.538km，设站 11 座，起于经开区梁湖站，止于郑东新区龙子湖东站，采用 6 节编组 B 型列车，具备 GoA4 级别无人驾驶技术，设计最高速度为 100km/h。作为智慧地铁示范线，该线路集成智慧服务、智慧车站、智能运维等智慧化功能，丰富乘客的智慧出行体验（图 1–79）。

图 1-79　郑州地铁 12 号线一期

郑州地铁 12 号线线路施工处于全断面富水砂层，且盾构掘进过程中"贴身"下穿运营中的郑州地铁 1 号线、5 号线两大一级风险源，复杂地层超近距离下穿既有线车站在国内盾构施工极为罕见。项目团队采用渣土改良、冷冻加钢套筒接收法等措施严格控制沉降，并实施全天候自动化监测手段，将盾构区间贯通风险降至最低，项目团队分别以 1.34m、2.09m 的极限距离，成功下穿地铁 1 号线黄河南路站及地铁 5 号线既有隧道。数据显示，受影响区段沉降值远低于预警值。

龙子湖西站至龙子湖站区间隧道，使用的是河南首座机械法联络通道顶管机 1062 号，此项工程标志着中国地铁施工领域又一项新技术、新工艺的成功应用，这在郑州地铁尚属首次，也是在河南省内的首次应用。

郑州地铁 12 号线一期开通后，可有效疏解郑州经济技术开发区和郑东新区交通压力，对加快经开区北部片区升级改造，强化南曹片区、白沙组团和绿博组团的交通联系，推动区域经济协同发展具有重要意义。

1.7.2.3　厦门翔安大桥

2023 年 1 月 17 日，历经三年建设，厦门翔安大桥实现主桥通车。该项目以桥梁形式跨越厦门东海域，连接厦门湖里、翔安两个行政区，使厦门岛内外通行时间由半小时缩短至 5min。翔安大桥西起湖里区禾山街道枋钟路与金尚路交叉口，东至翔安区凤翔街道刘五店互通，线路全长 12.37km，其中跨海段全长 4.2km，海中区桥梁全长 3.27km，宽 37m。桥梁道路为双向八车道的城市主干路，设计速度为 80km/h；工程总投资约 122.76 亿元。

翔安大桥是福建省首座全桥预制装配化跨海大桥，跨海桥梁墩台和钢箱梁预制装配化率达 100%。大桥采用的"拼积木"式预制安装工艺，全桥共 36 榀钢箱梁，是继港珠澳大桥之后，国内第二次在跨海大桥中运用。翔安大桥为单幅变高变截面连续梁桥，其中钢箱梁包含 6 种宽度节段，最大宽度 52.6m、最大重量 3133t，钢箱梁吊点横向宽度从 23.2m 到 32.5m 不等。吊点横向宽度不匹配钢箱梁的横向宽度造成钢箱梁横向失稳，加之大桥所在海域暴雨、大风、浪涌时常"造访"，海水涨落差常在 3~4m，风浪下的吊具和钢箱梁晃动，对吊装平衡性、安全性、精准度提出很大挑战。经过数轮试验，项目团队将传统刚性连接转化为滑轮组柔性连接工艺，把每个吊点上的力分散到 8 个滑轮一组的吊耳上。就像给提升钢箱梁的"抓手"增加了 8 根机械"手指"，通过力学传导性，将力平均分摊到 32 个吊点，钢箱梁吊装的受力问题迎刃而解。为了在不同工况下都能达到"稳""准"的目的，项目团队从吊具结构、材料性能、全桥钢箱梁兼容性等方面优化升级。在钢箱梁两端分别安置 4 根形似"牛腿"的定位连接装置，在吊装入位后该装置紧扣两侧桥体稳住钢箱梁。与此同时，项目部还引入智能调位控制系统进行"头部"精准指挥，55 只传感器"眼睛"，配合 32 个竖向、水平液压千斤顶组成的动力"机械臂"，达成完美位移。提档升级后，重达 560t、国内同类型桥梁中采用的最大吊具正式上岗，只需一键启动"眼、手、脑"调位模式，就能确保钢箱梁智能"落座"（图 1-80）。

图 1-80　厦门翔安大桥

翔安大桥的建成，将辐射带动和服务岛外翔安、海沧地区发展，缩小岛内外差距，有力促进区域经济一体化，进一步完善海西经济区路网和厦门市城市路网，对构建我国东南沿海和海峡两岸综合运输枢纽，促进区域社会经济的发展具有积极推动作用。

1.7.2.4　郑州北三环新建彩虹桥

2023 年 9 月 28 日，上跨亚洲最大铁路编组站涉铁项目——郑州北三环新建彩虹桥正式通车。彩虹桥是郑州北环快速路铁路跨线大桥，是郑州北区东西向的咽喉要道，是北三环快速通行的重要卡点。桥梁 1994 年底建成通车，旧桥建成通车20多年来，桥体各构件均出现不同程度的损伤及锈蚀，隐蔽缺陷多等。鉴于存在较大安全隐患，郑州彩虹桥2019年10月26日起封闭施工。2021年7月15日，郑州彩虹桥正式开始桥梁主体拆解施工。郑州彩虹桥及接线拆解与新建工程，西起电厂西路、东至南阳路，全长1939m，高架主路双向6~8车道，设计车速80km/h，地面辅路双向6车道。新建彩虹桥为三跨连续单拱肋钢箱系杆拱桥，大桥全长367m，设计为双向8车道（图1-81）。

图1-81 郑州北三环新建彩虹桥

彩虹桥上跨亚洲最大、最繁忙的铁路编组站——郑州北站，是上跨铁路编组站同类桥型中最宽的下承式单拱肋双索面钢箱系杆拱桥，具有桥面宽、顶推跨径大、拱跨大、矢跨比大等特点。面对拆解和新建工期任务紧、周边极其复杂施工环境、场地有限作业空间狭小、营业线施工安全风险极大等不利因素，项目团队积极创新，攻克了多项难题。为确保彩虹桥钢桁拱纵移顶推安全，首次采用了步履式顶推设备+带顶力滑块的顶推方案，顶推过程中滑块自带顶力，可实时调整钢桁拱顶推线形，保证顶推的同步性。滑块内千斤顶设置同步控制系统，可实时采集各支点的反力，以保证钢桁拱节点竖向起顶力满足要求。彩虹桥拆解与新建工程要多轮次顶推跨越铁路线，需要多次要点，这势必对营业运营线施工安全、工期造成很大影响。为确保顶推施工安全，工程第一个打破铁路营业线施工"过车停工""多次要点"传统做法，在连续多轮次顶推跨越铁路线中开启施工"不停车"正常安全通行新模式，不仅保障营业线运营安全，还大大加快了施工进度。

郑州彩虹桥作为郑州北区东西向咽喉要道，串联高新区、金水区与郑东新区，是郑州北三环快速路的重要部分，郑州市的重点民生工程。彩虹桥通车后，将进一步完善郑州市的快速路网结构，加强中心城区与周边区域的联系，大大缓解北三环东西向的交通压力，在便利交通的同时为沿线经济发展注入了新的活力。

1.7.2.5　襄阳市襄江大道

2023年2月24日，襄阳市襄江大道（东西轴线）东津段正式通车，标志着全长近27km的襄江大道全线通车，实现了襄阳城市快速路从无到有的历史性突破。今后，从樊城区到东津新城中心区的车程从 45min 缩短至 15min。

在襄江大道建设过程中，项目团队在襄阳市区第一次运用了国内最先进的滤砂器清孔技术。通过这项技术，可以有效将含砂率控制在 1% 内，提升桩基质量。正是有了这款"神器"，襄江大道的桩基检测验收合格率达到 100%。襄江大道樊城段工程地质条件特殊，主要为砂卵石层，打桩清孔工作难度很大。为确保高架桥桥墩质量，打孔前，项目团队逐一检测钻机动力头垂直度及水平度；掘进中，及时检查钻杆偏位情况并调整；成孔后，运用超声波检孔仪实测验收，确保质量万无一失。此外，项目还推行工序验收、实体验收、实测实量，对采集数据进行统计分析，查找质量管控短板，采取针对性措施，提升施工质量（图 1-82）。

图 1-82 襄阳市襄江大道

项目在进行大李沟段上构箱梁施工时，按原计划，需在沟渠内设置临时支撑体系，如支架桩及结构物等。考虑到大李沟是重要的排洪通道，沟内桩基及开挖施工会对自然环境造成较大影响，为了减少对河道的占用，项目部设计并应用了 T 形钢构件，即钢制牛腿横撑、斜撑，取代了原有的垂直钢制立柱。通过加强横梁部分扩大悬挑水平支撑距离，一侧无需在沟渠内注入混凝土打桩；同时，呈三角形的悬挑平台受地面平整度和地基承载力的约束也较小；此外，T 形钢构件立柱和横梁为整体焊接，施工工期较短。据测算，此项技术革新，省去了搭设打桩平台、围堰施工等工序，节约混凝土 400m³，减少钢立柱 25t，比计划工期提前了 3 个月，有效保护了大李沟的自然生态与调水蓄水能力。

襄江大道实现了樊城区、鱼梁洲与东津新区的快速连接，建立荆襄高速和城市外环高速的联系，是襄阳打通"一心四城"互联互通的重要快速通道，有利于提升城市能级，完善城市功能，提升城市品质。

1.7.2.6 三峡大道互通立交 – 港窑路节点互通工程

2023 年 1 月 19 日，宜昌市三峡大道互通立交 – 港窑路节点互通工程正式通车。三峡大道互通立交 – 港窑路节点互通工程，匝道及集散车道全长 4.57km，是宜昌市主城区"三环十二射"快速路网纵、横轴线的全互通立交，也是宜昌市城市快速路网的中轴枢纽。项目设计为"单环式梨形",全互通+橘乡路匝道组合式立交,共有全互通匝道8条、集散车道2条,桔乡路与港窑路互通上下匝道2条。建设中需13次跨既有道路,是宜昌目前工程体量最大、匝道层数最多、施工难度最大、地理环境最复杂的城市立交,被称为宜昌"超级互通"。

三峡大道互通立交-港窑路节点互通工程,涉及近40m降高开路、80万m^3土石方开挖转运施工。为坚决落实"绿水青山就是金山银山"理念,项目在施工过程中,严格落实场内硬化、洒水、喷淋、冲洗等降尘措施,全周期保持湿法作业,定期对场内裸土进行全覆盖,环境保护与施工生产同步推进。为弥补传统桩基钢护筒定位方法的不足,项目积极应用科技创新手段,研发"一种桩基钢护筒中心定位垂直度复核及变形检测系统"实现桩基钢护筒精确定位,垂直度复核及变形检测,有效保障了现场桩基施工安全质量。针对桥梁防撞护栏端头路灯套管外露粗糙问题,项目团队优化路桥衔接位置管线处理方案,端头管线下沉接入接线井后,有效促进了观感质量,并荣获湖北省建筑结构优质工程项目。

图1-83 三峡大道互通立交-港窑路节点互通工程

三峡大道互通立交-港窑路节点互通工程是宜昌市城市快速路网"东进、北拓、中优"的重要转换枢纽,项目建成后,对于拓展宜昌城市骨架、构建城市快速路网、完善城市功能等具有重要意义(图1-83)。

1.7.2.7 武汉武九综合管廊

2023年8月9日,国内城市核心区域单次建设规模最大(长度、断面)的综合管廊——武汉武九综合管廊工程,最后一节主体顶板顺利浇筑完成,标志着武九综合管廊工程全线贯通。武九综合管廊工程是省市两级重点工程,主要沿武九铁路北环线布设,分主线管廊和支线管廊两部分,全长约16.2km,概算总投资50.76亿元(图1-84)。

武九综合管廊是武汉市城市地下综合管廊专项规划确定的重要干线管廊,创下了多个"国内之最"。它是国内城市核心"老城区"内单次建设规模最大(长度、断面）的综合管廊，是服务城市核心功能区（武昌滨江商务区、青山滨江商务区、华中金融城）数量最多的综合管廊，其中建成的罗家港管廊桥是目前全国截面最大、单体荷载最重的管廊桥。

图1-84　武汉武九综合管廊

武九综合管廊工程包括主线和支线两个部分，主线全长约13.24km，沿武九铁路北环线建设，起于友谊大道，止于建设十路，以传统明挖现浇工法施工；支线为德平路支线综合管廊，全长约3km，起于武九铁路，止于团结大道，需穿越和平大道、友谊大道两条城市主干道，因而采用了顶管法暗挖施工。顶管施工即非开挖施工方法，是一种不开挖或少开挖的管道埋设施工技术，可以避免阻断交通、破坏地下管网，也不影响居民生活，代价最小。这对交通繁忙、人口密集、地面建筑物众多、地下管线复杂的城市非常重要，施工高效而环保。

武九综合管廊投入运营后，将全面容纳电力、热力、给水、通信、中水等管线，为大武昌滨江片区的市政管线建设提供可靠的地下空间，有效解决以往各类管线带来的"空中蜘蛛网""拉链马路"等问题，美化提升城市景观。同时能够有效避免地下管线频繁挖掘对交通、居民造成的影响和干扰，降低路面多次翻修费用成本和工程管线的维修费用。

Civil Engineering

第 2 章

土木工程
建设企业
竞争力分析

本章从土木工程建设企业的经营规模、盈利能力两个维度,对土木工程建设企业的竞争力进行了分析,并通过构建综合实力分析模型,对土木工程建设企业进行了综合实力排序。

2.1 分析企业的选择

本报告拟选择若干代表性的土木工程建设企业，对土木工程建设企业的发展状况进行分析。入选的土木工程建设企业，主要从入选 2023 年福布斯 2000 强、财富 500 强、ENR 全球承包商 250 强、ENR 国际承包商 250 强、中国企业 500 强、财富中国企业 500 强、财富中国上市企业 500 强以及拥有特级资质的土木工程建设企业中进行选择。具体应满足以下条件：

（1）建筑业央企和一些大型综合建设投资集团不纳入榜单范围。为了反映这些企业在建筑业企业中的地位和影响力，表 2-1 列出了这些企业在年报中公开披露的主要财务数据。

部分建筑业央企和大型综合建设投资集团 2023 年的主要财务数据　　表 2-1

序号	企业名称	营业收入（亿元）	净利润（亿元）	资产总额（亿元）
1	中国建筑股份有限公司	22655.29	735.40	29033.23
2	中国中铁股份有限公司	12634.75	376.36	18294.39
3	中国铁建股份有限公司	11379.93	323.29	16630.20
4	中国交通建设股份有限公司	7586.76	302.24	16800.00
5	中国冶金科工股份有限公司	6338.70	114.06	6616.02
6	中国电力建设股份有限公司	6094.08	171.85	11537.75
7	太平洋建设集团有限公司	5410.87	356.46	4179.59
8	中国能源建设股份有限公司	4060.32	112.56	7831.56
9	苏商建设集团有限公司	3204.45	80.84	2359.57
10	蜀道投资集团有限公司	2504.59	48.56	13375.53
11	中国化学工程集团有限公司	2009.36	70.70	2674.41
12	成都兴城投资集团有限公司	1346.79	50.42	12300.00
13	绿地大基建集团有限公司	979.91	-12.86	3944.35

（2）如果备选企业属于建筑业央企子公司，则只选择一级子公司，一级子公司下属的各层级子公司不纳入对比分析的范畴。

（3）各省级建设（建工）集团，其下属的各层级子公司不纳入对比分析的范畴。

（4）进入榜单企业对其控制企业的投资比例如超过 50%，则被控制企业不能入选榜单。

（5）能够从企业年报或可信渠道获得企业的主要财务数据，且入选榜单企业 2023 年的营业收入不少于 100 亿元或净利润不少于 2 亿元。

（6）企业经营状况正常。企业在上一年度未发生较大以上安全、质量责任事故和有重大社会影响的企业失信事件、违规招标投标事件、违法施工事件、企业主要领导贪腐案件等。

共有 261 家建筑业企业满足上述入选条件，本书分别对其中营业收入排在前 200 家、资产总额排在前 200 家、利润总额排在前 200 家、净利润排在前 200 家的企业进行分析，并对同时具有营业收入、净利润、资产总额数据的企业进行综合排序分析。

2.2 土木工程建设企业经营规模分析

2.2.1 土木工程建设企业营业收入分析

2023 年营业收入排在前 200 家的土木工程建设企业如表 2-2 所示。

2023 年土木工程建设企业营业收入排名　　　表 2-2

序号	企业名称	营业收入（亿元）	序号	企业名称	营业收入（亿元）
1	中国建筑第八工程局有限公司	5012.47	13	中国建筑第七工程局有限公司	1372.85
2	中国建筑第三工程局有限公司	4352.33	14	中铁四局集团有限公司	1335.75
3	上海建工集团股份有限公司	3046.28	15	中交一公局集团有限公司	1304.13
4	陕西建工控股集团有限公司	2411.25	16	中国建筑第四工程局有限公司	1302.09
5	广州市建筑集团有限公司	2002.95	17	中国葛洲坝集团有限公司	1300.52
6	中国建筑第二工程局有限公司	1975.25	18	北京建工集团有限责任公司	1300.15
7	中国建筑第五工程局有限公司	1929.01	19	中铁一局集团有限公司	1269.11
8	云南省建设投资控股集团有限公司	1722.16	20	四川路桥建设集团股份有限公司	1150.42
9	湖南建设投资集团有限责任公司	1700.58	21	厦门路桥建设集团有限公司	1095.42
10	北京城建集团有限责任公司	1542.46	22	中国核工业建设股份有限公司	1093.85
11	中国建筑一局（集团）有限公司	1514.53	23	四川华西集团有限公司	1085.97
12	山西建设投资集团有限公司	1421.09	24	中天控股集团有限公司	1034.37

续表

序号	企业名称	营业收入（亿元）	序号	企业名称	营业收入（亿元）
25	中铁十一局集团有限公司	1019.35	56	中国建筑第六工程局有限公司	591.71
26	中铁建工集团有限公司	1009.09	57	龙信建设集团有限公司	576.39
27	安徽建工集团控股有限公司	954.26	58	浙江中成控股集团有限公司	567.24
28	中国铁塔股份有限公司	940.09	59	中石化炼化工程（集团）股份有限公司	562.21
29	浙江省建设投资集团股份有限公司	926.06	60	中国一冶集团有限公司	560.99
30	中国五冶集团有限公司	901.05	61	中铁上海工程局集团有限公司	552.36
31	广东省建筑工程集团控股有限公司	890.01	62	中交路桥建设有限公司	550.68
32	中交第二航务工程局有限公司	883.94	63	通州建总集团有限公司	549.12
33	甘肃省建设投资（控股）集团有限公司	879.35	64	中交疏浚（集团）股份有限公司	545.72
34	云南省交通投资建设集团有限公司	843.96	65	中交第一航务工程局有限公司	544.65
35	中铁建设集团有限公司	840.70	66	中铁大桥局集团有限公司	543.91
36	中铁十四局集团有限公司	835.23	67	黑龙江省建设投资集团有限公司	535.49
37	上海城建（集团）有限公司	800.49	68	中国铁建投资集团有限公司	532.72
38	中石化石油工程技术服务股份有限公司	799.81	69	天元建设集团有限公司	526.68
39	成都建工集团有限公司	766.23	70	河北建工集团有限责任公司	511.22
40	上海宝冶集团有限公司	763.82	71	中交第四航务工程局有限公司	507.82
41	中铁三局集团有限公司	762.33	72	中国十七冶集团有限公司	506.49
42	中铁五局集团有限公司	756.27	73	中建新疆建工（集团）有限公司	506.07
43	上海隧道工程股份有限公司	741.93	74	中交第三航务工程局有限公司	504.53
44	中交第二公路工程局有限公司	740.24	75	江苏省苏中建设集团股份有限公司	502.14
45	中铁十八局集团有限公司	733.77	76	山东科达集团有限公司	498.70
46	山东高速路桥集团股份有限公司	730.24	77	江苏省华建设股份有限公司	491.54
47	中铁二局集团有限公司	690.26	78	中铁电气化局集团有限公司	482.80
48	中铁十局集团有限公司	684.06	79	四川高速公路建设开发集团有限公司	473.81
49	陕西交通控股集团有限公司	670.09	80	浙江交工集团股份有限公司	461.46
50	青建集团股份有限公司	660.11	81	浙江交通科技股份有限公司	460.46
51	中铁七局集团有限公司	651.42	82	万洋集团有限公司	458.83
52	广西建工集团有限责任公司	650.86	83	中国中材国际工程股份有限公司	457.99
53	武汉城市建设集团有限公司	641.14	84	贵州交通建设集团有限公司	452.89
54	南通四建集团有限公司	635.63	85	重庆建工集团股份有限公司	447.10
55	中铁隧道局集团有限公司	626.13	86	中海油田服务股份有限公司	441.09

续表

序号	企业名称	营业收入（亿元）	序号	企业名称	营业收入（亿元）
87	中建科工集团有限公司	435.83	118	中铁广州工程局集团有限公司	303.08
88	中交建筑集团有限公司	431.91	119	贵州建工集团有限公司	301.40
89	中电建路桥集团有限公司	422.75	120	浙江国泰建设集团有限公司	298.15
90	中国二十冶集团有限公司	417.52	121	中国石油集团工程有限公司	297.31
91	中铁八局集团有限公司	411.94	122	甘肃省公路交通建设集团有限公司	285.07
92	中建海峡建设发展有限公司	402.49	123	中建安装集团有限公司	279.58
93	深圳市特区建工集团有限公司	385.68	124	中国水利水电第十一工程局有限公司	268.23
94	新疆生产建设兵团建设工程（集团）有限责任公司	381.03	125	中国十九冶集团有限公司	268.01
95	江苏江都建设集团有限公司	365.27	126	保利长大工程有限公司	267.54
96	济南城市建设集团有限公司	360.36	127	中国建设基础设施有限公司	265.53
97	方远建设集团股份有限公司	357.47	128	宝业集团股份有限公司	264.79
98	天颂建设集团有限公司	355.76	129	中钢国际工程技术股份有限公司	263.77
99	中国二十二冶集团有限公司	352.72	130	五矿二十三冶建设集团有限公司	262.82
100	广西路桥工程集团有限公司	351.47	131	中国水利水电第十四工程局有限公司	260.69
101	江西省建工集团有限责任公司	350.70	132	中国水利水电第五工程局有限公司	260.29
102	中冶天工集团有限公司	350.19	133	中交第三公路工程局有限公司	258.94
103	中冶建工集团有限公司	349.81	134	山西路桥建设集团有限公司	258.09
104	中国水电建设集团国际工程有限公司	346.10	135	山东电力建设第三工程有限公司	256.26
105	浙江中南建设集团有限公司	345.52	136	中铁二十五局集团有限公司	255.89
106	南通建工集团股份有限公司	339.55	137	宝业湖北建工集团有限公司	254.71
107	福建建工集团有限责任公司	339.14	138	中国水利水电第八工程局有限公司	254.09
108	中国水利水电第七工程局有限公司	337.03	139	华新建工集团有限公司	250.63
109	中铁北京工程局集团有限公司	336.91	140	中铁城建集团有限公司	243.30
110	中国水利水电第四工程局有限公司	336.53	141	中国电子系统工程第二建设有限公司	242.55
111	河北建设集团股份有限公司	334.93	142	中铁九局集团有限公司	237.41
112	中国石油工程建设有限公司	330.56	143	江苏省建筑工程集团有限公司	234.27
113	中亿丰建设集团股份有限公司	328.00	144	南通新华建筑集团有限公司	231.27
114	南通五建控股集团有限公司	313.87	145	中国化学工程第七建设有限公司	228.32
115	江苏江中集团有限公司	309.20	146	宁波建工股份有限公司	226.73
116	海洋石油工程股份有限公司	307.52	147	中交上海航道局有限公司	225.47
117	腾越建筑科技集团有限公司	307.21	148	荣华建设集团有限公司	224.99

续表

序号	企业名称	营业收入（亿元）	序号	企业名称	营业收入（亿元）
149	中国电建市政建设集团有限公司	224.98	175	潍坊昌大建设集团有限公司	163.08
150	中铝国际工程股份有限公司	223.37	176	安徽省港航集团有限公司	161.84
151	启东建筑集团有限公司	215.20	177	维业建设集团股份有限公司	155.29
152	北方国际合作股份有限公司	214.88	178	广东电白建设集团有限公司	155.02
153	中国电子系统工程第四建设有限公司	210.09	179	中国电建集团贵州工程有限公司	153.97
154	江河创建集团股份有限公司	209.54	180	中国建材国际工程集团有限公司	148.13
155	中交天津航道局有限公司	207.01	181	广东电白二建集团有限公司	147.83
156	中国电建集团山东电力建设第一工程有限公司	201.94	182	中国电建集团河北工程有限公司	144.84
157	苏州金螳螂建筑装饰股份有限公司	201.87	183	南昌市红谷滩城市投资集团有限公司	143.54
158	武汉市市政建设集团有限公司	198.53	184	西安建工集团有限公司	141.89
159	中国江苏国际经济技术合作集团有限公司	195.71	185	中国城乡控股集团有限公司	140.68
160	扬州建工控股集团有限公司	193.61	186	河南省公路工程局集团有限公司	140.10
161	江苏兴厦建设工程集团有限公司	190.35	187	中冶交通建设集团有限公司	139.52
162	山东兴华建设集团有限公司	186.62	188	正威科技集团有限公司	139.34
163	中国水利水电第三工程局有限公司	186.49	189	中国电建集团江西省电力建设有限公司	138.37
164	中煤矿山建设集团有限责任公司	181.83	190	广东永和建设集团有限公司	138.11
165	淮安市城市发展投资控股集团有限公司	178.34	191	中国铁工投资建设集团有限公司	136.06
166	中诚投建工集团有限公司	177.32	192	中国华冶科工集团有限公司	130.39
167	上海浦东建设股份有限公司	177.26	193	中国电建集团江西省水电工程局有限公司	130.16
168	江苏启安建设集团有限公司	175.78	194	浙江东南网架股份有限公司	129.96
169	江苏信拓建设（集团）股份有限公司	175.46	195	浙江亚厦装饰股份有限公司	128.69
170	龙建路桥股份有限公司	174.28	196	锦宸集团有限公司	126.63
171	济南建工集团有限公司	173.59	197	福建九鼎建设集团有限公司	125.20
172	南通市达欣工程股份有限公司	171.69	198	武汉市汉阳城建集团有限公司	124.92
173	中国电建集团湖北工程有限公司	170.52	199	中工国际工程股份有限公司	123.65
174	长江精工钢结构（集团）股份有限公司	165.06	200	海南省建设投资集团有限公司	122.45

根据国家统计局的统计数据，我国土木工程建设企业2023年实现的营业收入为28.42万亿元。2023年，我国有施工活动的土木工程建设企业有159140家。

本报告分析入选的 200 家土木工程建设企业仅占建筑业企业总数量的 0.13%。但这 200 家企业实现的营业收入总额为 11.13 万亿元，占土木工程建设企业 2023 年实现营业收入的 39.16%。

从 200 家土木工程建设企业的营业收入构成看，不同营业收入水平企业的数量分布及其营业收入占入选企业总营业收入的比重情况，如图 2-1 所示。

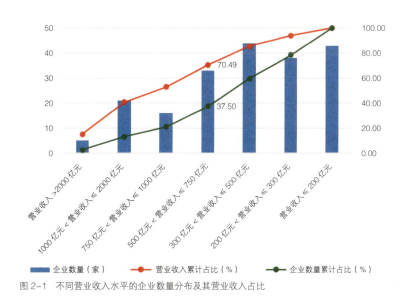

图 2-1　不同营业收入水平的企业数量分布及其营业收入占比

由图 2-1 可以看出，入选企业中 2023 年营业收入超过 2000 亿元的土木工程建设企业只有 5 家，占入选企业总数的 2.50%，但其营业收入占到了入选企业总营业收入的 15.11%；2023 年营业收入超过 1000 亿元的企业有 26 家，占入选企业的 13.00%，其营业收入占入选企业的 40.62%；年营业收入超过 750 亿元的企业有 42 家，占入选企业的 21.00%，其营业收入占入选企业的 52.85%；年营业收入超过 500 亿元的企业有 75 家，占入选企业的 37.50%，其营业收入占入选企业的 70.49%。由此可见，从营业收入角度分析，2023 年土木工程建设企业的集中度非常明显。

2023 年土木工程建设企业营业收入 200 强上榜企业数量的地区分布如图 2-2 所示。

从图 2-2 中可以看出，上榜企业分布在 28 个地区。北京具有首都所独有的总部基地优势，江苏多年来一直领跑全国建筑业，两省市均以上榜 27 家企业并列榜首；广东、浙江、上海和山东分别以上榜 16 家、14 家、13 家、13 家排在

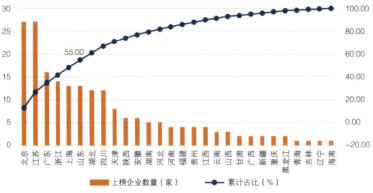

图 2-2　2023 年土木工程建设企业营业收入 200 强上榜企业数量的地区分布

第 3 位、第 4 位和第 5 位（并列）。这 6 个地区上榜的企业数量占建筑业企业营业收入 200 强的 55.00%。

2023 年土木工程建设企业营业收入 200 强上榜企业营业收入的地区分布如图 2-3 所示。

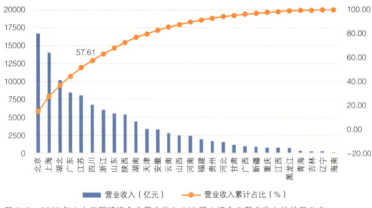

图 2-3　2023 年土木工程建设企业营业收入 200 强上榜企业营业收入的地区分布

从图 2-3 中可以看出，北京、上海、湖北、广东、江苏、四川上榜企业实现的营业收入排在前 6 位，这 6 个地区上榜企业实现的营业收入占 200 强入选企业的 57.61%。

2.2.2　土木工程建设企业资产总额分析

2023 年资产总额排在前 200 家的土木工程建设企业如表 2-3 所示。

2023 年土木工程建设企业资产总额排名　　表 2-3

序号	企业名称	资产总额（亿元）	序号	企业名称	资产总额（亿元）
1	云南省交通投资建设集团有限公司	8639.79	32	中国建筑第四工程局有限公司	1688.66
2	云南省建设投资控股集团有限公司	8239.58	33	甘肃省建设投资（控股）集团有限公司	1644.98
3	陕西交通控股集团有限公司	5910.59	34	上海隧道工程股份有限公司	1619.16
4	陕西建工控股集团有限公司	4335.05	35	中天控股集团有限公司	1611.78
5	中国葛洲坝集团有限公司	4274.71	36	四川华西集团有限公司	1560.14
6	四川高速公路建设开发集团有限公司	3980.22	37	广西建工集团有限责任公司	1525.28
7	武汉城市建设集团有限公司	3888.55	38	中交疏浚（集团）股份有限公司	1456.23
8	上海建工集团股份有限公司	3820.78	39	广州市建筑集团有限公司	1445.86
9	济南城市建设集团有限公司	3684.57	40	中交第二航务工程局有限公司	1417.54
10	北京城建集团有限责任公司	3588.50	41	山东高速路桥集团股份有限公司	1395.39
11	淮安市城市发展投资控股集团有限公司	3399.35	42	成都建工集团有限公司	1367.97
12	中国建筑第八工程局有限公司	3269.18	43	中铁建工集团有限公司	1351.30
13	中国铁塔股份有限公司	3260.06	44	山西路桥建设集团有限公司	1334.81
14	中国建筑第三工程局有限公司	3209.09	45	浙江省建设投资集团股份有限公司	1216.50
15	贵州交通建设集团有限公司	3000.16	46	贵州建工集团有限公司	1204.14
16	中电建路桥集团有限公司	2428.79	47	中铁四局集团有限公司	1195.63
17	四川路桥建设集团股份有限公司	2409.15	48	厦门路桥建设集团有限公司	1156.68
18	北京建工集团有限责任公司	2328.99	49	中铁建设集团有限公司	1137.82
19	湖南建设投资集团有限责任公司	2257.21	50	黑龙江省建设投资集团有限公司	1128.51
20	中国核工业建设股份有限公司	2153.36	51	中国建筑一局（集团）有限公司	1123.64
21	中交一公局集团有限公司	2132.44	52	中国城乡控股集团有限公司	1059.43
22	山西建设投资集团有限公司	1979.28	53	中铁二局集团有限公司	1030.20
23	上海城建（集团）有限公司	1966.78	54	福州市建设发展集团有限公司	972.98
24	安徽建工集团控股有限公司	1853.95	55	中铁十四局集团有限公司	935.48
25	中国建筑第五工程局有限公司	1839.33	56	天元建设集团有限公司	924.27
26	泉州城建集团有限公司	1797.49	57	深圳市特区建工集团有限公司	903.95
27	甘肃省公路交通建设集团有限公司	1796.42	58	中交路桥建设有限公司	892.62
28	中国建筑第二工程局有限公司	1776.92	59	中交第二公路工程局有限公司	882.24
29	中国建筑第七工程局有限公司	1753.63	60	中交第一航务工程局有限公司	876.08
30	广东省建筑工程集团控股有限公司	1750.01	61	重庆建工集团股份有限公司	869.90
31	中国铁建投资集团有限公司	1730.62	62	中交第四航务工程局有限公司	863.25

续表

序号	企业名称	资产总额（亿元）	序号	企业名称	资产总额（亿元）
63	中交第三航务工程局有限公司	854.50	93	中铁十八局集团有限公司	605.83
64	中交建筑集团有限公司	848.97	94	中铁二十局集团有限公司	584.65
65	中海油田服务股份有限公司	832.46	95	保利长大工程有限公司	582.15
66	中石化炼化工程（集团）股份有限公司	809.68	96	中国水利水电第八工程局有限公司	574.90
67	广西路桥工程集团有限公司	796.69	97	中国石油集团工程有限公司	570.00
68	新疆生产建设兵团建设工程（集团）有限责任公司	793.55	98	安徽省港航集团有限公司	567.04
69	中铁十六局集团有限公司	789.89	99	中国铁建大桥工程局集团有限公司	566.90
70	中铁一局集团有限公司	783.20	100	中国水利水电第七工程局有限公司	561.88
71	腾越建筑科技集团有限公司	781.89	101	中交天津航道局有限公司	560.70
72	中铁十二局集团有限公司	778.30	102	中铁电气化局集团有限公司	558.64
73	武汉市市政建设集团有限公司	763.72	103	中铁三局集团有限公司	547.96
74	西安建工集团有限公司	754.12	104	中国中材国际工程股份有限公司	544.20
75	中石化石油工程技术服务股份有限公司	751.63	105	中铁大桥局集团有限公司	543.06
76	江西省建工集团有限责任公司	744.95	106	扬州建工控股集团有限公司	519.95
77	中国建筑第六工程局有限公司	744.53	107	中铁十局集团有限公司	512.85
78	中国港湾工程有限责任公司	744.01	108	中铁七局集团有限公司	507.43
79	中铁十一局集团有限公司	724.67	109	中交第三公路工程局有限公司	503.99
80	漳州市交通发展集团有限公司	700.58	110	邢台市交通建设集团有限公司	497.77
81	中国水利水电第十四工程局有限公司	696.74	111	中铁十五局集团有限公司	493.04
82	浙江交通科技股份有限公司	693.56	112	中交上海航道局有限公司	486.74
83	江苏省建筑工程集团有限公司	680.48	113	青建集团股份公司	485.56
84	浙江交工集团股份有限公司	678.75	114	宝业集团股份有限公司	485.14
85	中国五冶集团有限公司	666.78	115	万洋集团有限公司	475.07
86	中建新疆建工（集团）有限公司	665.85	116	中国建设基础设施有限公司	470.36
87	中铁五局集团有限公司	656.37	117	中铁上海工程局集团有限公司	468.04
88	河北建设集团股份有限公司	648.86	118	山东电力建设第三工程有限公司	456.75
89	中国路桥工程有限责任公司	645.77	119	中铁八局集团有限公司	445.55
90	中铁隧道局集团有限公司	632.33	120	中国铁工投资建设集团有限公司	444.95
91	上海宝冶集团有限公司	620.36	121	中铁城建集团有限公司	441.76
92	福建建工集团有限责任公司	608.77	122	海洋石油工程股份有限公司	432.52

续表

序号	企业名称	资产总额（亿元）	序号	企业名称	资产总额（亿元）
123	中煤矿山建设集团有限责任公司	425.52	152	中铁九局集团有限公司	313.48
124	中铁二十二局集团有限公司	420.88	153	中铁广州工程局集团有限公司	309.36
125	南通四建集团有限公司	418.37	154	中国江苏国际经济技术合作集团有限公司	309.05
126	中铝国际工程股份有限公司	409.44	155	中冶天工集团有限公司	303.06
127	中铁二十三局集团有限公司	401.28	156	中钢国际工程技术股份有限公司	299.98
128	中国二十冶集团有限公司	396.53	157	中建海峡建设发展有限公司	297.94
129	中国石油工程建设有限公司	395.35	158	上海浦东建设股份有限公司	296.99
130	中铁二十四局集团有限公司	393.93	159	中冶建工集团有限公司	296.76
131	中国水利水电第四工程局有限公司	385.04	160	中国电建市政建设集团有限公司	287.93
132	济南建工集团有限公司	384.21	161	河南省路桥建设集团有限公司	287.66
133	中国建材国际工程集团有限公司	381.50	162	江河创建集团股份有限公司	287.06
134	邢台路桥建设集团有限公司	375.53	163	宁波建工股份有限公司	285.16
135	西安国际陆港投资发展集团有限公司	372.14	164	五矿二十三冶建设集团有限公司	282.69
136	苏州金螳螂建筑装饰股份有限公司	370.82	165	中国十九冶集团有限公司	280.38
137	方远建设集团股份有限公司	369.74	166	江苏省华建建设股份有限公司	274.54
138	南昌市红谷滩城市投资集团有限公司	367.73	167	中交广州航道局有限公司	272.78
139	龙建路桥股份有限公司	365.20	168	中国一冶集团有限公司	270.31
140	中国十七冶集团有限公司	360.42	169	潍坊昌大建设集团有限公司	267.77
141	中国水利水电第十一工程局有限公司	360.06	170	中冶南方工程技术有限公司	267.21
142	中国水电建设集团国际工程有限公司	350.72	171	广东水电二局集团有限公司	262.07
143	武汉市汉阳城建集团有限公司	348.92	172	中国水利水电第五工程局有限公司	256.55
144	中国土木工程集团有限公司	343.21	173	江苏省苏中建设集团股份有限公司	251.71
145	中冶交通建设集团有限公司	343.13	174	浙江中南建设集团有限公司	250.59
146	中国二十二冶集团有限公司	336.52	175	北方国际合作股份有限公司	237.60
147	中铁二十五局集团有限公司	336.49	176	河北建工集团有限责任公司	236.65
148	中铁二十五局集团有限公司	336.49	177	长江精工钢结构（集团）股份有限公司	233.27
149	中建科工集团有限公司	334.99	178	浙江亚厦装饰股份有限公司	230.16
150	中铁北京工程局集团有限公司	332.75	179	中工国际工程股份有限公司	226.21
151	中铁六局集团有限公司	325.99	180	无锡交通建设工程集团股份有限公司	219.17

续表

序号	企业名称	资产总额（亿元）	序号	企业名称	资产总额（亿元）
181	中国电建集团江西省电力建设有限公司	206.26	191	中国化学工程第七建设有限公司	173.50
182	中建安装集团有限公司	201.82	192	龙信建设集团有限公司	171.49
183	中国水利水电第三工程局有限公司	198.05	193	浙江中成控股集团有限公司	169.02
184	中国有色金属建设股份有限公司	195.24	194	中国水利水电第六工程局有限公司	165.44
185	碧水源建设集团有限公司	194.16	195	中国化学工程第三建设有限公司	165.17
186	新疆交通建设集团股份有限公司	193.56	196	杭萧钢构股份有限公司	164.18
187	中国新兴建设开发有限责任公司	192.76	197	中国华冶科工集团有限公司	161.27
188	中国电建集团贵州工程有限公司	184.36	198	江苏邗建集团有限公司	159.47
189	山东科达集团有限公司	184.12	199	宏润建设集团股份有限公司	156.01
190	浙江东南网架股份有限公司	183.91	200	中国水利水电第十工程局有限公司	152.27

根据国家统计局的统计数据，我国土木工程建设企业2023年的资产总额为38.17万亿元。本报告分析入选的200家土木工程建设企业占土木工程建设企业总数量的0.13%，其资产总额合计为19.58万亿元，占全国土木工程建设企业资产总额的51.30%。

从入选土木工程建设企业资产总额的构成看，不同资产总额水平企业的数量分布及其资产总额占入选企业资产总额总和的比重情况，如图2-4所示。

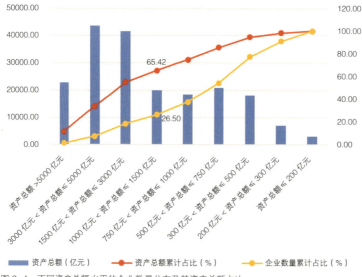

图2-4 不同资产总额水平的企业数量分布及其资产总额占比

由图 2-4 可以看出，入选企业中，2023 年资产总额超过 5000 亿元的土木工程建设企业有 3 家，仅占入选企业总数的 1.50%，但其资产总额占到了入选企业资产总额的 11.64%；资产总额超过 3000 亿元的企业有 15 家，占入选企业的 7.50%，其资产总额占入选企业资产总额的 33.96%；资产总额超过 1500 亿元的企业有 37 家，占入选企业的 18.50%，其资产总额占入选企业的 55.20%；资产总额超过 1000 亿元的企业有 53 家，占入选企业的 26.50%，其资产总额占入选企业的 65.42%。由此可见，从资产总额角度分析，2023 年土木工程建设企业的集中度也非常明显。

2.3 土木工程建设企业盈利能力分析

2.3.1 土木工程建设企业利润总额分析

2023 年利润总额排在前 200 家的土木工程建设企业如表 2-4 所示。

2023 年土木工程建设企业利润总额排名　　　　表 2-4

序号	企业名称	利润总额（亿元）	序号	企业名称	利润总额（亿元）
1	中国建筑第八工程局有限公司	162.84	13	中海油田服务股份有限公司	42.43
2	中国建筑第三工程局有限公司	150.35	14	湖南建设投资集团有限责任公司	41.08
3	中国铁塔股份有限公司	128.33	15	上海隧道工程股份有限公司	39.31
4	四川路桥建设集团股份有限公司	109.68	16	北京城建集团有限责任公司	39.07
5	中国葛洲坝集团有限公司	68.70	17	上海城建（集团）有限公司	39.01
6	陕西建工控股集团有限公司	58.54	18	中国铁建投资集团有限公司	38.49
7	中国建筑一局（集团）有限公司	53.49	19	四川高速公路建设开发集团有限公司	37.98
8	南通四建集团有限公司	48.52	20	山东高速路桥集团股份有限公司	37.17
9	中国建筑第五工程局有限公司	48.35	21	中国中材国际工程股份有限公司	36.98
10	中国建筑第二工程局有限公司	47.27	22	中铁四局集团有限公司	35.44
11	云南省建设投资控股集团有限公司	47.04	23	中交一公局集团有限公司	34.16
12	山西建设投资集团有限公司	43.39	24	中交第四航务工程局有限公司	33.95

续表

序号	企业名称	利润总额（亿元）	序号	企业名称	利润总额（亿元）
25	广西路桥工程集团有限公司	31.08	56	中国建设基础设施有限公司	16.78
26	中国五冶集团有限公司	31.06	57	浙江中成控股集团有限公司	16.60
27	中国核工业建设股份有限公司	30.94	58	中交第一航务工程局有限公司	16.43
28	江苏省华建建设股份有限公司	30.38	59	中国十七冶集团有限公司	16.39
29	上海建工集团股份有限公司	29.54	60	上海宝冶集团有限公司	15.89
30	中天控股集团有限公司	29.33	61	宝业集团股份有限公司	15.76
31	安徽建工集团控股有限公司	28.86	62	山西路桥建设集团有限公司	15.35
32	中交疏浚（集团）股份有限公司	28.68	63	中建新疆建工（集团）有限公司	15.24
33	中铁一局集团有限公司	28.28	64	中国一冶集团有限公司	15.13
34	中国城乡控股集团有限公司	27.90	65	中铁建工集团有限公司	14.79
35	中石化炼化工程（集团）股份有限公司	27.64	66	中国华冶科工集团有限公司	14.49
36	中交路桥建设有限公司	27.03	67	广州市建筑集团有限公司	14.37
37	中交第二公路工程局有限公司	26.10	68	厦门路桥建设集团有限公司	14.34
38	云南省交通投资建设集团有限公司	26.09	69	泉州城建集团有限公司	14.23
39	中交第二航务工程局有限公司	25.61	70	中交上海航道局有限公司	13.81
40	武汉城市建设集团有限公司	25.12	71	福建建工集团有限责任公司	13.72
41	通州建总集团有限公司	23.87	72	中冶建工集团有限公司	13.64
42	陕西交通控股集团有限公司	23.76	73	方远建设集团股份有限公司	13.59
43	中铁电气化局集团有限公司	21.31	74	福州市建设发展集团有限公司	13.41
44	四川华西集团有限公司	20.68	75	中铁七局集团有限公司	13.15
45	中铁三局集团有限公司	20.53	76	甘肃省公路交通建设集团有限公司	12.44
46	成都建工集团有限公司	20.27	77	江苏省苏中建设集团股份有限公司	12.27
47	广东省建筑工程集团控股有限公司	20.02	78	保利长大工程有限公司	12.18
48	深圳市特区建工集团有限公司	19.84	79	中铁十局集团有限公司	11.87
49	中铁十一局集团有限公司	19.79	80	苏州金螳螂建筑装饰股份有限公司	11.65
50	北京建工集团有限责任公司	19.17	81	甘肃省建设投资（控股）集团有限公司	11.62
51	海洋石油工程股份有限公司	19.12	82	华新建工集团有限公司	11.49
52	中交建筑集团有限公司	18.43	83	中建海峡建设发展有限公司	11.33
53	浙江交通科技股份有限公司	18.27	84	贵州交通建设集团有限公司	11.25
54	浙江交工集团股份有限公司	17.74	85	北方国际合作股份有限公司	11.14
55	中铁十四局集团有限公司	17.00	86	中建科工集团有限公司	10.74

续表

序号	企业名称	利润总额（亿元）	序号	企业名称	利润总额（亿元）
87	济南城市建设集团有限公司	10.64	116	武汉市汉阳城建集团有限公司	7.30
88	中钢国际工程技术股份有限公司	10.24	117	中铁大桥局集团有限公司	7.25
89	潍坊昌大建设集团有限公司	10.05	118	中铁隧道局集团有限公司	7.13
90	荣华建设集团有限公司	9.82	119	中国电建市政建设集团有限公司	7.11
91	中建安装集团有限公司	9.62	120	中国建筑第七工程局有限公司	7.07
92	中国石油工程建设有限公司	9.59	121	中国建筑第六工程局有限公司	6.95
93	中国电子系统工程第二建设有限公司	9.44	122	中国建筑第四工程局有限公司	6.56
94	中电建路桥集团有限公司	9.33	123	中国有色金属建设股份有限公司	6.48
95	中铁八局集团有限公司	9.31	124	中铁五局集团有限公司	6.45
96	中石化石油工程技术服务股份有限公司	9.28	125	山东兴华建设集团有限公司	6.36
97	中铁城建集团有限公司	9.27	126	南通新华建筑集团有限公司	6.25
98	龙信建设集团有限公司	9.18	127	上海浦东建设股份有限公司	6.13
99	江河创建集团股份有限公司	9.04	128	中国十九冶集团有限公司	5.96
100	中国水利水电第十一工程局有限公司	9.01	129	长江精工钢结构（集团）股份有限公司	5.95
101	中国水利水电第七工程局有限公司	8.86	130	万洋集团有限公司	5.74
102	中国水利水电第四工程局有限公司	8.84	131	五矿二十三冶建设集团有限公司	5.68
103	江苏信拓建设（集团）股份有限公司	8.83	132	中启胶建集团有限公司	5.33
104	中交第三航务工程局有限公司	8.68	133	扬州建工控股集团有限公司	5.32
105	中国化学工程第七建设有限公司	8.66	134	中工国际工程股份有限公司	5.31
106	浙江省建设投资集团股份有限公司	8.64	135	中国水利水电第五工程局有限公司	5.14
107	淮安市城市发展投资控股集团有限公司	8.62	136	南通市达欣工程股份有限公司	5.11
108	黑龙江省建设投资集团有限公司	8.51	137	武汉市市政建设集团有限公司	5.01
108	中交广州航道局有限公司	8.51	138	龙建路桥股份有限公司	5.00
110	中交天津航道局有限公司	8.42	139	宏润建设集团股份有限公司	4.65
111	中亿丰建设集团股份有限公司	7.85	140	浙江中南建设集团有限公司	4.63
112	中国二十二冶集团有限公司	7.82	141	中国建材国际工程集团有限公司	4.62
113	中铁建设集团有限公司	7.71	142	无锡交通建设工程集团有限公司	4.52
114	新疆生产建设兵团建设工程（集团）有限责任公司	7.60	143	山东天齐置业集团股份有限公司	4.36
115	天元建设集团有限公司	7.51	144	安徽省港航集团有限公司	4.28

续表

序号	企业名称	利润总额（亿元）	序号	企业名称	利润总额（亿元）
145	江苏邗建集团有限公司	4.24	173	中国电建集团贵州工程有限公司	2.58
146	中国石油集团工程有限公司	4.22	174	重庆三峰卡万塔环境产业有限公司	2.57
147	新疆交通建设集团股份有限公司	4.19	175	中冶交通建设集团有限公司	2.56
148	碧水源建设集团有限公司	4.11	176	中电建建筑集团有限公司	2.53
149	西安国际陆港投资发展集团有限公司	4.03	176	中煤矿山建设集团有限责任公司	2.53
150	南通五建控股集团有限公司	3.99	178	中国二十冶集团有限公司	2.52
151	江苏江都建设集团有限公司	3.97	179	中国水利水电第一工程局有限公司	2.41
152	中国水利水电第三工程局有限公司	3.88	180	广东电白建设集团有限公司	2.36
153	浙江东南网架股份有限公司	3.85	181	漳州市交通发展集团有限公司	2.33
154	宁波建工股份有限公司	3.80	182	邢台市交通建设集团有限公司	2.30
155	河南省路桥建设集团有限公司	3.63	183	中铁广州工程局集团有限公司	2.28
156	中冶天工集团有限公司	3.60	184	河北建设集团股份有限公司	2.27
157	中国水利水电第十工程局有限公司	3.57	185	中铁二局集团有限公司	2.17
158	江西省建工集团有限责任公司	3.54	185	中国铁工投资建设集团有限公司	2.17
159	苏华建设集团有限公司	3.47	185	中国新兴建设开发有限责任公司	2.17
160	杭萧钢构股份有限公司	3.38	188	中国电建集团江西省电力建设有限公司	2.12
161	中国水电基础局有限公司	3.27	189	江苏新龙兴建设集团有限公司	1.88
162	中国江苏国际经济技术合作集团有限公司	3.13	190	中国电建集团山东电力建设第一工程有限公司	1.77
163	中铁上海工程局集团有限公司	3.11	191	中国电建集团江西省水电工程局有限公司	1.69
164	中铁二十五局集团有限公司	3.06	192	南通建工集团股份有限公司	1.45
165	邢台路桥建设集团有限公司	3.00	193	重庆建工集团股份有限公司	1.39
166	中交第三公路工程局有限公司	2.86	194	中国水利水电第八工程局有限公司	1.39
167	宝业湖北建工集团有限公司	2.81	195	中国水电建设集团国际工程有限公司	1.34
168	中国电建集团河北工程有限公司	2.81	196	南昌市红谷滩城市投资集团有限公司	1.28
169	柏诚系统科技股份有限公司	2.80	197	中铁北京工程局集团有限公司	1.24
170	济南建工集团有限公司	2.75	198	浙江鸿翔建设集团股份有限公司	1.04
171	浙江亚厦装饰股份有限公司	2.68	199	广西建工集团有限责任公司	1.01
172	中国水利水电第十四工程局有限公司	2.67	199	十一冶建设集团有限责任公司	1.01

2023 年我国土木工程建设企业实现利润总额为 8902.27 亿元。本报告分析入选的 200 家土木工程建设企业，虽然企业数量仅占全国有施工活动的土木工程建设企业的 0.13%，却实现利润总额 3177.41 亿元，占土木工程建设企业 2023 年实现利润总额的 35.69%。

从这 200 家土木工程建设企业实现利润总额构成看，不同利润总额水平企业的数量分布及其利润总额占入选企业利润总额总和的比重情况，如图 2-5 所示。

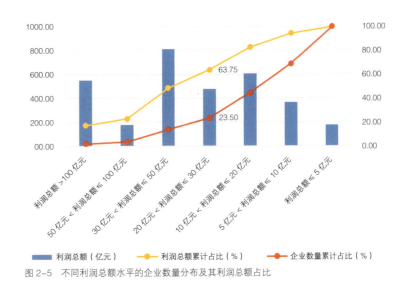

图 2-5　不同利润总额水平的企业数量分布及其利润总额占比

由图 2-5 可以看出，利润总额超过 100 亿元的土木工程建设企业有 4 家，仅占入选企业总数的 2.00%，但其利润总额占到了入选企业的 17.35%；超过 50 亿元的企业有 7 家，占入选企业的 3.50%，其利润总额占入选企业的 23.04%；超过 30 亿元的企业有 28 家，占入选企业的 14.00%，其利润总额占入选企业的 48.63%；超过 20 亿元的企业有 47 家，占入选企业的 23.50%，其利润总额占入选企业的 63.75%。由此可见，从实现利润角度分析，2023 年土木工程建设企业的集中度也非常明显。

2.3.2　土木工程建设企业净利润分析

2023 年净利润排在前 200 家的土木工程建设企业如表 2-5 所示。

2023年土木工程建设企业净利润排名　　　　表 2-5

序号	企业名称	净利润（亿元）	序号	企业名称	净利润（亿元）
1	中国建筑第八工程局有限公司	132.72	32	中石化炼化工程（集团）股份有限公司	23.36
2	中国建筑第三工程局有限公司	127.36	33	中交第二公路工程局有限公司	22.90
3	中国铁塔股份有限公司	97.51	34	江苏省华建建设股份有限公司	22.74
4	四川路桥建设集团股份有限公司	90.37	35	安徽建工集团控股有限公司	22.62
5	中国葛洲坝集团有限公司	51.37	36	中交第二航务工程局有限公司	22.13
6	陕西建工控股集团有限公司	48.01	37	陕西交通控股集团有限公司	22.06
7	中国建筑一局（集团）有限公司	44.72	38	中天控股集团有限公司	21.45
8	云南省建设投资控股集团有限公司	42.93	39	中国路桥工程有限责任公司	21.16
9	中国建筑第二工程局有限公司	42.00	40	中国港湾工程有限责任公司	19.14
10	中国建筑第五工程局有限公司	41.64	41	中铁十一局集团有限公司	18.66
11	山西建设投资集团有限公司	37.97	42	中铁三局集团有限公司	18.55
12	南通四建集团有限公司	35.61	43	中铁电气化局集团有限公司	18.32
13	湖南建设投资集团有限责任公司	34.07	44	通州建总集团有限公司	17.80
14	四川高速公路建设开发集团有限公司	33.37	45	上海建工集团股份有限公司	16.58
15	中海油田服务股份有限公司	32.83	46	海洋石油工程股份有限公司	16.30
16	中国中材国际工程股份有限公司	31.86	47	山东科达集团有限公司	16.18
17	上海隧道工程股份有限公司	31.75	48	广东省建筑工程集团控股有限公司	15.83
18	上海城建（集团）有限公司	31.21	49	成都建工集团有限公司	15.52
19	中交第四航务工程局有限公司	30.78	50	中铁十四局集团有限公司	15.18
20	山东高速路桥集团股份有限公司	30.72	51	中交第一航务工程局有限公司	14.94
21	中国铁建投资集团有限公司	30.65	52	中铁十八局集团有限公司	14.79
22	中铁四局集团有限公司	28.75	53	中国十七冶集团有限公司	14.76
23	北京城建集团有限责任公司	28.51	54	中交建筑集团有限公司	14.75
24	中国核工业建设股份有限公司	27.83	55	浙江交通科技股份有限公司	14.66
25	中交一公局集团有限公司	27.21	56	深圳市特区建工集团有限公司	14.55
26	广西路桥工程集团有限公司	26.48	57	上海宝冶集团有限公司	14.35
27	中国城乡控股集团有限公司	25.72	58	中铁十二局集团有限公司	14.25
28	中国五冶集团有限公司	25.19	59	浙江交工集团股份有限公司	14.22
29	中交路桥建设有限公司	25.03	60	山西路桥建设集团有限公司	14.04
30	中交疏浚（集团）股份有限公司	24.90	61	四川华西集团有限公司	14.03
31	中铁一局集团有限公司	24.05	62	中国建设基础设施有限公司	13.69

续表

序号	企业名称	净利润（亿元）	序号	企业名称	净利润（亿元）
63	浙江中成控股集团有限公司	13.59	94	甘肃省建设投资（控股）集团有限公司	8.27
64	北京建工集团有限责任公司	13.42	95	济南城市建设集团有限公司	8.26
65	中国一冶集团有限公司	13.35	96	中国水利水电第四工程局有限公司	8.12
66	泉州城建集团有限公司	13.10	97	福建建工集团有限责任公司	8.10
67	云南省交通投资建设集团有限公司	13.01	98	中国电子系统工程第二建设有限公司	8.08
68	中建新疆建工（集团）有限公司	12.53	99	中国电子系统工程第四建设有限公司	8.07
69	广州市建筑集团有限公司	11.99	100	中钢国际工程技术股份有限公司	8.04
70	中交上海航道局有限公司	11.78	101	中交天津航道局有限公司	8.03
71	中冶建工集团有限公司	11.61	101	中国水利水电第十一工程局有限公司	8.03
72	武汉城市建设集团有限公司	11.49	103	中铁八局集团有限公司	8.02
73	中铁十局集团有限公司	11.23	104	中国水利水电第七工程局有限公司	7.89
74	保利长大工程有限公司	11.19	105	中国化学工程第七建设有限公司	7.60
75	中铁七局集团有限公司	10.98	106	中交广州航道局有限公司	7.46
76	方远建设集团股份有限公司	10.96	107	中交第三航务工程局有限公司	7.44
77	厦门路桥建设集团有限公司	10.88	108	江河创建集团股份有限公司	7.43
78	中国土木工程集团有限公司	10.52	109	荣华建设集团有限公司	7.36
79	甘肃省公路交通建设集团有限公司	10.51	110	龙信建设集团有限公司	7.08
80	苏州金螳螂建筑装饰股份有限公司	10.40	111	中国二十二冶集团有限公司	6.69
81	福州市建设发展集团有限公司	9.92	112	中国建筑第四工程局有限公司	6.65
82	中建海峡建设发展有限公司	9.73	113	江苏信拓建设（集团）股份有限公司	6.63
83	中建科工集团有限公司	9.64	114	新疆生产建设兵团建设工程（集团）有限责任公司	6.50
84	北方国际合作股份有限公司	9.54	114	中铁五局集团有限公司	6.50
85	江苏省苏中建设集团股份有限公司	9.21	116	中铁大桥局集团有限公司	6.35
86	中冶南方工程技术有限公司	9.15	117	中电建路桥集团有限公司	6.30
87	中铁建工集团有限公司	9.05	118	武汉市汉阳城建集团有限公司	6.27
88	中铁城建集团有限公司	8.98	119	中铁隧道局集团有限公司	6.24
89	宝业集团股份有限公司	8.94	120	浙江省建设投资集团股份有限公司	6.03
90	中铁二十局集团有限公司	8.92	121	天元建设集团有限公司	6.00
91	潍坊昌大建设集团有限公司	8.67	122	中国建筑第六工程局有限公司	5.97
92	华新建工集团有限公司	8.62	123	中石化石油工程技术服务股份有限公司	5.89
93	中建安装集团有限公司	8.52	124	上海浦东建设股份有限公司	5.88

续表

序号	企业名称	净利润（亿元）	序号	企业名称	净利润（亿元）
125	中亿丰建设集团股份有限公司	5.83	156	武汉市市政建设集团有限公司	3.82
126	中国建筑第七工程局有限公司	5.83	157	宏润建设集团股份有限公司	3.80
127	长江精工钢结构（集团）股份有限公司	5.71	158	中铁二十二局集团有限公司	3.79
128	中铁二十四局集团有限公司	5.68	159	中国华冶科工集团有限公司	3.77
129	中国电建市政建设集团有限公司	5.59	160	成都倍特建筑安装工程有限公司	3.76
130	淮安市城市发展投资控股集团有限公司	5.32	161	中国水利水电第三工程局有限公司	3.75
131	中国有色金属建设股份有限公司	5.24	162	山东天齐置业集团股份有限公司	3.70
132	中国十九冶集团有限公司	5.23	163	江苏邗建集团有限公司	3.48
133	中铁建设集团有限公司	5.08	164	宁波建工股份有限公司	3.46
134	中铁二十三局集团有限公司	5.07	165	中工国际工程股份有限公司	3.44
134	山东兴华建设集团有限公司	5.07	166	新疆交通建设集团股份有限公司	3.35
136	中材建设有限公司	5.05	167	中国建材国际工程集团有限公司	3.34
137	五矿二十三冶建设集团有限公司	4.91	168	碧水源建设集团有限公司	3.32
138	中国石油工程建设有限公司	4.90	169	浙江东南网架股份有限公司	3.29
139	万洋集团有限公司	4.86	170	杭萧钢构股份有限公司	3.23
140	中国水利水电第五工程局有限公司	4.79	171	无锡交通建设工程集团股份有限公司	3.13
140	中国化学工程第六建设有限公司	4.79	172	中冶天工集团有限公司	3.12
142	中国水利水电第六工程局有限公司	4.77	173	安徽省港航集团有限公司	3.11
143	河南省公路工程局集团有限公司	4.72	174	中国水利水电第十工程局有限公司	3.10
144	南通新华建筑集团有限公司	4.68	175	中化二建集团有限公司	3.10
145	中国水电建设集团十五工程局有限公司	4.46	176	中国新兴建设开发有限责任公司	3.06
146	中国铁建大桥工程局集团有限公司	4.44	177	中国化学工程第十四建设有限公司	3.00
147	中国化学工程第三建设有限公司	4.37	178	南通五建控股集团有限公司	2.99
148	浙江中南建设集团有限公司	4.34	179	江苏江都建设集团有限公司	2.98
149	黑龙江省建设投资集团有限公司	4.31	180	中国水电基础局有限公司	2.88
150	中铁十五局集团有限公司	4.23	181	苏华建设集团有限公司	2.86
151	贵州交通建设集团有限公司	4.18	182	中冶交通建设集团有限公司	2.86
152	龙建路桥股份有限公司	4.11	183	江西省建工集团有限责任公司	2.82
153	中启胶建集团有限公司	3.99	184	中铁二局集团有限公司	2.79
154	扬州建工控股集团有限公司	3.89	185	中铁二十五局集团有限公司	2.78
155	南通市达欣工程股份有限公司	3.83	186	中铁二十五局集团有限公司	2.78

续表

序号	企业名称	净利润（亿元）	序号	企业名称	净利润（亿元）
187	中国化学工程第四建设有限公司	2.75	194	河南省路桥建设集团有限公司	2.34
188	西安国际陆港投资发展集团有限公司	2.73	195	中国电建集团贵州工程有限公司	2.32
189	中铁上海工程局集团有限公司	2.70	195	中煤矿山建设集团有限责任公司	2.32
190	中国二十冶集团有限公司	2.70	197	中国石油集团工程有限公司	2.27
191	上海市浦东新区建设（集团）有限公司	2.60	198	邢台路桥建设集团有限公司	2.27
192	浙江亚厦装饰股份有限公司	2.54	199	中国电建集团河北工程有限公司	2.25
193	中铁十六局集团有限公司	2.43	200	济南建工集团有限公司	2.24

本报告分析入选的 200 家土木工程建设企业共实现净利润 2719.63 亿元。不同净利润水平企业的数量分布及其净利润占入选企业净利润总和的比重情况，如图 2-6 所示。

图 2-6　不同净利润水平的企业数量分布及其净利润占比

由图 2-6 可以看出，净利润总额超过 100 亿元的土木工程建设企业有 2 家，仅占入选企业总数的 1.00%，但其净利润占到了入选企业的 9.56%；超过 50 亿元的企业有 5 家，占入选企业的 2.50%，其净利润占入选企业的 18.36%；超过 30 亿元的企业有 21 家，占入选企业的 10.50%，其净利润占入选企业的 39.69%；超过 20 亿元的企业有 39 家，占入选企业的 19.50%，其净利润占入选企业的 55.95%。由此可见，从实现净利润角度分析，2023 年土木工程建设企业的集中度也比较明显。

2.4 土木工程建设企业综合实力分析

2.4.1 综合实力分析模型

2.4.1.1 土木工程建设综合实力评价指标的确定

经过专家讨论，确立中国土木工程建设企业综合评价指标包含营业收入、净利润和资产总额 3 项指标，3 项评价指标的权重分别为 0.5、0.4 和 0.1。

（1）营业收入。指土木工程建设企业全年生产经营活动中通过销售或提供工程建设以及让渡资产取得的收入。营业收入分为主营业务收入和其他业务收入，各企业填报的营业收入数据以企业会计"利润表"中的"主营业务收入"的本年累计数与"其他业务收入"的本年累计数之和为填报依据。

（2）净利润。指土木工程建设企业当期利润总额减去所得税后的金额，即企业的税后利润。所得税是指企业将实现的利润总额按照所得税法规定的标准向国家计算缴纳的税金。各企业填报的净利润以企业会计"利润表"中的对应指标的本期累计数为填报依据。

（3）资产总额。指土木工程建设企业拥有或控制的能以货币计量的经济资源，包括各种财产、债权和其他权利。资产按其变现能力和支付能力划分为：流动资产、长期投资、固定资产、无形资产、递延资产和其他资产。各企业填报的资产总额以企业会计"资产负债表"中"资产总计"项的期末数为填报依据。

2.4.1.2 综合实力分析模型计算方法

课题组根据专家意见，并参考了国际国内著名企业排序计算方法，包括"美国《财富》世界 500 强""福布斯全球企业 2000 强""ENR 国际承包商 250 强""ENR 全球承包商 250 强""中国企业 500 强"等，提出了本发展报告的综合实力分析模型。

综合实力分析模型计算公式如下：

$$S_i = \sum_j S_i^j = S_i^{income} + S_i^{profit} + S_i^{assets}$$

$$S_i^j = w_j \times (R_{total}^j - R_i^j + 1) / R_{total}^j \times 100$$

式中 i——第 i 家企业；

j——第 j 项指标，分别对应于营业收入（用 income 表示）、净利润（用

profit 表示）和资产总额（用 assets 表示）3 项指标；

S_i——企业 i 的综合实力评价得分；

w_j——指标 j 的权重；

S_i^j——第 i 家企业在第 j 项指标的评价得分；

R_{total}^j——第 j 项指标排序企业数；

R_i^j——i 企业在第 j 项指标上的排名。

2.4.2 土木工程建设企业综合实力 200 强

本报告分析入选的 265 家土木工程建设企业中，同时披露营业收入、资产总额和净利润数据的有 219 家。按照上述计算方法，可以计算得到 219 家土木工程建设企业的综合实力排序结果。其中，前 200 家的排序情况如表 2-6 所示。

2023 年土木工程建设企业综合实力排序表（1~200） 表 2-6

名次	企业名称	营业收入加权得分	净利润加权得分	资产总额加权得分	综合实力得分
1	中国建筑第八工程局有限公司	50.00	40.00	9.50	99.50
2	中国建筑第三工程局有限公司	49.77	39.82	9.41	99.00
3	陕西建工控股集团有限公司	49.32	39.09	9.86	98.27
4	云南省建设投资控股集团有限公司	48.40	38.72	9.95	97.07
5	中国建筑第二工程局有限公司	48.86	38.54	8.77	96.17
6	中国建筑第五工程局有限公司	48.63	38.36	8.90	95.89
7	中国葛洲坝集团有限公司	46.35	39.27	9.82	95.44
8	湖南建设投资集团有限责任公司	48.17	37.81	9.18	95.16
9	山西建设投资集团有限公司	47.49	38.17	9.04	94.70
10	四川路桥建设集团股份有限公司	45.66	39.45	9.27	94.38
11	中国建筑一局（集团）有限公司	47.72	38.90	7.72	94.34
12	北京城建集团有限责任公司	47.95	35.98	9.59	93.52
13	中国铁塔股份有限公司	43.84	39.63	9.45	92.92
14	上海建工集团股份有限公司	49.54	32.33	9.68	91.55
15	中交一公局集团有限公司	46.80	35.62	9.09	91.51
16	中铁四局集团有限公司	47.03	36.16	7.90	91.09
17	中国核工业建设股份有限公司	45.21	35.80	9.13	90.14
18	上海城建（集团）有限公司	41.78	36.89	9.00	87.67

续表

名次	企业名称	营业收入加权得分	净利润加权得分	资产总额加权得分	综合实力得分
19	中铁一局集团有限公司	45.89	34.52	6.89	87.30
20	安徽建工集团控股有限公司	44.06	33.79	8.95	86.80
21	中天控股集团有限公司	44.75	33.24	8.45	86.44
22	上海隧道工程股份有限公司	40.41	37.08	8.49	85.98
23	广州市建筑集团有限公司	49.09	28.13	8.26	85.48
24	中国五冶集团有限公司	43.38	35.07	6.30	84.75
25	中交第二航务工程局有限公司	42.92	33.61	8.22	84.75
26	山东高速路桥集团股份有限公司	39.73	36.53	8.17	84.43
27	北京建工集团有限责任公司	46.12	29.04	9.22	84.38
28	中铁十一局集团有限公司	44.52	33.06	6.58	84.16
29	广东省建筑工程集团控股有限公司	43.15	31.78	8.68	83.61
30	四川华西集团有限公司	44.98	29.59	8.40	82.97
31	陕西交通控股集团有限公司	39.04	33.42	9.91	82.37
32	中交第二公路工程局有限公司	40.18	34.16	7.35	81.69
33	成都建工集团有限公司	41.32	31.60	8.13	81.05
34	云南省交通投资建设集团有限公司	42.47	28.49	10.00	80.96
35	中铁十四局集团有限公司	42.01	31.42	7.53	80.96
36	南通四建集团有限公司	37.90	37.99	4.70	80.59
37	厦门路桥建设集团有限公司	45.43	26.67	7.85	79.95
38	中国铁建投资集团有限公司	34.70	36.35	8.63	79.68
39	四川高速公路建设开发集团有限公司	32.19	37.63	9.77	79.59
40	中铁三局集团有限公司	40.87	32.88	5.62	79.37
41	中交疏浚（集团）股份有限公司	35.62	34.70	8.31	78.63
42	中交路桥建设有限公司	36.07	34.89	7.40	78.36
43	中石化炼化工程（集团）股份有限公司	36.76	34.34	7.03	78.13
44	中交第四航务工程局有限公司	34.02	36.71	7.21	77.95
45	中铁建工集团有限公司	44.29	25.21	8.08	77.58
46	上海宝冶集团有限公司	41.10	30.14	6.07	77.31
47	中铁十八局集团有限公司	39.95	31.05	5.98	76.98
48	中国建筑第四工程局有限公司	46.58	20.82	8.58	75.98
49	武汉城市建设集团有限公司	38.13	27.58	9.73	75.44
50	甘肃省建设投资（控股）集团有限公司	42.69	24.11	8.54	75.34
51	中海油田服务股份有限公司	30.59	37.44	7.08	75.11

续表

名次	企业名称	营业收入加权得分	净利润加权得分	资产总额加权得分	综合实力得分
52	中国建筑第七工程局有限公司	47.26	18.63	8.72	74.61
53	中国中材国际工程股份有限公司	31.28	37.26	5.57	74.11
54	中交第一航务工程局有限公司	35.39	31.23	7.31	73.93
55	中铁十局集团有限公司	39.27	27.40	5.43	72.10
56	中铁七局集团有限公司	38.58	27.03	5.39	71.00
57	浙江省建设投资集团股份有限公司	43.61	19.36	7.99	70.96
58	中铁电气化局集团有限公司	32.42	32.69	5.66	70.77
59	广西路桥工程集团有限公司	27.63	35.43	6.99	70.05
60	江苏省华建建设股份有限公司	32.65	33.97	3.11	69.73
61	通州建总集团有限公司	35.84	32.51	0.59	68.94
62	中国十七冶集团有限公司	33.79	30.87	4.11	68.77
63	浙江交通科技股份有限公司	31.74	30.50	6.44	68.68
64	中国一冶集团有限公司	36.53	28.86	3.01	68.40
65	浙江交工集团股份有限公司	31.96	29.95	6.35	68.26
66	中建新疆建工（集团）有限公司	33.56	28.31	6.26	68.13
67	浙江中成控股集团有限公司	36.99	29.22	1.92	68.13
68	中交建筑集团有限公司	30.14	30.68	7.12	67.94
69	中铁建设集团有限公司	42.24	17.35	7.81	67.40
70	中铁五局集团有限公司	40.64	20.46	6.21	67.31
71	中石化石油工程技术服务股份有限公司	41.55	18.81	6.71	67.07
72	山东科达集团有限公司	32.88	31.96	2.10	66.94
73	深圳市特区建工集团有限公司	29.00	30.32	7.44	66.76
74	中铁隧道局集团有限公司	37.67	19.54	6.12	63.33
75	中国建筑第六工程局有限公司	37.44	19.00	6.62	63.06
76	中交第三航务工程局有限公司	33.33	21.74	7.17	62.24
77	济南城市建设集团有限公司	28.31	23.93	9.63	61.87
78	海洋石油工程股份有限公司	24.66	32.15	4.79	61.60
79	江苏省苏中建设集团股份有限公司	33.11	25.39	2.83	61.33
80	天元建设集团有限公司	34.47	19.18	7.49	61.14
81	中铁大桥局集团有限公司	35.16	20.09	5.53	60.78
82	龙信建设集团有限公司	37.21	21.19	1.96	60.36
83	中建科工集团有限公司	30.37	25.75	3.79	59.91
84	方远建设集团股份有限公司	28.08	26.85	4.25	59.18

续表

名次	企业名称	营业收入加权得分	净利润加权得分	资产总额加权得分	综合实力得分
85	中电建路桥集团有限公司	29.91	19.91	9.32	59.14
86	甘肃省公路交通建设集团有限公司	23.52	26.48	8.81	58.81
87	中建海峡建设发展有限公司	29.22	25.94	3.47	58.63
88	山西路桥建设集团有限公司	20.78	29.77	8.04	58.59
89	黑龙江省建设投资集团有限公司	34.93	15.53	7.76	58.22
90	中冶建工集团有限公司	26.94	27.76	3.42	58.12
91	中铁二局集团有限公司	39.50	9.86	7.63	56.99
92	中国建设基础设施有限公司	22.37	29.41	5.07	56.85
93	中铁八局集团有限公司	29.45	22.47	4.93	56.85
94	新疆生产建设兵团建设工程（集团）有限责任公司	28.77	20.27	6.94	55.98
95	福建建工集团有限责任公司	26.26	23.56	6.03	55.85
96	贵州交通建设集团有限公司	31.05	15.34	9.36	55.75
97	保利长大工程有限公司	22.60	27.21	5.94	55.75
98	中国水利水电第七工程局有限公司	26.03	22.28	5.75	54.06
99	中国水利水电第四工程局有限公司	25.57	23.74	4.52	53.83
100	中国城乡控股集团有限公司	10.27	35.25	7.67	53.19
101	万洋集团有限公司	31.51	16.44	5.11	53.06
102	中国二十二冶集团有限公司	27.85	21.00	3.88	52.73
103	宝业集团股份有限公司	22.15	24.84	5.16	52.15
104	中交上海航道局有限公司	17.81	27.95	5.25	51.01
105	中铁上海工程局集团有限公司	36.30	9.32	5.02	50.64
106	中建安装集团有限公司	23.29	24.29	2.42	50.00
107	中国水利水电第十一工程局有限公司	23.06	22.83	4.06	49.95
108	中铁城建集团有限公司	19.41	25.02	4.84	49.27
109	中钢国际工程技术股份有限公司	21.92	23.01	3.52	48.45
110	广西建工集团有限责任公司	38.36	1.28	8.36	48.00
111	青建集团股份公司	38.81	2.74	5.21	46.76
112	苏州金螳螂建筑装饰股份有限公司	15.75	26.30	4.29	46.34
113	中国石油工程建设有限公司	25.11	16.62	4.57	46.30
114	华新建工集团有限公司	19.63	24.47	1.42	45.52
115	北方国际合作股份有限公司	16.89	25.57	2.74	45.20
116	浙江中南建设集团有限公司	26.48	15.71	2.79	44.98
117	泉州城建集团有限公司	7.31	28.68	8.86	44.85

续表

名次	企业名称	营业收入加权得分	净利润加权得分	资产总额加权得分	综合实力得分
118	中亿丰建设集团股份有限公司	24.89	18.45	1.46	44.80
119	中交天津航道局有限公司	16.21	22.65	5.71	44.57
120	江西省建工集团有限责任公司	27.40	10.05	6.67	44.12
121	中国电子系统工程第二建设有限公司	19.18	23.38	1.55	44.11
122	中国十九冶集团有限公司	22.83	17.53	3.15	43.51
123	中国二十冶集团有限公司	29.68	9.13	4.61	43.42
124	中冶天工集团有限公司	27.17	11.69	3.56	42.42
125	中国化学工程第七建设有限公司	18.26	22.10	2.01	42.37
126	五矿二十三冶建设集团有限公司	21.69	16.80	3.20	41.69
127	河北建工集团有限责任公司	34.25	4.57	2.69	41.51
128	淮安市城市发展投资控股集团有限公司	13.93	17.90	9.54	41.37
129	中国电子系统工程第四建设有限公司	16.67	23.20	1.51	41.38
130	江河创建集团股份有限公司	16.44	21.55	3.29	41.28
131	中国水利水电第五工程局有限公司	21.23	16.26	2.88	40.37
132	江苏江都建设集团有限公司	28.54	10.78	1.05	40.38
133	福州市建设发展集团有限公司	6.39	26.12	7.58	40.09
134	重庆建工集团股份有限公司	30.82	2.01	7.26	40.09
135	潍坊昌大建设集团有限公司	12.33	24.66	2.97	39.96
136	荣华建设集团有限公司	17.58	21.37	1.00	39.95
137	中国电建市政建设集团有限公司	17.35	18.08	3.38	38.81
138	中国石油集团工程有限公司	23.74	8.04	5.84	37.62
139	武汉市市政建设集团有限公司	15.53	14.43	6.80	36.76
140	河北建设集团股份有限公司	25.34	4.20	6.16	35.70
141	贵州建工集团有限公司	23.97	3.47	7.95	35.39
142	扬州建工控股集团有限公司	15.07	14.79	5.48	35.34
143	中国水利水电第十四工程局有限公司	21.46	6.76	6.48	34.70
144	江苏信拓建设（集团）股份有限公司	13.70	20.64	0.18	34.52
145	宁波建工股份有限公司	18.04	13.15	3.24	34.43
146	中铁二十五局集团有限公司	20.32	9.68	3.84	33.84
147	长江精工钢结构（集团）股份有限公司	12.56	18.26	2.65	33.47
148	中国水电建设集团国际工程有限公司	26.71	2.56	4.02	33.29
149	中铁北京工程局集团有限公司	25.80	3.29	3.74	32.83
150	龙建路桥股份有限公司	13.47	15.16	4.16	32.79

续表

名次	企业名称	营业收入加权得分	净利润加权得分	资产总额加权得分	综合实力得分
151	中铁广州工程局集团有限公司	24.20	4.93	3.65	32.78
152	中交第三公路工程局有限公司	21.00	6.39	5.34	32.73
153	山东兴华建设集团有限公司	14.84	17.17	0.73	32.74
154	武汉市汉阳城建集团有限公司	8.22	19.73	3.97	31.92
155	腾越建筑科技集团有限公司	24.43	0.18	6.85	31.46
156	南通新华建筑集团有限公司	14.38	15.89	0.55	30.82
157	中国水利水电第三工程局有限公司	14.61	13.70	2.37	30.68
158	南通五建控股集团有限公司	18.95	10.96	0.41	30.32
159	安徽省港航集团有限公司	12.10	11.51	5.80	29.42
160	中国建材国际工程集团有限公司	11.19	12.60	4.43	28.22
161	南通市达欣工程股份有限公司	13.01	14.61	0.32	27.94
162	河南省公路工程局集团有限公司	10.05	16.07	1.60	27.72
163	中交广州航道局有限公司	2.74	21.92	3.06	27.72
164	中煤矿山建设集团有限责任公司	14.16	8.40	4.75	27.31
165	中国水利水电第八工程局有限公司	19.86	1.10	5.89	26.85
166	山东电力建设第三工程有限公司	20.55	0.91	4.98	26.44
167	宝业湖北建工集团有限公司	20.09	5.11	0.68	25.88
168	江苏省建筑工程集团有限公司	18.49	0.73	6.39	25.61
169	中铁九局集团有限公司	18.72	2.92	3.70	25.34
170	济南建工集团有限公司	13.24	7.49	4.47	25.20
171	中国华冶科工集团有限公司	9.13	14.06	1.83	25.02
172	中国江苏国际经济技术合作集团有限公司	15.30	5.84	3.61	24.75
173	中冶交通建设集团有限公司	9.82	10.41	3.93	24.16
174	中工国际工程股份有限公司	7.99	12.97	2.56	23.52
175	中国有色金属建设股份有限公司	3.20	17.72	2.33	23.25
176	浙江东南网架股份有限公司	8.68	12.24	2.05	22.97
177	中铝国际工程股份有限公司	17.12	0.37	4.66	22.15
178	山东天齐置业集团股份有限公司	7.76	13.52	0.78	22.06
179	中国电建集团贵州工程有限公司	11.42	8.22	2.15	21.79
180	中国电建集团山东电力建设第一工程有限公司	15.98	4.02	1.64	21.64
181	西安国际陆港投资发展集团有限公司	6.85	9.50	4.34	20.69
182	中国铁工投资建设集团有限公司	9.36	6.03	4.89	20.28
183	中启胶建集团有限公司	4.79	14.98	0.50	20.27

续表

名次	企业名称	营业收入加权得分	净利润加权得分	资产总额加权得分	综合实力得分
184	江苏邗建集团有限公司	5.02	13.33	1.78	20.13
185	无锡交通建设工程集团股份有限公司	5.48	11.87	2.51	19.86
186	浙江亚厦装饰股份有限公司	8.45	8.77	2.60	19.82
187	中国电建集团河北工程有限公司	10.96	7.67	0.64	19.27
188	杭萧钢构股份有限公司	5.25	12.05	1.87	19.17
189	中国水利水电第十工程局有限公司	6.16	11.32	1.69	19.17
190	中材建设有限公司	1.14	16.99	0.46	18.59
191	西安建工集团有限公司	10.50	0.55	6.76	17.81
192	宏润建设集团股份有限公司	1.37	14.25	1.74	17.36
193	新疆交通建设集团股份有限公司	2.28	12.79	2.24	17.31
194	南昌市红谷滩城市投资集团有限公司	10.73	1.83	4.20	16.76
195	广东电白建设集团有限公司	11.64	4.75	0.09	16.48
196	中国电建集团江西省电力建设有限公司	9.59	4.38	2.47	16.44
197	成都倍特建筑安装工程有限公司	1.60	13.88	0.87	16.35
198	上海市浦东新区建设（集团）有限公司	5.71	8.95	1.23	15.89
199	漳州市交通发展集团有限公司	3.88	5.30	6.53	15.71
200	碧水源建设集团有限公司	0.91	12.42	2.28	15.61

Civil Engineering

第 3 章

土木工程建设企业国际影响力分析

本章通过对进入国际承包商 250 强、全球承包商 250 强和财富世界 500 强中的土木工程建设企业的分析,阐述了土木工程建设企业的国际影响力状况。

3.1 进入国际承包商 250 强的土木工程建设企业

国际承包商 250 强是由美国《工程新闻记录》（ENR）杂志按年度发布的系列榜单之一。《工程新闻记录》（ENR）杂志主要关注建筑工程领域，其发布的国际承包商 250 强，依据各国承包商在本土以外的海外工程业务总收入进行排名，重在体现企业的国际业务拓展实力，是国际工程界公认的一项权威排名。

3.1.1 进入国际承包商 250 强的总体情况

近 5 年来，进入国际承包商 250 强的中国内地工程建设企业的数量及其海外市场份额情况如表 3-1 所示。5 年中，共有 85 家中国内地土木工程建设企业进入国际承包商 250 强，其中 5 年连续入榜的企业 57 家，入榜 4 次、3 次、2 次、1 次的企业分别为 6 家、10 家、7 家和 5 家。

进入国际承包商 250 强的中国内地土木工程建设企业的数量及其市场份额情况　表 3-1

榜单年份	上榜企业数量	前 10 强企业数量	前 50 强企业数量	前 100 强企业数量	上年度海外市场营业收入合计（亿美元）	上年度海外市场营业收入合计占 250 强比重（%）
2020	74	3	10	25	1200.1	25.4
2021	78	3	9	27	1074.6	25.6
2022	79	4	12	26	1129.5	28.4
2023	81	4	11	27	1179.3	27.5
2024	81	4	11	26	1230.1	24.6

注：榜单年份 2020~2024 年对应的是 2019~2023 年的数据，下同。

2024 年进入国际承包商 250 强的中国内地工程建设企业的名次变化及海外市场收入如表 3-2 所示。2024 年，进入国际承包商 250 强的中国内地企业共有 81 家，数量与上一年度持平，上榜企业数量继续蝉联各国榜首。81 家中国内地企业 2023 年共实现海外市场营业收入 1230.1 亿美元，同比增长 4.3%，收入合计占国际承包商 250 强海外市场总营收的 24.6%，较上年降低 2.9 个百分点。从表 3-2 可以看出，过去 3 年进入国际承包商 250 强的中国内地土木工程建设企业的海外市场营业收入合计保持了持续增长，2023 年已经超过了 2019 年的水平。

但值得注意的是,占国际承包商 250 强海外市场营业收入总和的比重有所下滑,说明中国内地企业海外市场营业收入增速不及 250 强国际承包商总体营业收入的增速。

2024 年进入国际承包商 250 强的中国内地土木工程建设企业　　　表 3-2

序号	公司	国际承包商 250 强名次					2023 年海外市场营业收入（百万美元）
		2020	2021	2022	2023	2024	
1	中国交通建设集团有限公司	4	4	3	3	4	24842.3
2	中国建筑股份有限公司	8	9	7	6	6	15339.6
3	中国电力建设集团有限公司	7	7	6	8	8	11554.5
4	中国铁建股份有限公司	12	11	10	9	10	10016.0
5	中国中铁股份有限公司	13	13	11	13	15	7357.9
6	中国能源建设股份有限公司	15	21	17	17	19	5947.5
7	中国化学工程集团有限公司	22	19	20	16	23	5553.6
8	中国机械工业集团公司	25	35	28	33	40	3121.6
9	中国石油集团工程股份有限公司	34	33	30	31	41	3073.6
10	中国中材国际工程股份有限公司	54	60	44	43	43	2850.8
11	中国冶金科工集团有限公司	41	53	47	39	44	2737.4
12	特变电工股份有限公司	93	111	109	79	60	1397.8
13	山东高速集团有限公司	139	90	75	64	65	1212.9
14	北方国际合作股份有限公司	90	81	72	75	66	1194.2
15	中国电力技术装备有限公司	111	73	74	94	72	1036.5
16	中国江西国际经济技术合作有限公司	81	72	67	71	75	1010.8
17	中钢设备有限公司	145	148	152	78	77	998.7
18	中国东方电气集团有限公司	123	123	101	74	80	944.3
19	海洋石油工程股份有限公司	**	**	**	68	85	850.4
20	浙江省建设投资集团股份有限公司	82	84	69	73	89	804.2
21	青建集团股份公司	58	94	87	87	90	770.6
22	中石化炼化工程（集团）股份有限公司	70	86	90	100	92	759.2
23	中信建设有限责任公司	62	63	80	84	94	750.7
24	江西中煤建设集团有限公司	85	75	68	72	96	730.4
25	北京城建集团有限责任公司	105	109	98	86	98	689.1
26	哈尔滨电气国际工程有限责任公司	95	78	85	101	99	687.9
27	中国地质工程集团公司	96	100	97	97	101	673.6

续表

序号	公司	国际承包商250强名次					2023年海外市场营业收入（百万美元）
		2020	2021	2022	2023	2024	
28	中石化中原石油工程有限公司	110	105	106	105	102	644.9
29	中国通用技术（集团）控股有限责任公司	73	67	105	125	103	636.6
30	新疆生产建设兵团建设工程（集团）有限公司	168	113	104	108	107	582.9
31	中国河南国际合作集团有限公司	107	121	119	109	109	579.4
32	中国十五冶金建设集团有限公司	**	**	**	**	111	557.1
33	中国有色金属建设股份有限公司	133	155	173	168	114	541.7
34	烟建集团有限公司	146	119	112	116	116	533.4
35	威海国际经济技术合作股份有限公司	**	**	**	122	118	521.7
36	上海电气集团股份有限公司	160	51	40	62	122	492.3
37	上海城建（集团）有限公司	185	147	139	128	124	480.4
38	中铝国际工程股份有限公司	233	221	**	203	125	479.3
39	中鼎国际工程有限责任公司	144	135	121	126	126	474.7
40	中国航空技术国际工程有限公司	127	159	143	104	127	473.4
41	北京建工集团有限责任公司	117	117	116	131	128	471.4
42	中地海外集团有限公司	136	143	123	111	129	467.3
43	杰瑞石油天然气工程有限公司	**	**	**	**	130	466.8
44	山西建设投资集团有限公司	186	173	134	129	132	453.8
45	中国江苏国际经济技术合作集团有限公司	120	124	137	143	133	446.7
46	上海建工集团股份有限公司	101	93	92	124	136	419.5
47	江苏省建筑工程集团有限公司	99	107	107	132	137	415.7
48	陕西建工控股集团有限公司	**	**	179	172	142	366.2
49	云南省建设投资控股集团有限公司	106	106	122	149	143	362.0
50	中国武夷实业股份有限公司	138	129	142	146	148	325.2
51	四川公路桥梁建设集团有限公司	210	213	212	174	149	322.5
52	西安西电国际工程有限责任公司	**	167	189	158	160	285.8
53	龙信建设集团有限公司	194	176	166	150	166	266.3
54	中国核工业建设股份有限公司	**	**	**	134	167	256.6
55	湖南建工集团有限公司	191	180	182	162	168	255.7
56	湖南路桥建设集团有限责任公司	221	192	184	165	169	254.2
57	山东淄建集团有限公司	187	177	170	169	174	228.2
58	山东高速德建集团有限公司	188	175	181	173	175	227.2
59	沈阳远大铝业工程有限公司	154	171	176	167	177	212.6

续表

序号	公司	国际承包商 250 强名次					2023 年海外市场营业收入（百万美元）
		2020	2021	2022	2023	2024	
60	中亿丰建设集团股份有限公司	**	**	238	222	179	208.3
61	中国甘肃国际经济技术合作有限公司	204	202	199	184	182	196.2
62	江苏中南建筑产业集团有限责任公司	240	193	211	195	193	164.5
63	安徽建工集团股份有限公司	178	174	172	181	194	162.9
64	重庆对外建设（集团）有限公司	207	200	197	197	197	155.8
65	南通建工集团股份有限公司	205	189	198	199	200	149.6
66	浙江交工集团股份有限公司	201	190	195	200	201	148.1
67	山东电力工程咨询院有限公司	**	**	164	176	203	144.3
68	龙建路桥股份有限公司	150	**	229	224	207	131.9
69	中国瑞林工程技术股份有限公司	**	**	**	207	210	124.7
70	河北建工集团有限责任公司	241	186	249	241	213	112.6
71	中天建设集团有限公司	**	**	217	230	214	112.5
72	蚌埠市国际经济技术合作有限公司	**	**	**	237	215	112.2
73	江苏通州四建集团有限公司	**	**	**	191	217	109.8
74	正太集团有限公司	**	210	193	202	218	102.9
75	江西省水利水电建设集团有限公司	143	132	131	135	221	92.3
76	江西省建工集团有限责任公司	208	194	180	157	226	86.0
77	天元建设集团有限公司	167	199	191	229	230	77.3
78	江联重工集团股份有限公司	177	242	237	228	233	67.5
79	中国建材国际工程集团有限公司	140	197	222	189	239	50.7
80	浙江省东阳第三建筑工程有限公司	198	184	206	227	242	46.9
81	绿地大基建集团有限公司	**	207	183	246	245	45.0

注：** 表示未进入该年度排行榜，下同。

从这 81 家内地企业的排名分布来看，进入前 10 强的有 4 家，分别是中国交通建设集团有限公司（第 4 位）、中国建筑股份有限公司（第 6 位）、中国电力建设集团有限公司（第 8 位）和中国铁建股份有限公司（第 10 位）。进入前 50 强的有 11 家企业，与上年度持平；进入百强的有 26 家企业，比上年度减少 1 家；从排名变化情况来看，81 家企业中，本年度新入榜企业 2 家，排名上升的有 26 家，排名保持不变的有 7 家，排名下降的有 46 家。其中上年度排在第 203 位的中铝国际工程股份有限公司排名上升最快，本年度排在了第 125 位。

3.1.2 进入国际承包商业务领域 10 强榜单情况

近 5 年来,中国内地工程建设企业在九大业务领域 10 强榜单中占有一定的席位。具体如表 3-3 所示。

各业务领域 10 强榜单中的中国内地工程建设企业　　　　表 3-3

业务领域	企业名称	2019	2020	2021	2022	2023
交通运输	中国交通建设集团有限公司	1	1	1	1	1
	中国铁建股份有限公司	8	9	6	6	6
	中国中铁股份有限公司	10	8	8	8	8
	中国电力建设集团有限公司			10		
房屋建筑	中国建筑股份有限公司	3	3	2	2	2
	中国交通建设集团有限公司			9	6	7	8
石油化工	中国化学工程集团有限公司		5	2	1	3
	中国石油集团工程股份有限公司	5	4	3	4	9
电力	中国电力建设集团有限公司	1	1	1	1	2
	中国能源建设股份有限公司	3	3	3	3	3
	中国机械工业集团公司	5	5	5	4	
	上海电气集团股份有限公司			6	4	8
	中国中原对外工程有限公司	6	7			
工业	中国冶金科工集团有限公司	2	5	4	3	3
	中钢设备有限公司				5	7
	中国化学工程集团有限公司	6				
	中国有色金属建设股份有限公司	10				
制造业	中国中材国际工程股份有限公司	1	2	3	3	3
	中国交通建设集团有限公司			2	2	6
水利	中国交通建设集团有限公司	6			7	2
	中国电力建设集团有限公司	3	5	3	3	3
	中国机械工业集团公司					9
	中国能源建设集团股份有限公司	10	7	6	9	
	江西中煤建设集团有限公司				5	
电信	浙江省建设投资集团股份有限公司			10		
排水／废弃物处理	中国交通建设集团有限公司	3	4	5		3
	中国电力建设集团有限公司				9	
	中国建筑股份有限公司				10	
	中国能源建设集团有限公司			7		
	中国武夷实业股份有限公司	8				

根据 ENR 对不同业务领域 10 强的统计，2023 年，中国内地企业的身影都出现在了除电信领域之外的不同业务领域的 10 强榜单中。

从三大传统业务领域排名来看，在交通运输行业 10 强中，中国交通建设集团有限公司稳居冠军，中国铁建股份有限公司保持第 6 名，中国中铁股份有限公司仍排在第 8 位；在房屋建筑行业 10 强中，中国建筑股份有限公司蝉联亚军，中国交通建设集团有限公司排名第 8 位；在石油化工行业 10 强中，中国化学工程集团有限公司取得季军，中国石油集团工程股份有限公司排在第 9 位。

在电力行业中，10 强中有 2 家中国内地企业，分别是排在第 2 位的中国电力建设集团有限公司和排在第 3 位的中国能源建设股份有限公司；在工业行业 10 强中，中国冶金科工集团有限公司排名稳定在第 3 位，中钢设备有限公司排在第 7 位；在制造业 10 强中，中国中材国际工程股份有限公司保持第 3 位，中国交通建设集团有限公司排在第 6 位；在水利行业 10 强中，中国交通建设集团有限公司排名继续提高，本年度取得亚军，中国电力建设集团有限公司保持在第 3 位，中国机械工业集团公司排在第 9 位；在排水 / 废弃物处理行业中，中国交通建设集团有限公司排在第 3 位。

3.1.3 区域市场分析

3.1.3.1 区域市场 10 强中的中国内地工程建设企业分析

按照八大区域性细分市场表现进行 10 强排名，我国内地企业在除美国和加拿大两大区域市场之外的六大区域 10 强榜单中都有所收获。具体如表 3-4 所示。

区域市场 10 强榜单中的中国内地工程建设企业　　　　表 3-4

区域市场	企业名称	2019	2020	2021	2022	2023
亚洲	中国建筑股份有限公司	4	4	2	1	1
	中国交通建设集团有限公司	1	1	1	2	2
	中国电力建设集团有限公司	5	3	3	4	3
	中国中铁股份有限公司	8	5	4	6	5
	中国冶金科工集团有限公司				10	7
	中国能源建设股份有限公司			6	9	8
	中国机械工业集团公司					9
	中国铁建股份有限公司				8	10
	中国中原工程公司		10			

续表

区域市场	企业名称	2019	2020	2021	2022	2023
非洲	中国交通建设集团有限公司	1	1	1	1	1
	中国铁建股份有限公司	4	4		2	3
	中国电力建设集团有限公司	2	2	2	3	4
	中国中铁股份有限公司	3	3	7	5	5
	中国建筑股份有限公司	5	7	4	6	7
	中国中材国际工程股份有限公司			9	7	10
	中国江西国际经济合作有限公司		10			
	中国机械工业集团公司	8				
中东地区	中国电力建设集团有限公司	6	2	1	2	3
	中国能源建设集团有限公司	8	8	5	6	9
	中国机械工业集团公司				9	
	上海电气集团股份有限公司		9	3		
	中国建筑股份有限公司	7	5	7		
	中国铁建股份有限公司			6	9	
欧洲	中国化学工程集团有限公司				8	9
	中国铁建股份有限公司			10		
大洋洲	中国交通建设集团有限公司		7	2	2	2
	中国铁建股份有限公司			5		
拉丁美洲/加勒比	中国交通建设集团有限公司	2	3	3	4	3
	中国铁建股份有限公司	6	7	6	8	9
	中国电力建设集团有限公司	9		9	9	10
	中国机械工业集团公司					
	中国能源建设集团有限公司					

在亚洲市场10强中，除了第4位和第6位之外，其他位次都由中国内地企业取得：中国建筑股份有限公司排名第一，中国交通建设集团有限公司仍是亚军，中国电力建设集团有限公司本年度成为季军，中国中铁股份有限公司排在第5位，中国冶金科工集团有限公司排在第7位，第8~10位依次是中国能源建设股份有限公司、中国机械工业集团公司和中国铁建股份有限公司。

在非洲市场中，中国内地企业持续保持了较强的竞争优势，在10席中占了6席。中国交通建设集团有限公司蝉联冠军，中国铁建股份有限公司排在第3位，第4位是中国电力建设集团有限公司，中国中铁股份有限公司保持第5位，排名第 7 位的是中国建筑股份有限公司，第 10 位是中国中材国际工程股份有限公司。

在中东地区市场，中国电力建设集团有限公司排在第 3 位，中国能源建设集团有限公司居第 9 位。

在欧洲市场 10 强中，中国化学工程集团有限公司排在第 9 位。

在大洋洲市场中，中国交通建设集团有限公司排名仍为亚军。

在拉丁美洲/加勒比地区市场中，中国交通建设集团有限公司排在第 3 位，中国铁建股份有限公司和中国电力建设集团有限公司本年度分列第 9 位和第 10 位。

从竞争优势看，亚非地区是中国内地企业影响力占优的区域市场，本年度美加市场 10 强中仍然没有中国内地企业的身影，取得突破难度很大。

3.1.3.2 区域市场构成分析

近 5 年，国际承包商 250 强中的中国内地工程建设企业在区域性市场营业收入合计占进入榜单的中国内地企业海外市场收入总和的比重如表 3-5 所示。

近 5 年国际承包商 250 强中的中国内地工程建设企业总收入的市场构成（%） 表 3-5

年份	区域市场						
	中东地区	亚洲/大洋洲	非洲	欧洲	美国	加拿大	拉丁美洲/加勒比地区
2019	14.6	45.2	28.5	4.1	1.9	0.2	5.3
2020	17.6	42.5	27.4	6.8	1.3	0.2	4.3
2021	17.2	41.8	24.6	10.2	1.5	0.3	4.5
2022	15.1	42.8	25.7	9.1	0.6	0.7	6.0
2023	13.2	45.7	24.2	9.5	0.5	0.4	6.6

由表 3-5 可以看出，在中国内地工程建设企业实现的海外市场营业收入中，亚洲、非洲和中东地区是贡献占比最大的区域，这与中国内地工程建设企业一直深耕这三大区域市场的努力密切相关，而其他区域性市场的营业收入也有所增加。

3.1.4 近 5 年国际承包商 10 强分析

近 5 年，国际承包商 10 强榜单中的企业及其排名变化情况如表 3-6 所示。

近 5 年国际承包商 10 强榜单中的企业及其排名变化情况　　　　　表 3-6

公司名称	2020	2021	2022	2023	2024
法国万喜公司 VINCI	3	3	2	1	1
西班牙 ACS/霍克蒂夫	1	1	1	2	2
法国布依格公司 BOUYGUES	5	5	4	4	3
中国交通建设集团有限公司	4	4	3	3	4
奥地利斯特伯格公司 STRABAGSE	6	6	5	5	5
中国建筑股份有限公司	8	9	7	6	6
瑞典斯堪斯卡公司 SKANSKAAB	9	8	8	7	7
中国电力建设集团有限公司	7	7	6	8	8
意大利油服集团	**	14	12	**	9
中国铁建股份有限公司	12	11	10	9	10
荷兰法罗里奥集团公司 FERROVIAL	11	10	9	10	11
德国霍克蒂夫公司 HOCHTIEFAG	2	2	**	**	**
英国德希尼布美信达公司 TECHNIPFMC	10	**	**	**	**

2024 年度，法国万喜公司再次取得冠军，该公司 2023 年海外市场收入大幅增长，收入超过 400 亿美元，其他 10 强企业的表现也很不俗。本年度，国际承包商 10 强榜单中最大的变化是意大利油服集团 2024 年首次进入 10 强榜单，过去 5 年，该公司排名一般在第 11~15 位波动。另外，法罗里奥集团公司采用母公司被位于荷兰的子公司"吸收"的方式完成重组，从西班牙迁入荷兰，因此，该企业在榜单中的国别发生了变化。

3.2　进入全球承包商 250 强的土木工程建设企业

全球承包商 250 强也是由美国《工程新闻记录》（ENR）杂志按年度发布的系列榜单之一。全球承包商 250 强，以各国承包商的全球营业总收入为排名依据，重在体现企业的综合实力，是国际工程界公认的一项权威排名。

3.2.1　进入全球承包商 250 强的总体情况

近 5 年来，进入全球承包商 250 强的中国内地土木工程建设企业的数量及其营业收入等指标的情况如表 3-7 所示。5 年中，共有 72 家中国内地土木工程建设企业进入全球承包商 250 强，其中 5 年连续入榜的企业 44 家，入榜 4 次、3 次、2 次、1 次的企业分别为 6 家、10 家、8 家和 4 家。

进入全球承包商 250 强的中国内地土木工程建设企业的数量及其营业收入情况　表 3-7

榜单年份	上榜企业数量	前 10 强企业数量	上年营业收入合计（亿美元）	上年营业收入合计占 250 强比重（%）	上年国际营业收入合计（亿美元）	上年国际营业收入合计占 250 强比重（%）	上年新签合同额合计（亿美元）	上年新签合同额合计占 250 强比重（%）
2020	58	7	10151.80	53.55	1123.79	22.68	19043.87	69.07
2021	59	8	11386.71	58.06	1017.51	25.24	23117.88	75.99
2022	63	8	14176.37	64.20	1070.44	28.40	28094.69	78.00
2023	61	9	14588.94	62.85	1108.01	27.15	33635.99	77.95
2024	58	7	14540.68	59.61	1131.57	23.91	30282.88	74.80

2024 年进入全球承包商的中国内地土木工程建设企业的情况如表 3-8 所示。

2024 年进入全球承包商 250 强的中国内地土木工程建设企业排名情况　表 3-8

序号	上榜公司	全球承包商 250 强排名					2023 年营业收入（百万美元）	2023 年国际收入（百万美元）	2023 年新签合同额（百万美元）
		2020	2021	2022	2023	2024			
1	中国建筑股份有限公司	1	1	1	1	1	2823.797	153.396	5498.029
2	中国中铁股份有限公司	2	2	2	2	2	1793.001	73.579	4400.074
3	中国铁建股份有限公司	3	3	3	3	3	1629.510	100.160	4672.420
4	中国交通建设集团有限公司	4	4	4	4	4	1373.018	248.423	3286.402
5	中国冶金科工集团有限公司	8	8	6	6	5	817.681	27.374	1953.674
6	中国电力建设集团公司	5	5	5	5	6	739.827	115.545	1810.018
7	上海建工集团股份有限公司	9	9	8	7	8	574.523	4.195	612.787
8	中国能源建设集团有限公司	**	**	9	9	9	366.401	59.475	1810.489
9	陕西建工控股集团有限公司	12	12	13	11	10	342.182	3.662	675.804
10	北京城建集团有限责任公司	**	**	**	14	13	336.787	6.891	385.924
11	山西建设投资集团有限公司	30	13	14	13	14	306.704	4.538	550.852

续表

序号	上榜公司	全球承包商250强排名					2023年营业收入（百万美元）	2023年国际收入（百万美元）	2023年新签合同额（百万美元）
		2020	2021	2022	2023	2024			
12	中国化学工程集团公司	36	32	19	15	15	285.149	55.536	596.023
13	绿地大基建集团有限公司	27	18	17	16	16	231.598	0.450	407.851
14	湖南建工集团有限公司	**	28	27	19	17	187.906	2.557	348.291
15	北京建工集团有限责任公司	45	27	20	29	20	184.500	4.714	282.033
16	中国核工业建设有限公司	37	36	34	20	21	155.229	2.566	213.770
17	浙江省建设投资集团有限公司	101	65	55	32	24	144.934	8.042	158.756
18	特变电工股份有限公司	28	30	26	22	25	137.552	13.978	64.932
19	安徽建工集团股份有限公司	**	**	**	**	28	129.485	1.629	214.384
20	山东高速集团有限公司	**	**	31	35	30	124.090	12.129	163.773
21	上海城建（集团）有限公司	46	42	39	31	33	113.597	4.804	185.900
22	中国机械工业集团有限公司	48	47	43	36	34	108.603	31.216	108.603
23	中国石油工程股份有限公司	**	**	**	27	36	107.020	30.736	155.237
24	中石化炼化工程（集团）股份有限公司	**	154	**	107	40	100.784	7.592	113.886
25	东方电气股份有限公司	38	33	15	28	41	94.380	9.443	133.775
26	青建集团股份公司	49	52	56	44	44	93.677	7.706	107.852
27	中天建设集团有限公司	77	83	72	55	48	92.085	1.125	67.307
28	四川路桥建设集团股份有限公司	**	59	49	48	51	91.832	3.225	96.849
29	河北建工集团股份有限公司	50	51	44	47	55	84.572	1.126	99.914
30	江苏省建筑工程集团有限公司	**	46	53	51	59	66.853	4.157	54.430
31	中国中材国际工程股份有限公司	100	102	78	64	60	64.685	28.508	87.479
32	浙江交工集团股份有限公司	64	53	38	37	62	64.667	1.481	143.238
33	江苏中南建设集团有限公司	73	76	64	60	64	62.945	1.645	61.506
34	江西省建工集团有限责任公司	109	118	125	73	74	59.039	0.860	58.419
35	龙信建设集团有限公司	97	98	89	72	76	57.551	2.663	29.036
36	新疆生产建设兵团建设工程（集团）有限责任公司	83	97	90	79	80	52.266	5.829	66.070
37	中亿丰建设集团股份有限公司	**	**	**	89	88	48.649	2.083	63.650

续表

序号	上榜公司	全球承包商250强排名					2023年营业收入（百万美元）	2023年国际收入（百万美元）	2023年新签合同额（百万美元）
		2020	2021	2022	2023	2024			
38	中国铁路设计集团有限公司	172	129	111	97	90	45.441	0.000	22.933
39	海洋石油工程股份有限公司	**	**	**	**	98	43.639	8.504	48.230
40	中钢设备有限公司	110	109	97	92	99	36.358	9.987	14.354
41	中国武夷实业股份有限公司	86	94	95	94	114	35.977	3.252	53.331
42	山东电力工程咨询院有限公司	126	131	138	122	130	29.560	1.443	57.616
43	湖南路桥建设集团有限责任公司	123	130	122	110	135	26.443	2.542	31.308
44	烟建集团有限公司	74	88	108	119	136	26.323	5.334	27.753
45	龙建路桥股份有限公司	127	125	134	130	138	26.052	1.319	37.050
46	中铝国际工程有限公司	**	147	**	135	141	24.197	4.793	56.497
47	中信建设有限公司	170	165	146	133	144	22.340	7.507	11.795
48	江苏通州四建集团有限公司	**	**	**	**	146	21.569	1.098	16.599
49	山东淄建集团有限公司	135	140	137	129	155	21.463	2.282	17.785
50	山东高速德建集团有限公司	155	169	148	158	157	20.027	2.272	22.760
51	中国江苏国际经济技术合作集团有限公司	**	**	**	177	162	18.726	4.467	19.174
52	南通建工集团股份有限公司	203	178	153	163	165	17.930	1.496	20.021
53	中石化中原石油工程有限公司	140	153	147	153	169	16.826	6.449	22.931
54	中国凯盛国际工程有限公司	161	160	154	164	180	15.186	0.507	21.907
55	北方国际合作股份有限公司	163	163	158	150	181	11.942	11.942	11.787
56	中国十五冶金建设集团有限公司	**	209	124	136	213	11.388	5.571	11.388
57	中国地质工程集团有限公司	**	**	206	207	226	11.310	6.736	10.297
58	正太集团有限公司	227	217	203	206	228	10.899	1.029	7.929

3.2.2 业务领域分布情况分析

近5年上榜全球承包商250强的中国内地土木工程建设企业的业务领域分布情况如表3-9所示。

表 3-9

全球承包 250 强中的中国内地土木工程建设企业业务领域分布情况

年份	指标	房屋建筑	交通基础设施	电力	石油化工/工业	水利	排水/废弃物	制造业	有害废弃物	电信
2019	营业收入（亿美元）	4207.96	3582.84	639.02	580.30	240.61	211.37	210.15	11.08	8.64
	占中国内地公司百分比（%）	41.45	35.29	6.29	5.71	2.37	2.08	2.07	0.11	0.09
	占 250 强同类业务百分比（%）	55.34	64.73	46.81	30.61	54.95	51.98	38.36	21.76	3.17
2020	营业收入（亿美元）	5312.31	3672.70	759.04	633.81	257.61	203.61	346.55	21.67	9.66
	占中国内地公司百分比（%）	46.65	32.25	6.67	5.57	2.26	1.79	3.04	0.19	0.08
	占 250 强同类业务百分比（%）	62.96	66.97	54.24	37.22	62.11	54.83	56.79	31.00	3.62
2021	营业收入（亿美元）	6143.85	4443.47	949.42	804.13	334.55	345.49	410.86	21.11	13.42
	占中国内地公司百分比（%）	43.34	31.34	6.70	5.67	2.36	2.44	2.90	0.15	0.09
	占 250 强同类业务百分比（%）	66.37	70.81	62.28	45.78	67.03	67.87	56.17	35.18	4.76
2022	营业收入（亿美元）	6486.05	4546.42	988.92	901.26	363.44	294.52	327.50	20.74	15.51
	占中国内地公司百分比（%）	44.46	31.16	6.78	6.18	2.49	2.02	2.24	0.14	0.11
	占 250 强同类业务百分比（%）	66.26	70.63	58.37	47.04	66.27	63.59	37.61	34.71	3.95
2023	营业收入（亿美元）	6233.446	4417.265	1110.19	1025.08	453.524	259.153	389.923	54.527	21.05
	占中国内地公司百分比（%）	42.87	30.38	7.64	7.05	3.12	1.78	2.68	0.37	0.14
	占 250 强同类业务百分比（%）	64.29	67.64	59.01	43.31	68.34	57.51	33.13	60.5	3.9

由表 3-9 数据可知，2024 年中国内地上榜公司上年的营业收入主要来自房屋建筑、交通基础设施建设、电力这三个领域，三者营业收入分别占中国内地营业收入总额的 42.87%、30.38%、7.64%，合计占比 80.89%；分析各业务领域的营业收入占 250 强同类业务营业收入比重，水利、交通基础设施、房屋建筑、有害废弃物、电力、排水 / 废弃物这 6 个领域占比超过 50%。2024 年中国内地上榜公司中，主营业务为房屋建筑领域的公司有 28 家，以交通基础建设为主营业务的公司有 11 家，以石油化工 / 工业和电力为主营业务的公司分别有 9 家和 6 家。

3.2.3　近 5 年全球承包商 10 强分析

3.2.3.1　排名情况

近 5 年，全球承包商 10 强榜单中的企业及其排名情况如表 3-10 所示。

近 5 年全球承包商 10 强榜单中的企业及其排名变化情况　　　表 3-10

公司名称	2020	2021	2022	2023	2024
中国建筑股份有限公司	1	1	1	1	1
中国中铁股份有限公司	2	2	2	2	2
中国铁建股份有限公司	3	3	3	3	3
中国交通建设集团有限公司	4	4	4	4	4
中国冶金科工集团公司	8	6	6	5	5
法国万喜公司 VINCI	6	7	8	7	6
中国电力建设集团有限公司	5	5	5	6	7
上海建工集团股份有限公司	9	8	7	8	8
法国布依格公司 BOUYGUES	10	11	12	11	9
西班牙 ACS 集团	7	10	10	12	10
中国能源建设股份有限公司	12	13	11	10	11
绿地大基建集团有限公司	**	9	9	9	17

从表 3-10 可以看出，2020 年至 2024 年连续 5 年占据全球承包商 250 强前 4 名位置的公司依然是中国建筑股份有限公司、中国中铁股份有限公司、中国铁建股份有限公司及中国交通建设集团有限公司，并且各自位次没有变化；中国冶金科工集团公司、法国万喜公司、中国电力建设集团有限公司、上海建工集团股

份有限公司也连续 5 年进入排行榜前 10 名。与上年度相比，中国冶金科工集团公司和上海建工集团股份有限公司位次保持不变；法国万喜公司和中国电力建设集团有限公司位次互换；法国布依格公司和西班牙 ACS 集团公司重新进入了前 10 强，中国能源建设集团有限公司和绿地大基建集团有限公司则退出了前 10 强。

3.2.3.2　营业收入构成

表 3-11 示出了近 5 年全球承包商 250 强前 10 强营业收入业务领域的分布情况。全球承包商 250 强的主要业务分布在交通基础设施和房屋建筑这两个领域，交通基础设施的营业收入略呈现下降趋势，电信领域营业收入和前 4 年相比有所提升。

近 5 年全球承包商 250 强前 10 强的营业收入百分比（%）　　表 3-11

业务领域	2020	2021	2022	2023	2024	平均
房屋建筑	33.5	37.6	40.5	43.47	41.08	39.23
交通基础设施	39.2	33.7	39.7	37.92	36.48	37.40
电力	7.7	4.5	5.5	7.39	5.92	6.20
水利	2.5	1.8	2.6	2.89	3.06	2.57
石油化工／工业	4.1	2.0	3.1	3.04	3.04	3.06
制造业	1.9	1.9	3.1	2.10	2.39	2.28
排水／废弃物	1.9	1.3	2.4	2.05	1.68	1.87
电信	1.5	0.7	0.8	0.91	1.26	1.03
有害废物处理	0.4	0.2	0.2	0.22	0.39	0.28

3.3　进入财富世界 500 强的土木工程建设企业

美国《财富》杂志以销售收入为主要标准，采用当地货币与美元的全年平均汇率，将企业的销售收入统一换算为美元再进行最终 500 强企业评选。以这种方式对美国企业排序始于 1955 年并一直延续至今。1995 年 8 月 7 日，《财富》杂志第一次发布了同时涵盖工业企业和服务型企业的《财富》世界 500 强排行榜，并在此后逐年发布各年度新的榜单，一直延续至今。

因入选财富世界 500 强的工程与建筑企业总量不多，本书对所有入选的工程与建筑企业一并进行分析。

3.3.1 进入财富世界 500 强的土木工程建设企业的总体情况

从 2006 年首次入选的 3 家到 2024 年 12 家企业入选财富世界企业 500 强，中国工程建设企业数目增多，排名总体呈上升趋势。图 3-1 示出了 2015~2024 年土木工程建设企业入选财富世界企业 500 强的情况。

图 3-1　2015~2024 年土木工程建设企业入选财富世界企业 500 强的情况

近 10 年土木工程建设企业入选财富世界 500 强的排名情况如表 3-12 所示。

土木工程建设企业入选财富世界 500 强的排名情况　　表 3-12

序号	入选企业名称	财富世界 500 强位次									
		2015	2016	2017	2018	2019	2020	2021	2022	2023	2024
1	中国建筑集团股份有限公司	37	27	24	23	21	18	13	9	13	14
2	中国铁路工程集团有限公司	71	57	55	56	55	50	35	34	39	35
3	中国铁道建筑集团有限公司	79	62	58	58	59	54	42	39	43	43
4	中国交通建设集团有限公司	165	110	103	91	93	78	61	60	63	63
5	中国电力建设集团有限公司	253	200	190	182	161	157	107	100	105	108
6	太平洋建设集团	156	99	89	96	97	75	149	150	157	161
7	法国万喜公司 VINCI	200	210	227	226	206	195	214	218	202	166
8	中国能源建设集团	391	309	312	333	364	353	301	269	256	239
9	法国布依格公司 BOUYGUES	244	280	300	307	287	286	299	314	309	225

续表

序号	入选企业名称	财富世界500强位次									
		2015	2016	2017	2018	2019	2020	2021	2022	2023	2024
10	苏商建设集团有限公司	**	**	**	**	**	**	**	299	313	340
11	上海建工集团股份有限公司	**	**	**	**	**	423	363	321	351	354
12	广州市建筑集团有限公司	**	**	**	**	**	**	460	360	380	361
13	蜀道投资集团有限责任公司	**	**	**	**	**	**	**	413	389	436
14	日本大和房建	465	402	330	342	327	311	306	354	418	423
15	西班牙ACS集团	203	255	281	284	272	274	295	365	428	391
16	陕西建工控股集团有限公司	**	**	**	**	**	**	**	**	432	460
17	成都兴城投资集团有限责任公司	**	**	**	**	**	**	**	466	493	**
18	中国通用技术（集团）控股有限责任公司	426	383	490	**	485	477	430	**	**	**
19	中国冶金科工集团有限公司	326	290	**	**	**	**	**	**	**	**

注：入选企业名称前面未标注国家名称的均为中国企业。

从图3-1和表3-12可以看出，中国土木工程建设企业在财富世界500强排行榜中表现不俗，不但在入选工程与基建子榜单的企业数量上位居各国之首，而且排名的位次也非常靠前。近10年来，全球先后有19家工程与基建类企业入选财富世界500强，其中中国15家，法国2家，日本和西班牙各1家。从2016年开始，中国土木工程建设企业一直稳居财富世界500强工程与基建子榜单的前6位。从名次上看，中国建筑集团股份有限公司前8年排名年年提升，继连续两年进入前20强后，2022年又挺进前10强，排在财富世界500强第9位，但2023年又退出了前10强，排在第13位，2024年排在第14位；中国铁路工程集团有限公司在50多位的位置上徘徊了5年后，2021年取得较大突破，进入到第35位，2022年又前进1位，2023年退后5位，2024年前进4位，又回到了2021年的位次；中国铁道建筑集团有限公司与中国铁路工程集团有限公司类似，在50多位的位置上徘徊4年后，2021年取得较大突破，进入到第42位，2022年又前进3位，2023年后退4位，2024年保持不变，排在第43位；中国交通建设集团有限公司前8年进步明显，从2015年的第165位上升到2022年的第60位，但2023年有所退步，2024年位次不变，排在财富世界500强的第63位；与中国交通建设集团有限公司类似，中国电力建设集团有限公司前8年进步明显，从2015年的第253位上升到2022年的第100位，但2023年、2024年连续退步，2024 年排在财富世界 500 强的第 108 位；太平洋建设集团有限公司 2020 年获得第 75 位的最好排名，此后连续四年下降，2024 年排在第 161 位；中国能源建设集团从 2020 年开始遏制了排名连续下滑的势头，排名逐年上升，从 2019 年的第 364 位上升到 2024 年的第 239 位；苏商建设集团有限公司 2024 年第三次上榜，名次比上年下降 27 位，排在第 340 位；上海建工集团股份有限公司 2020 年首次上榜后保持了两年的上升势头，之后连续两年出现下降，2024 年排在第 354 位；广州市建筑集团有限公司 2021 年首次上榜，经过上升、下降、再上升的波动，2024 年排在第 361 位；蜀道投资集团有限责任公司第三次上榜，位次比上年下降了 47 位，排在第 436 位；陕西建工控股集团有限公司 2023 年首次上榜，2024 年位次下降了 28 位，排在第 460 位；成都兴城投资集团有限公司 2022 年、2023 年两次进入榜单，2024 年未入榜；中国通用技术（集团）控股有限责任公司继 2018 年未入榜后，2022 年再次退出了财富世界 500 强榜单，之后再未进入榜单；中国冶金科工集团有限公司则从 2017 年开始，就退出了财富世界 500 强榜单。

相对于中国企业总体上的显著进步，法国万喜公司前 9 年排名基本在 200 开外小幅变化，9 年中有 1 年进入前 200 强。但在 2024 年，其排名大幅提高了 36 位，排在第 166 位；法国布依格公司的排名前 9 年都在 300 上下徘徊，但在 2024 年，其排名大幅提高了 84 位，排在第 225 位；日本大和房建排名前 7 年在波动中提升，从第 465 位上升到第 306 位，此后连续三年下跌，降到了第 423 位；西班牙 ACS 集团前 7 年都排在 300 位以内，但 2022 年大跌 70 位，降到了第 365 位，2023 年又跌至第 428 位，2024 年回升到 391 位。

3.3.2 进入财富世界 500 强的土木工程建设企业主要指标分析

为便于比较，选取近 10 年连续入选财富世界 500 强的 11 家土木工程建设企业进行分析。

3.3.2.1 营业收入情况

近 10 年连续入选财富世界 500 强的 11 家土木工程建设企业的营业收入情况如图 3-2 所示。从图 3-2 中可以看出，中国建筑、中国中铁 2 家中国公司，其营业收入都表现出较为强劲的增长势头；中国铁建、中国交建、中国电建 3 家中国公司，其前 9 年营业收入也呈增长态势，但 2023 年营业收入出现小幅下降；

太平洋建设集团的营业收入前6年呈增长态势，但2020年出现较大幅度的下跌，其后经过2年的回升，2023年又出现小幅下降；法国万喜在波动中增长，2015年和2016年连续两次小幅降低后实现三连增，2020年降低后又出现较大幅度的三连增；法国布依格在波动中增长，近三年保持连续增长，特别是2023年出现了较大的增幅；中国能建除2018年外，均保持增长势头，到2023年已经实现五连增；西班牙ACS在2015年和2016年连续两次小幅降低后实现三连增，之后出现三连降，2023年又有所回升，总体呈现下降态势；日本大和房建呈现波动增长，2015~2019年出现五连增，2020年出现下降，2021年回升后再次连续两年下降。

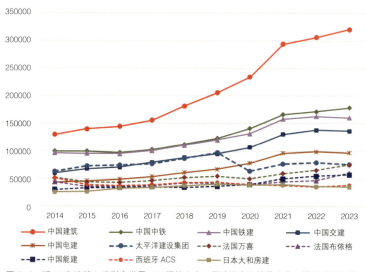

图3-2 近10年连续入选财富世界500强的土木工程建设企业的营业收入情况（百万美元）

3.3.2.2 实现利润情况

近10年连续入选财富世界500强的11家土木工程建设企业实现利润情况如图3-3所示。从图3-3中可以看出，法国万喜的利润总额前6年一直处于前两位，但2020年出现较大下滑，2021年回升到第4位，2022年上升到第2位，2023年重返第1位；太平洋建设集团的利润总额尽管经历了2020年和2021年的大落大起，一直处于前两位；中国建筑的利润水平前8年一直保持着良好的增长态势，2020年超过法国万喜和太平洋建设集团排在第1位，2021年被太平洋建设集团反超排在第2位，2022年利润出现下滑，位次降至第3位，2023年利润回升，位次保持不变；中国中铁的利润总额连续7年保持增长，2023年超过日本大和房建排在第 4 位；日本大和房建的利润水平近 8 年间也处于较高的水平，2016 年起连续 4 年排在第 4 位，2020 年虽然利润总额下降，但排名上升到第 3 位，2021 年则出现相反的情况，虽然利润总额上升，但排名下降到第 5 位，2022 年利润保持增长，位次回升到第 4 位，2023 年利润下降，被中国中铁反超降至第 5 位；中国铁建的利润总额在 2017 年达到峰值后出现下降，之后连续 4 年保持增长，2023 年又出现下降，排在第 6 位；中国交建的利润总额呈现波动下降态势，2023 年出现增长，排在第 7 位；法国布依格的利润总额呈现波动态势，2023 年排在倒数第 4 位；西班牙 ACS 集团的利润总额在 2018 年达到峰值，之后连续两年下滑，2020 年排在倒数第 2 位，但 2021 年利润总额出现超大幅增长，跃升至第 3 位，2022 年利润总额又出现超大幅下降，跌至倒数第 3 位，2023 年利润小幅增长，但位次未变；中国电建的利润总额从 2016 年开始连续 7 年出现下降，2022 年排在倒数第 2 位，2023 年利润小幅增长，但位次未变；中国能建的利润总额呈现波动上升状态，除 2015 年外一直排在倒数第 1 位。

图 3-3 近 10 年连续入选财富世界 500 强的土木工程建设企业的利润情况（百万美元）

Civil Engineering

第 4 章

土木工程建设领域的科技创新

本章从研究项目、科研成果、标准编制、专利研发四个方面,分析了土木工程建设领域科技创新的总体情况,对中国土木工程詹天佑奖获奖项目的科技创新特色进行了分析,提出了土木工程建设企业科技创新能力排序模型,对土木工程建设企业科技创新能力进行了排序分析。

4.1 土木工程建设领域的科技进展

本报告拟从土木工程建设领域年度新立项的重大研究项目、科研成果、标准编制、专利研发四大方面，对土木工程建设领域的重大科技进展进行阐述。

4.1.1 研究项目

4.1.1.1 国家重点研发计划项目

国家重点研发计划是针对事关国计民生的重大社会公益性研究，以及事关产业核心竞争力、整体自主创新能力和国家安全的战略性、基础性、前瞻性重大科学问题、重大共性关键技术和产品。国家重点研发计划为国民经济和社会发展主要领域提供持续性的支撑和引领。重点专项是国家重点研发计划组织实施的载体，是聚焦国家重大战略任务、围绕解决当前国家发展面临的瓶颈和突出问题、以目标为导向的重大项目群，重点专项下设项目。2023年科技部共发布6个与土木工程建设领域相关的国家重点研发计划重点专项2023年度项目申报指南，相关信息见表4-1。

2023年科技部发布的土木工程建设领域国家重点研发计划重点专项　　表4-1

序号	专项名称
1	长江黄河等重点流域水资源与水环境综合治理
2	深海和极地关键技术与装备
3	海洋环境安全保障与岛礁可持续发展
4	城镇可持续发展关键技术与装备
5	高性能制造技术与重大装备
6	智能机器人

长江黄河等重点流域水资源与水环境综合治理专项紧密围绕长江黄河流域水资源水环境水生态综合治理的科技需求，通过基础理论研究、关键技术与装备研发、流域管理创新、典型区域和小流域集成示范，支撑长江、黄河等重点流域水安全保障与治理能力的实质性提升，形成流域水系统治理范式，并进行推广应用。

深海和极地关键技术与装备专项着眼于国家发展与安全的长远利益，紧扣深海、极地领域关键技术和装备，坚持自立自强，坚持重点突破，坚持实际能力的巩固与提升：一是着力突破深海科学考察、探测作业、深海资源开发的系列关键技术与装备，支撑促进深海装备产业发展；二是建成世界上最为完备的深潜装备集群，形成世界领先的深海进入能力；三是着力攻克极地空天地海立体探测、极地保障与资源开发利用及其环境保护技术、装备和体系，显著提升极地监测预报能力。

海洋环境安全保障与岛礁可持续发展专项围绕提升海洋环境安全保障能力、保障岛礁可持续发展的重大需求，一是重点发展海洋自主传感器研制能力，构建自主可控的南海观测示范体系，发展先进的自主同化与预报技术，实现重点海区观测水平、预报产品和预警能力的提升；二是持续突破岛礁安全和可持续发展的核心技术，巩固和保持岛礁开发利用方面的整体技术优势，并解决岛礁及海域安全监测的技术难题；三是开发海洋生态环境保护、治理与修复等共性关键技术，支撑海洋生态文明建设。

城镇可持续发展关键技术与装备专项面向《中华人民共和国国民经济和社会发展第十四个五年规划和2035年远景目标纲要》中提出的深入推进以人为核心的新型城镇化战略、使更多人民群众享有更高品质的城市生活等目标，充分发挥科技赋能和创新引领示范作用，抓住数字化、信息化、新能源、新材料等科技创新带来的建筑行业新一轮技术变革机遇，通过基础前沿、共性关键技术、集成示范和产业化全链条设计，围绕实现社会可持续所包括的"空间优化、品质提升和智慧运维"、经济可持续所需要的"绿色赋能与智能建造"以及环境可持续所涉及的"低碳转型"等六方面主要应用场景加强技术供给，研发下一代核心技术和产品，形成一批关键技术和专用工程装备，在京津冀、长三角、珠三角、成渝地区以及雄安新区、国家可持续发展议程创新示范区等国家战略区进行科技创新应用示范，为显著提升我国城市和建筑的功能、品质、绿色低碳和宜居性，以及智能智慧水平，大幅提高人民获得感和幸福感，为形成中国特色可持续城镇范式提供科技创新支撑。

高性能制造技术与重大装备专项的总体目标是，围绕国家战略产业高端产品及重大工程关键装备在复杂环境、复杂工况下高性能可靠服役需求，突破高性能制造前沿基础理论和共性关键技术，研制具有高精度、高可靠、高效率、智能化、绿色化等高性能特征的基础件、基础制造工艺及装备等，实施重大装备的集成示范应用，推动制造技术向材料－结构－功能一体化的高性能设计制造转变，实现高性能制造技术和重大装备的自主可控，增强我国战略性高端产品和重大工程关键装备的核心竞争力。

智能机器人专项主要目标是突破新型机构／材料／驱动／传感／控制与仿生、智能机器人学习与认知、人机自然交互与协作共融等重大基础前沿技术，加强机器人与新一代信息技术的融合，为提升我国机器人智能水平进行基础前沿技术储备；建立互助协作型、人体行为增强型等新一代机器人验证平台，抢占"新一代机器人"的技术制高点；攻克高性能机器人核心零部件、机器人专用传感器、机器人软件、测试／安全与可靠性等共性关键技术，提升国产机器人的国际竞争力；攻克基于外部感知的机器人智能作业技术、新型工业机器人等关键技术，推进国产工业机器人的产业化规模及创新应用领域；突破服务机器人行为辅助技术、云端在线服务技术及平台，创新服务领域和商业模式，培育服务机器人新兴产业；攻克特殊环境服役机器人和医疗／康复机器人关键技术，深化我国特种机器人的工程化应用。本专项协同标准体系建设、技术验证平台与系统建设、典型示范应用，加速推进我国智能机器人技术与产业的快速发展。

4.1.1.2　国家自然科学基金项目

国家自然科学基金是国家设立的用于资助《中华人民共和国科学技术进步法》规定的基础研究的基金，由研究项目、人才项目和环境条件项目三大系列组成。自然科学基金在推动我国自然科学基础研究的发展，促进基础学科建设，发现、培养优秀科技人才等方面取得了巨大成绩。

在土木工程建设领域，2023年国家自然科学基金委员会立项重点项目29项，项目相关信息见表4-2。重点项目支持从事基础研究的科学技术人员针对已有较好基础的研究方向或学科生长点开展深入、系统的创新性研究，促进学科发展，推动若干重要领域或科学前沿取得突破。

2023年土木工程建设领域国家自然科学基金重点项目　　表4-2

序号	项目名称	项目编号
1	海上浮式防波堤消波新机理及新构型设计技术研究	52331011
2	开口桩不同沉桩过程多场耦合循环作用机理、大变形数值模拟与承载力计算方法研究	52338008

续表

序号	项目名称	项目编号
3	新一代地下工程原位岩体强度建构方法基础研究	52334004
4	双高产业全流程多层级"能—碳—污"协同演化及解耦原理	52330003
5	新型城镇化与区域协调发展的机制与治理体系研究	72334006
6	面向理想物理性能分布的新一代高性能装配技术基础理论与方法	52335011
7	大型复杂构件高性能刚柔耦合驱动喷涂机器人基础理论与关键技术	52335002
8	海上浮式防波堤消波新机理及新构型设计技术研究	52331011
9	开口桩不同沉桩过程多场耦合循环作用机理、大变形数值模拟与承载力计算方法研究	52338008
10	新一代地下工程原位岩体强度建构方法基础研究	52334004
11	孔隙率梯度氮化硅基耐高温宽频透波材料的制备与应用相关基础问题	52332002
12	数智融合的城市空间规划与治理协同控碳关键机理研究	52338002
13	理化复合法改性流泥填筑路堤的性状时空演化理论及智能评价方法	52338007
14	重大工程结构（群）– 场地多物理耦合抗震高效仿真关键技术与软件	52338001
15	高性能海洋基础设施支撑结构新体系与设计方法	52338005
16	最大可信地震高混凝土坝灾变机理与安全评价方法	52339007
17	城市交通 – 电力耦合复杂网络优化理论和方法研究	52337003
18	深海含水合物海洋土 – 桩基相互作用机理及失稳破坏机制	52331010
19	工程材料的相图、热物性和相变软件及其应用	52331002
20	水力发电机组系统动态安全机制与运维调控	52339006
21	极地态势感知集群系统最优动态部署理论与关键技术	52331012
22	广义建筑热工设计原理与方法研究	52338004
23	极地低温和腐蚀环境下抗冰载荷冲击磨损多级结构材料设计及性能研究	52331004
24	深部金属矿异构环境下爆破诱发岩体动力灾害机制与防控	52334003
25	氧化物半导体异质结材料多尺度结构设计与高性能气体传感器	52332004
26	高强高韧混凝土材料与结构研究	52338003
27	深部工程硬岩断续介质理论建模与破裂过程三维高性能仿真	52339001
28	南方湿热地区耐久性路基设计理论与方法	52338009
29	再生块体 – 骨料混凝土及其结构的基础理论研究	52338006

4.1.1.3 中国工程院重大、重点咨询项目

中国工程院组织开展的战略咨询研究是按照国家工程科技思想库和"服务决策、适度超前"要求，设立的战略性、前瞻性和综合性高端咨询项目。中国工程

院咨询项目主要结合国民经济和社会发展规划、计划，组织研究工程科学技术领域的重大、关键性问题，接受政府、地方、行业等委托，对重大工程科学技术发展规划、计划、方案及其实施等提供咨询意见，为提升我国科技创新能力、强化关键核心技术攻关、加快建设创新型国家、支撑经济社会高质量发展提供科技支撑。根据研究的内容和涉及的领域、规模，可分为重大、重点和学部级咨询研究项目。

在土木工程建设领域，2023年中国工程院启动重大咨询研究项目5项，重点咨询研究项目4项，院地合作重大咨询研究项目2项，参见表4-3。

2023年土木工程建设领中国工程院立项重点咨询研究项目　　　　表4-3

序号	项目类型	项目名称
1	中国工程院重大咨询研究项目	中国式现代化目标下的能源转型战略研究
2		海洋渔业与蓝色牧场战略研究
3		中国特色城市群协同发展战略研究
4		从山顶到海洋"天空地海"一体化生态环境监测网络体系战略研究
5		我国中长期农业农村重大基础设施建设战略研究
6	中国工程院重点咨询研究项目	推进现代能源体系建设进程评估及发展战略研究
7		高科技重大基础设施振动控制高标准发展战略研究
8		磁悬浮动力装备及其产业发展路径研究
9		"双碳"背景下我国钢铁行业绿色高质量发展战略研究
10	院地合作重大咨询研究项目	山西碳达峰碳中和标准化建设研究
11		"双碳"目标驱动甘肃沙戈荒风光基地与环境协同发展战略研究

4.1.2 科研成果

本年度发展报告重点反映2023年土木工程建设领域的重要科研成果。主要考虑土木工程建设及其相关领域获得国家科学技术奖奖励情况。

4.1.2.1 国家自然科学奖

国家自然科学奖授予在基础研究和应用基础研究中阐明自然现象、特征和规律，做出重大科学发现的个人。这里所称的重大科学发现，应当具备下列条件：

（1）前人尚未发现或者尚未阐明。

（2）具有重大科学价值。

（3）得到国内外自然科学界公认。

2024年6月24日，科学技术部公布了《2023年度国家科技奖励获奖情况》，在土木工程建设及其相关领域，共有2个项目荣获国家自然科学奖，获奖项目信息见表4-4。

2023年度土木工程建设及其相关领域荣获国家自然科学奖项目　　表4-4

序号	项目名称	获奖等级	主要完成人	提名者
1	土的统一硬化本构理论	二等奖	姚仰平（北京航空航天大学），孙德安（上海大学），周安楠（北京航空航天大学），路德春（北京航空航天大学），侯伟（北京航空航天大学）	张建民 庄惟敏 陶 智
2	岩石动静组合加载破裂理论与方法	二等奖	李夕兵（中南大学），董陇军（中南大学），周子龙（中南大学），宫凤强（中南大学），杜坤（中南大学）	湖南省

4.1.2.2　国家技术发明奖

国家技术发明奖授予运用科学技术知识做出产品、工艺、材料及其系统等重大技术发明的我国公民。产品包括各种仪器、设备、器械、工具、零部件以及生物新品种等；工艺包括工业、农业、医疗卫生和国家安全等领域的各种技术方法；材料包括用各种技术方法获得的新物质等；系统是指产品、工艺和材料的技术综合。重大技术发明应当同时具备以下三个条件：

（1）前人尚未发明或者尚未公开：该项技术发明为国内外首创，或者虽然国内外已有但主要技术内容尚未在国内外各种公开出版物、媒体及其他公众信息渠道发表或者公开，也未曾公开使用过。

（2）具有先进性和创造性：先进性是指主要性能、技术经济指标、科学技术水平及其促进科学技术进步的作用和意义等方面综合优于同类技术；创造性是指该项技术发明与国内外已有同类技术相比较，其技术思路、技术原理或者技术方法有创新，技术上有实质性的特点和显著的进步。

（3）经实施，创造显著经济效益或者社会效益：该项技术发明成熟，并实施应用三年以上，取得良好的应用效果。

2024年6月24日，科学技术部公布了《2023年度国家科技奖励获奖情况》，在土木工程建设及其相关领域，共有4个项目荣获国家技术发明奖，获奖项目信息见表4-5。

2023年度土木工程建设及其相关领域荣获国家技术发明奖项目 表4-5

序号	项目名称	获奖等级	主要完成人	提名者
1	陆上宽频宽方位高密度地震勘探关键技术与装备	一等奖	张少华（中国石油集团东方地球物理勘探有限责任公司），张慕刚（中国石油集团东方地球物理勘探有限责任公司），何永清（中国石油集团东方地球物理勘探有限责任公司），夏颖（中国石油集团东方地球物理勘探有限责任公司），陶春峰（中国石油集团东方地球物理勘探有限责任公司），马磊（中国石油集团东方地球物理勘探有限责任公司）	国务院国有资产监督管理委员会
2	固废填埋场气液致灾原位测控技术与装备	二等奖	薛强（中国科学院武汉岩土力学研究所），万勇（中国科学院武汉岩土力学研究所），刘磊（中国科学院武汉岩土力学研究所），罗彬（北京高能时代环境技术股份有限公司），李江山（中国科学院武汉岩土力学研究所），王水（江苏省环境科学研究院）	湖北省
3	复杂应力环境下软弱土基坑工程安全控制绿色高效技术	二等奖	徐长节（华东交通大学），刘兴旺（浙江省建筑设计研究院），胡琦（东通岩土科技股份有限公司），蔡袁强（浙江工业大学），武思宇（北京中岩大地科技股份有限公司），石钰锋（华东交通大学）	江西省
4	350km/h高速铁路道岔结构关键技术及应用	二等奖	王平（西南交通大学），陈嵘（西南交通大学），王树国（中国铁道科学研究院集团有限公司），徐井芒（西南交通大学），汤铁兵（中铁山桥集团有限公司），安博洋（西南交通大学）	国家铁路局

4.1.2.3 国家科学技术进步奖

国家科学技术进步奖授予在技术研究、技术开发、技术创新、推广应用先进科学技术成果、促进高新技术产业化，以及完成重大科学技术工程、计划项目等方面做出突出贡献的我国公民和组织。国家科学技术进步奖项目应当总体符合下列三个条件：

（1）技术创新性突出：在技术上有重要的创新，特别是在高新技术领域进行自主创新，形成了产业的主导技术和名牌产品，或者应用高新技术对传统产业进行装备和改造，通过技术创新，提升传统产业，增加行业的技术含量，提高产品附加值；技术难度较大，解决了行业发展中的热点、难点和关键问题；总体技术水平和技术经济指标达到了行业的领先水平。

（2）经济效益或者社会效益显著：所开发的项目经过三年以上较大规模的实施应用，产生了很大的经济效益或者社会效益，实现了技术创新的市场价值或者社会价值，为经济建设、社会发展和国家安全作出了很大贡献。

（3）推动行业科技进步作用明显：项目的转化程度高，具有较强的示范、带动和扩散能力，促进了产业结构的调整、优化、升级及产品的更新换代，对行业的发展具有很大作用。

2024年6月24日，科学技术部公布了《2023年度国家科技奖励获奖情况》，在土木工程建设及其相关领域，共有14个项目荣获国家科学技术进步奖，获奖项目信息见表4-6。

2023年度土木工程建设领域荣获国家科技进步奖的项目　　　　　　　　　表4-6

序号	项目名称	获奖等级	主要完成人/主要完成单位	提名者
1	复兴号高速列车	特等奖	叶阳升，王军，何华武，赵红卫，钱铭，周黎，冯江华，张波，韦皓，梁建英，刘长青，齐延辉，张卫华，邵军，吴胜权，吴国栋，张大勇，徐磊，单巍，李学峰，李宏伟，罗庆中，李永恒，丁叁叁，梁习锋，朱彦，王文静，李福，陆阳，陶桂东，李国顺，杨俊，任广强，刘海涛，刘伟志，戴碧君，晋军，杨伟君，邓海，黄金，冯勇，杨广雪，阙红波，杨江霖，姚曙光，乔灿立，王宇，蔡田，姜洪东，高枫/中国国家铁路集团有限公司，中国中车股份有限公司，中国铁道科学研究院集团有限公司，中车长春轨道客车股份有限公司，中车青岛四方机车车辆股份有限公司，北京纵横机电科技有限公司，中车唐山机车车辆有限公司，中车株洲电力机车研究所有限公司，西南交通大学，中南大学，北京交通大学，中国铁路太原局集团有限公司，中国铁路郑州局集团有限公司，中国铁路沈阳局集团有限公司，中车永济电机有限公司，中车株洲电机有限公司，南京中车浦镇海泰制动设备有限公司，中车青岛四方车辆研究所有限公司，中车戚墅堰机车车辆工艺研究所股份有限公司，中车大连机车研究所有限公司	詹天佑科学技术发展基金会
2	"深海一号"超深水大气田开发工程关键技术与应用	一等奖	中海油海南能源有限公司，中海石油（中国）有限公司，中海油研究总院有限责任公司，中海石油（中国）有限公司海南分公司，中海石油（中国）有限公司湛江分公司，海洋石油工程股份有限公司，中海油田服务股份有限公司，海洋石油工程（青岛）有限公司，中海油深圳海洋工程技术服务有限公司，中海油能源发展股份有限公司	海南省
3	港珠澳大桥跨海集群工程	一等奖	港珠澳大桥管理局，中国交通建设股份有限公司，中交公路规划设计院有限公司，中铁大桥勘测设计院集团有限公司，保利长大工程有限公司，中铁大桥局集团有限公司，中交第一航务工程局有限公司，中交第二公路工程局有限公司，中铁山桥集团有限公司，武船重型工程股份有限公司	广东省
4	极端气候区超低能耗建筑关键技术与应用	二等奖	刘加平，王怡，杨柳，王登甲，谢静超，陈尚沅，刘艳峰，王莹莹，焦青太，雷振东/西安建筑科技大学，北京工业大学，中国人民解放军91053部队，日出东方控股股份有限公司	常青 李杰 杜修力
5	上海中心大厦工程关键技术	二等奖	龚剑，丁洁民，顾建平，贾坚，朱毅敏，陈晓明，葛清，杨新华，钱峰，顾国荣/上海建工集团股份有限公司，同济大学建筑设计研究院（集团）有限公司，上海中心大厦建设发展有限公司，上海建工一建集团有限公司，三一汽车制造有限公司，上海市机械施工集团有限公司，上海勘察设计研究院（集团）股份有限公司	上海市

续表

序号	项目名称	获奖等级	主要完成人 / 主要完成单位	提名者
6	严酷服役条件下结构混凝土长寿命设计与多维性能提升关键技术	二等奖	蒋金洋，刘建忠，金祖权，刘志勇，穆松，许文祥，傅宇方，麻晗，张云升，丁庆军 / 东南大学，江苏苏博特新材料股份有限公司，青岛理工大学，河海大学，江苏沙钢集团有限公司，武汉理工大学，交通运输部公路科学研究所	缪昌文 李术才 徐世烺
7	高层建筑风振分析理论与降载减振技术及其应用	二等奖	杨庆山，Yukio Tamura，陈勇，黄国庆，唐意，曹曙阳，回忆，邹良浩，郭坤鹏，李波 / 中国建筑股份有限公司，重庆大学，中国建筑科学研究院有限公司，同济大学，武汉大学，华东建筑设计研究院有限公司，北京交通大学	国务院国有资产监督管理委员会
8	东北地区跨流域水资源高效调控技术与应用	二等奖	张弛，付强，蒋云钟，刘艳丽，邓晓雅，周惠成，金君良，李昱，章光新，韩义超 / 大连理工大学，东北农业大学，中国水利水电科学研究院，水利部交通运输部国家能源局南京水利科学研究院，中国科学院东北地理与农业生态研究所，辽宁省水利水电勘测设计研究院有限责任公司	辽宁省
9	复杂条件高坝工程智能建设关键技术及应用	二等奖	钟登华，祁宁春，周华，周业荣，胡贵良，王永潭，黄河，王金国，吴斌平，王佳俊 / 天津大学，雅砻江流域水电开发有限公司，华能澜沧江水电股份有限公司，国能大渡河流域水电开发有限公司，华电金沙江上游水电开发有限公司，国网新源集团有限公司，中国电建集团成都勘测设计研究院有限公司	中国大坝工程学会
10	高速公路交通状态智能感知与主动管控关键技术及应用	二等奖	刘攀，李斌，孙正良，徐铖铖，李志斌，李长贵，张胜，张纪升，何勇海，张晓元 / 东南大学，交通运输部公路科学研究所，公安部交通管理科学研究所，中国路桥工程有限责任公司，蜀道投资集团有限责任公司，河北交通投资集团有限公司，华设设计集团股份有限公司	交通运输部
11	智能网联车路系统与可信测试关键技术及其产业化应用	二等奖	赵祥模，吴志新，杜豫川，纪中伟，惠飞，徐志刚，孟令军，耿丹阳，左志武，王钊 / 长安大学，中国汽车技术研究中心有限公司，中兴通讯股份有限公司，同济大学，东软集团股份有限公司，中国交通通信信息中心，陕西汽车控股集团有限公司	陕西省
12	复杂运营条件下高速铁路轨道系统状态演化及科学维护技术	二等奖	高亮，蔡小培，李秋义，曾宪海，肖宏，黄伟利，尹辉，钟阳龙，徐伟昌，任娟娟 / 北京交通大学，中铁第四勘察设计院集团有限公司，中国铁路上海局集团有限公司，中铁第一勘察设计院集团有限公司，西南交通大学，金鹰重型工程机械股份有限公司	教育部
13	隧道重大地质灾害源探测评估及处置关键技术	二等奖	焦玉勇，邹俊鹏，郑飞，谭飞，成帅，陈志明，韩增强，张国华，荆武 / 中国地质大学（武汉），中铁十一局集团有限公司，中国科学院武汉岩土力学研究所，山东大学，武汉市汉阳市政建设集团有限公司，新疆水利水电勘测设计研究院有限责任公司	湖北省
14	地下工程安全精准爆破技术创新与应用	二等奖	杨仁树，杨立云，龚敏，马鑫民，李胜林，刘文胜，李伟清，徐辉东，李永强，肖承倚 / 北京科技大学，中国矿业大学（北京），鞍钢集团矿业有限公司，山东能源集团有限公司，中煤第三建设（集团）有限公司，重庆中环建设有限公司，中铁五局集团有限公司	中国钢铁工业协会

4.1.3 标准编制

4.1.3.1 国家标准编制

通过查询住房和城乡建设部官方网站，收集整理了2023年发布的土木工程建设相关的国家标准情况，如表4-7所示。

住房和城乡建设部2023年发布的土木工程建设相关国家标准　　表4-7

标准名称	标准编号	发布日期	实施日期
石油化工金属管道工程施工质量验收规范（2023年版）	GB 50517-2010	2023年1月5日	2023年5月1日
涤纶、锦纶、丙纶设备工程安装与质量验收规范（2023年版）	GB 50695-2011	2023年1月5日	2023年5月1日
水利水电工程地质勘察规范（2022年版）	GB 50487-2008	2023年1月5日	2023年5月1日
城乡历史文化保护利用项目规范	GB 55035-2023	2023年5月23日	2023年12月1日
建筑物移动通信基础设施工程技术标准	GB 51456-2023	2023年5月23日	2023年9月1日
工业设备及管道防腐蚀工程技术标准	GB/T 50726-2023	2023年5月23日	2023年9月1日
城镇燃气输配工程施工及验收标准	GB/T 51455-2023	2023年5月23日	2023年9月1日
服装工厂设计规范（2023年版）	GB 50705-2012	2023年7月30日	2023年11月1日
城市居民生活用水量标准（2023年版）	GB/T 50331-2002	2023年7月30日	2023年11月1日
核电厂工程测量标准	GB/T 50633-2023	2023年9月25日	2024年5月1日
地下水监测工程技术标准	GB/T 51040-2023	2023年9月25日	2024年5月1日
建筑与市政工程绿色施工评价标准	GB/T 50640-2023	2023年9月25日	2024年5月1日
医院建筑运行维护技术标准	GB/T 51454-2023	2023年9月25日	2024年5月1日
机井工程技术标准	GB/T 50625-2023	2023年9月25日	2024年5月1日
核工业铀矿冶工程技术标准	GB 50521-2023	2023年11月9日	2024年5月1日
水利水电工程节能设计规范（2023年版）	GB/T 50649-2011	2023年12月26日	2024年5月1日

4.1.3.2 行业标准编制

通过查询住房和城乡建设部、交通运输部、水利部官方网站，收集整理了2023年发布的土木工程建设相关的行业标准。表4-8给出了住房和城乡建设部发布的行业标准，表4-9给出了交通运输部发布的行业标准，表4-10给出了水利部发布的行业标准。

住房和城乡建设部 2023 年发布的土木工程建设相关行业标准　　　表 4-8

标准名称	标准编号	发文日期	实施日期
节段预制混凝土桥梁技术标准	CJJ/T 111-2023	2023 年 1 月 5 日	2023 年 5 月 1 日
超长混凝土结构无缝施工标准	JGJ/T 492-2023	2023 年 1 月 5 日	2023 年 5 月 1 日
城市运行管理服务平台　管理监督指标及评价标准	CJ/T 551-2023	2023 年 7 月 19 日	2023 年 11 月 1 日
城市运行管理服务平台　运行监测指标及评价标准	CJ/T 552-2023	2023 年 7 月 19 日	2023 年 11 月 1 日
钢筋套筒灌浆连接应用技术规程（局部修订）	JGJ 355-2015	2023 年 7 月 30 日	2023 年 11 月 1 日
透水水泥混凝土路面技术规程（局部修订）	CJJ/T 135-2009	2023 年 7 月 30 日	2023 年 11 月 1 日
建筑用热轧 H 型钢和剖分 T 型钢	JG/T 581-2023	2023 年 9 月 22 日	2024 年 1 月 1 日
城市信息模型应用统一标准	CJJ/T 318-2023	2023 年 9 月 22 日	2024 年 1 月 1 日
城市信息模型数据加工技术标准	CJJ/T 319-2023	2023 年 9 月 22 日	2024 年 1 月 1 日
预应力钢结构技术标准	JGJ/T 497-2023	2023 年 9 月 22 日	2024 年 1 月 1 日
城市道路绿化设计标准	CJJ/T 75-2023	2023 年 9 月 22 日	2024 年 1 月 1 日
生活垃圾焚烧飞灰固化稳定化处理技术标准	CJJ/T 316-2023	2023 年 9 月 22 日	2024 年 1 月 1 日
生活垃圾渗沥液处理技术标准	CJJ/T 150-2023	2023 年 9 月 22 日	2024 年 1 月 1 日
生活垃圾转运站运行维护技术标准	CJJ/T 109-2023	2023 年 9 月 22 日	2024 年 1 月 1 日
生活垃圾焚烧烟气净化用粉状活性炭	CJ/T 546-2023	2023 年 9 月 22 日	2024 年 1 月 1 日
城市管理执法制式服装　制服	CJ/T 547-2023	2023 年 9 月 22 日	2024 年 1 月 1 日
城市管理执法制式服装　服饰	CJ/T 548-2023	2023 年 9 月 22 日	2024 年 1 月 1 日
城市管理执法制式服装　帽	CJ/T 549-2023	2023 年 9 月 22 日	2024 年 1 月 1 日
城市管理执法制式服装　鞋	CJ/T 550-2023	2023 年 9 月 22 日	2024 年 1 月 1 日
城镇污泥标准检验方法	CJ/T 221-2023	2023 年 12 月 26 日	2024 年 5 月 1 日

交通运输部 2023 年发布的土木工程建设相关行业标准　　　表 4-9

标准名称	标准编号	发文日期	实施日期
水运工程爆破技术规范	JTS 204-2023	2023 年 1 月 4 日	2023 年 3 月 1 日
沿海导助航工程设计规范	JTS/T 181-4-2023	2023 年 1 月 4 日	2023 年 3 月 1 日
水运工程土工合成材料试验规程	JTS/T 245-2023	2023 年 1 月 4 日	2023 年 3 月 1 日
水运工程桩基施工规范	JTS 206-2-2023	2023 年 1 月 10 日	2023 年 3 月 1 日
港口水工建筑物结构健康监测技术规范	JTS/T 312-2023	2023 年 1 月 10 日	2023 年 3 月 1 日
综合客运枢纽设计规范	JT/T 1453-2023	2023 年 1 月 19 日	2023 年 4 月 19 日
公路工程　水泥混凝土用机制砂	JT/T 819-2023	2023 年 1 月 19 日	2023 年 4 月 19 日
公路工程行业标准编写导则	JTG 1003-2023	2023 年 3 月 23 日	2023 年 7 月 1 日
多年冻土地区公路设计与施工技术规范	JTG/T 3331-04-2023	2023 年 3 月 23 日	2023 年 7 月 1 日

续表

标准名称	标准编号	发文日期	实施日期
港口工程绿色设计导则	JTS/T 189-2023	2023年4月2日	2023年6月1日
内河液化天然气加气站码头设计规范（试行）	JTS/T 196-11-2023	2023年5月8日	2023年8月1日
水运工程桶式基础结构检测与监测技术规程	JTS/T 246-2023	2023年6月1日	2023年8月1日
港口水工建筑物修补加固技术规范	JTS/T 311-2023	2023年6月1日	2023年8月1日
水运工程土工试验规程	JTS/T 247-2023	2023年6月1日	2023年8月1日
公路工程 高强轻集料	JT/T 770-2023	2023年6月25日	2023年9月25日
公路工程土工合成材料 第4部分：排水材料	JT/T 1432.4-2023	2023年6月25日	2023年9月25日
公路桥梁钢结构防腐涂装技术条件	JT/T 722-2023	2023年6月25日	2023年9月25日
码头油气回收处理设施建设技术规范	JTS/T 196-12-2023	2023年9月11日	2023年11月1日
水运工程塑料排水板应用技术规程	JTS/T 206-1-2023	2023年10月11日	2023年12月1日
内河助航标志工程设计规范	JTS/T 181-7-2023	2023年10月19日	2023年12月1日
水泥混凝土搅拌机	JJG（交通）187-2023	2023年11月9日	2024年2月9日
混凝土渗透仪	JJG（交通）188-2023	2023年11月9日	2024年2月9日
公路养护技术标准	JTG 5110-2023	2023年11月13日	2024年3月1日
综合货运枢纽设计规范	JT/T 1479-2023	2023年11月24日	2024年3月1日
水沙水槽试验规程	JTS/T 248-2023	2023年12月15日	2024年2月1日
内河航运工程造价指标	JTS/T 272-2-2023	2023年12月15日	2024年2月1日
设计使用年限50年以上港口工程结构设计指南	JTS/T 200-2023	2023年12月29日	2024年3月1日

水利部2023年发布的土木工程建设相关行业标准 表4-10

标准名称	标准编号	发文日期	实施日期
生态清洁小流域建设技术规范	SL/T 534-2023	2023年7月18日	2023年10月18日
水库生态流量泄放规程	SL/T 819-2023	2023年8月7日	2023年11月7日
水利水电工程生态流量计算与泄放设计规范	SL/T 820-2023	2023年8月7日	2023年11月7日
水利基本建设项目竣工财务决算编制规程	SL/T 19-2023	2023年8月16日	2023年11月16日
泵站设备安装及验收规范	SL/T 317-2023	2023年11月1日	2024年2月1日

4.1.3.3 团体标准编制

从中国土木工程建设领域的权威团体中国土木工程学会、中国建筑业协会、中国建筑学会和中国工程建设标准化协会的官方网站上收集整理了各团体2023

4.1.4 专利研发

本年度发展报告重点反映2023年土木工程建设领域的重要发明专利情况。因为第二十五届中国专利金奖、银奖和优秀奖的评审结果尚未揭晓，本次重点采用专家推荐方式，列出2023年度获得授权的100项发明专利，专利涉及的领域主要包括：智能建造、数字化建造、工业化建造、绿色建造、绿色施工等。具体参见表4-11。

专家推荐的2023年获得授权的土木工程建设领域的重要发明专利　　表4-11

专利号	专利名称	专利权人	主要发明人
ZL202111236350.4	一种绿色施工抑尘装置	长广工程建设有限责任公司	陈键
ZL202211082006.9	一种建筑工程智慧建造的管控方法及系统	中国建筑第二工程局有限公司	江书峣、赵兴辉、闫元、袁野、胡春、左傲、李贺、周玉兵、吴荣会、杨发凯
ZL202110476660.7	地铁轨道板预制生产线及施工方法	中铁二局集团有限公司；中铁二局集团新运工程有限公司	赵海、刘桂林、鞠晏成、蒲永峰、王瑜、胡笑纹、赵元、李永洪、蒲海林、何容辉、刘佚洋、何明均、张菲、陈松
ZL202111018136.1	一种基于绿色施工的建筑垃圾生态环保处理设备	中虹建设有限公司	姚强、付敏、邓守义、陈静
ZL202011576433.3	一种用于铁路施工智慧工地5G移动终端定位的信息传输方法及系统	中铁建设集团基础设施建设有限公司	张少南、常攀龙、王超
ZL202111454686.8	料斗结构及喷抹一体机器人	广东博智林机器人有限公司	李建明、韩雪峤、周小帆、赵世瑞
ZL202111492012.7	基于倾斜摄影技术的道路地形曲面优化设计方法	中国二十冶集团有限公司	杨华杰、李印冬、徐宁
ZL202111492014.6	基于倾斜摄影的道路沿线附属设施及构筑物布置方法	中国二十冶集团有限公司	杨华杰、李印冬、徐宁
ZL202211462906.6	一种用于海洋工程的绿色施工防尘网	海南省农垦金城实业有限公司；海南省农垦建工集团有限公司	李武、何延平
ZL202110818451.6	一种人员统计方法、装置及电子设备	广联达科技股份有限公司	崔倩、刘靖、王颖、周桔红、王玉龙、杨红梅、蔡文玲、郝亚鹏
ZL202110604133.X	一种挂钩式地连墙钢筋骨架连接结构	中铁十八局集团有限公司	温淑荔、马国强、程保蕊、赵静波、董敏忠

续表

专利号	专利名称	专利权人	主要发明人
ZL202111164846.5	一种建筑机器人及其高负载自重比机械臂组件	深圳先进技术研究院	冯伟、蒋怡星、王卫军、刘笑、王世杰、杨显龙、薛自然
ZL202211299032.7	一种数字孪生智慧建筑脑机装置及系统	青岛高科技工业园声海电子工程有限公司	王金刚、宁维巍、王子宇、蒋萍花
ZL202210260909.5	一种掘进式混凝土结构离心智能建造设备及应用	浙江大学	王海龙、吴振楠、孙晓燕
ZL202211503020.1	一种滑动式立管支座及其施工方法	北京建工集团有限责任公司	陈锐、张美瑞、李昊、赵雷永、王阿龙、陈瑞志、张淙洋、王飞、康莉、施宇红、焦冉
ZL202110653807.5	混凝土储仓壁自动养护装置及养护施工方法	中建一局集团第三建筑有限公司；中国建筑一局（集团）有限公司	赵西方、王辽、喻宏峰、郭建军、陈晓锋、陈鹏、陈志鹏、牛文全、高潘、赵春颖
ZL202111007554.0	一种建筑砌体绿色施工装置	大昌建设集团有限公司	舒平国、胡У平、华江、毛春奇、林增辉、汪黎红、方阿忠、戴善平、董永舟
ZL202010036510.X	SCARA机械臂及建筑机器人	广东博智林机器人有限公司	李雪成
ZL202211562258.1	应用于智慧工地的大数据分析方法及系统	广东邦盛北斗科技股份有限公司	邓维爱、李华栈、黄荣坪、彭文斌
ZL202110676539.9	一种装配式基坑围护结构及其施工方法	中国建筑第二工程局有限公司	秦会来、胡立新、张志明、姚再峰、钟燕
ZL202210625373.2	一种基于无人机的智慧工地管理系统及方法	广州市港航工程研究所；广州飞扫信息科技有限公司	吴永明、黄丹、林奋达、韦嘉怡、余依娜、谭达强、张家犇
ZL202111390465.9	一种减小桩体变形的单层拉锚式钢板桩施工装置及方法	中建八局第一建设有限公司	樊祥喜、曹明国、张传奎、亓祥成、董鹏、孟庆峰、王均杰、汪涛、温祖梁、王先、潘婷
ZL202211014597.6	一种房屋绿色施工建筑废料回收设备及工艺	杭州市城建设计研究院有限公司	杨书林
ZL201910761588.5	基于无人机对大型建筑机器人的振动检测系统	同济大学	何斌、桑宏锐、王志鹏、周艳敏、沈润杰
ZL202111433620.0	车站结构顶部坑槽的回填和防水的绿色施工方法	中建五局土木工程有限公司	刘文胜、梁文新、罗桂军、邹瑜、黄华祥、张胥、钟光耀、程敏、何世林、汤志坚、苏汉斌、何润华
ZL202310032303.0	一种基于数字化的智慧工地梁板刚度检测系统	湖南中交京纬信息科技有限公司	刘建华、刘代全、黄学源、李丽
ZL201910403460.1	一种基于BIM模型的智慧工地集成实施方法	平煤神马建工集团有限公司	魏宗勋、刘升、宗进营、陈中伟、常欢欢、王灿海、王霄波、朱惠伟、李新立、朱彦辉、邢红喜、鲁旭霜、任昆仑、贺文言、孙龙耀、宋少平、臧培洪、翟备备、路平、张翠

续表

专利号	专利名称	专利权人	主要发明人
ZL202211525381.6	智慧工地塔群调度控制系统及方法	杭州未名信科科技有限公司；浙江省北大信息技术高等研究院	赵晓东、陈曦、牛梅梅、赵焕、杨硕
ZL202111576332.0	钢结构组合楼板及其施工方法	上海建工四建集团有限公司	宋德龙、温鹏、于海东、俞斌、丘浩
ZL202310083937.9	一种面向智慧工地的跨模态检索方法及系统	山东建筑大学	刘兴波、聂秀山、于德湖、王少华、刘新锋、尹义龙
ZL202211254740.9	一种用于工程监理的钢筋工程质量检测方法及系统	中成建设管理有限公司	刘哲生、梁红梅、刘晓燕、孙振龙、林银坤
ZL202111070869.X	用于智慧工地的智能塔吊作业全景监控还原方法和系统	杭州大杰智能传动科技有限公司	陈德木、蒋云、陈曦、陆建江、赵晓东
ZL202210925495.3	一种智慧工地用高拍仪及其使用方法	闽江学院	陈炜、黄小琴、郑祥盘、林秀芳、唐晓腾
ZL202210726299.3	一种城市排水管道检测与清淤智能机器人及工作方法	华中科技大学；武汉数字建造产业技术研究院有限公司	刘文黎、骆汉宾、李琛、吴俊豪、李翰林、鲁振川
ZL202310202895.6	钢结构多功能厅波浪形铝板吊顶及其模块化安装方法	山西五建集团有限公司	梁宁辉、杨琳琳、张恒、卜倩雯、高慧田、张斌武、董超义、李剑锐、宋吉、梁露
ZL202210570024.5	利用BIM实现智慧工地管理的方法、系统、介质及设备	宜时云（重庆）科技有限公司；宜时（北京）科技有限公司	乔晓盼、尹绮、孙学锋
ZL202210776141.7	一种屋顶外立面大跨度的钢结构装饰梁及其施工方法	中国建筑第二工程局有限公司	胡桥、裴鹏翔、李汉清、闫松、牛兆丰
ZL202211033108.1	一种预制墙板定位装置及其定位施工方法	杭州中庆建设有限公司	孔庆生、胡垚、叶慧强、普传华、胡爱钢
ZL202310202616.6	基于智慧工地的数据处理方法、系统及云平台	广东新视野信息科技股份有限公司	杜胜堂
ZL202310207015.4	一种复杂环境下的石笼桥台建造系统及其快速建造方法	四川省公路规划勘察设计研究院有限公司	何小林、徐洪彬、李平
ZL201911294011.4	一种基于BIM+GIS的施工场地虚拟构建复原方法	福建建工集团有限责任公司	林章凯、陈至、程彬、王宗成、曾庆友、郑景昌、郑立、郑侃、翁世平、倪杨、黄伟兴
ZL202111650951.X	一种装配式屋面架及其制备工艺和施工方法	中建八局第一建设有限公司	王业群、刘彬、王亚坤、程超、徐涛、王杰、方锐、邱浩权、孟庆峰、张喜红、汪叶苗
ZL202210631135.2	一种现浇箱梁顶板振捣整平一体化装置及其施工方法	中交第二航务工程局有限公司；中交公路长大桥建设国家工程研究中心有限公司	陈鸣、郑和晖、王敏、钟永新、沈惠军、李拔周、朱斌典、叶涛、刘修成、李刚、李阳、范晨阳、田飞、肖林、代浩、易辉、袁超、曹利景、张峰、马弟

续表

专利号	专利名称	专利权人	主要发明人
ZL202211087213.3	一种建筑机器人底盘	中交一公局集团有限公司	吉庆、穆旭东、刘涛、王鹏飞、贺隆
ZL201710395926.9	抹灰厚度测量装置	北京城建六建设集团有限公司	严德龙、陈绍帅、高文光、张旭
ZL202111015298.X	基于BIM-FEM的桥梁结构数字孪生体及方法	华南理工大学	周建春、李卫民、梁耀聪、周洋、李潇聪、蒋军来、黄浩志、黄航、左仝
ZL202310500378.7	一种基于无人机的智能建筑建造系统及其使用方法	西安玖安科技有限公司；南京新伯科技有限公司	吴振海、石媛媛、刘忠兴、张玉龙、胡丽欣、崔卿、封丽巍、陈兴、韩丽粉、仝淑红、刘旭、邓玉顺
ZL202110582158.4	一种装配式墙体构件浆料快速回收装置及方法	中国一冶集团有限公司	李锐、韩琪、尹传斌、郑吉、熊亮、曾一
ZL202210632581.5	一种用于大直径灌注桩提升的装配式装置及绿色施工方法	中铁第六勘察设计院集团有限公司；南宁轨道交通建设有限公司	李海洋、周洋、刘讴、张美琴、杨磊、唐志辉、王中华、黎高辉、张振东、蒋礼平、王东存、李晓锋、张金伟、宋鹏飞、晋云雷
ZL202210677926.9	一种多功能可调控防护罩及其使用方法	兰州理工大学；甘肃省交通工程建设监理有限公司	王永胜、王彦兵、郭文祥、张晓研、吕宝宏、张世径
ZL202210904175.X	基于轻量级低频无线专网的智慧工地移动巡检方法及装置	上海圆大鱼科技有限公司	李恩泽、夏骥、岑昊、赵智盈
ZL202211514944.1	一种面向智慧工地的交通组织与运输调度综合评价方法	中国建筑国际集团有限公司；中国建筑土木工程有限公司；中建海龙科技有限公司；中海建筑有限公司；东南大学	张海鹏、张明、张宗军、林谦、关军、邵鹏刚、余希希、王昊、董长印、张国强、李思宇
ZL202210741681.1	基于物联网与微服务的智慧工地组态管控方法及系统	山东建筑大学；中建八局第二建设有限公司；山东大学	田晨璐、金东毅、李成栋、侯和涛、殷利建、邓晓平、刘洪彬
ZL202210694487.2	基于数据融合算法的GIS防尘棚环境智能监控系统	国网福建省电力有限公司；国网福建省电力有限公司建设分公司；福建省送变电工程有限公司	罗克伟、郭洪英、张伍康、李炜元、李连茂、唐斌、李敏、杨海、林思源、黄文超
ZL202110597025.4	一种智慧工地施工方法、装置及电子设备	武汉衡云科技有限公司	张瑞坤、王振、杨茹、毛旺安、张赢、代顺
ZL202211074525.0	一种可整体提升的高层建筑剪力墙结构模板	锦汇建设集团有限公司	杨岳雷、还启国、戴卫阳、陶元开、吴祝良
ZL202211255131.5	一种基于物联网的智慧工地安全预警装置	国家管网集团北方管道有限责任公司	王宁、张世斌、贾立东、史威、夏秀占、王春明、李博、聂子豪、高晞光、王文
ZL202310706638.6	一种基于人工智能的智能建造一体化协同平台及方法	河北建工集团有限责任公司	线登洲、张天平、贾立勇、陈辉、刘占省、张嘉熙、白海龙、袁浩云、赵丽娅、杜磊、赵萌

续表

专利号	专利名称	专利权人	主要发明人
ZL202310656598.9	一种建筑施工现场综合智能化管理方法、系统及存储介质	厦门久本科技有限公司	黄德志、李秀刚
ZL202111066067.1	智慧工地安全监控人机交互反馈系统	山东交通学院	李莹
ZL202310707622.7	一种绿色施工用墙体施工装置	中国建筑第五工程局有限公司	欧阳君、王俊维、周伟、曾甘霖、周望、肖英鹏
ZL202211400360.1	基于数字孪生的钻孔灌注桩施工监控方法及计算机设备	中建三局第一建设工程有限责任公司	周炜、文江涛、王亮、李磊、张江雄、尤伟军、徐凯、陈嘉锡、牛寅龙
ZL202210817975.8	一种GRG仿古青砖饰面墙悬挂安装机构	中建八局第二建设有限公司	王纪原、刘培建、张振恒、丁玉涛
ZL202010492997.2	一种智能建造全寿期数据处理分析管控系统	南京维斯德软件有限公司	万军、何建
ZL202310106723.9	一种扩展式多功能集成施工空中造楼平台及其施工方法	武汉建工集团股份有限公司	王帅、李文祥、王爱勋、王明昭、陆通、游明、王林、刘盈、王理、吴克洋、王波、武建辉、奚邦凤、赵雷、范新、王聪、熊文辉、杜振东、杨毅鸥、钱晨、杨威、刘晨
ZL202310691595.9	一种基于智能建造的施工现场安全管控系统	中天建设集团有限公司	杜海洋、刘玉涛、尤克泉、石绍诚、樊令波、焦孟友
ZL202310751726.8	一种钢－混凝土组合结构剪力墙、连接方法	中冶建筑研究总院有限公司	曾立静、郑明召、刘洁、张泽宇、王月栋
ZL202310674587.3	一种装配式弃壳解体盾构机主机盾体及其安拆方法	中建交通建设集团有限公司	尹清锋、陈星欣、杨智麟、刘传江、王春河、程跃胜
ZL202310878350.7	一种智慧工地施工车辆调度控制方法、系统及应用	中国公路工程咨询集团有限公司;中咨数据有限公司;中国公路咨询(新加坡)私人有限公司	赵晓峰、侯芸、胡林、谢菁、董元帅、张蕴灵、崔丽、宋张亮、李旺
ZL202310957498.X	一种基于3DE平台的隧道智能设计系统及方法	中国电建集团贵阳勘测设计研究院有限公司	张波、褚豪、谭渊文、张天、王正清
ZL202211408127.8	一种基于装修机器人多机协同的智慧装修方法及装置	广东博嘉拓建筑科技有限公司	段瀚、张峰、王克成、许安鹏、罗庆泉、赵斌、陈琳欣
ZL202310935833.6	基于块间对比注意力机制的智慧工地图像分割方法及系统	山东建筑大学	聂秀山、方静远、宁阳、袭肖明、郭杰
ZL202310231724.6	一种天空地一体化公路边坡安全防控方法	浙江省交通运输科学研究院	詹伟、肖旦强、严鑫、胡智、余以强
ZL201810063504.6	一种预制墩、板筒形剪力撑连接结构	安徽省交通控股集团有限公司	胡可、郑建中、曹光伦、王凯、于春江、吴建民、吴平平、杨大海、魏民、朱军

续表

专利号	专利名称	专利权人	主要发明人
ZL202210414295.1	一种电力工程管道连接绿色施工方法	北京国电天昱建设工程有限公司	王秀娟、刘建国、刘润利、滕文辉、于浩、郭闯、甄伟
ZL202310810267.6	一种基坑施工用卸料装置	福建新禹丰建设工程有限公司；福建农林大学	陈露、胡喜生、王占永、刘冬英、钟露霞
ZL202310968657.6	基于蚁群-神经网络算法的公路工程污水水质预测方法	太行城乡建设集团有限公司	王志斌、李彦伟、冯雷、张新永、杜群乐、王兴举、何培楷、霍东辉、李瑞欣、彭斯、张志强、张少波、黄威翰、张浩铭、郑琪
ZL201810053766.4	一种抽屉式行走施工棚及其施工方法	上海建工四建集团有限公司	谢燕青、张铭、孔德志、黄轶、徐亭、曹喜华、褚伟青
ZL202210821711.X	一种适用于智能建造的预制梁腹板构造及其建造方法	中国电建集团贵阳勘测设计研究院有限公司	张昱、胡文喜、王习进、张丙文
ZL202211046807.X	基于BIM设计扬尘检测与喷淋降尘的智能化控制系统	中国建筑第二工程局有限公司	徐旭、武杰、强世伟、朱子卿、储玉龙、王忠信、王蓉、赵静、张高峰、王健伟、杨煦
ZL201910356762.8	全复合装配式地铁车站预制构件机械化运输系统及方法	中铁第四勘察设计院集团有限公司	欧阳冬、朱丹、张建明、周兵、熊朝辉、蒋晔、向贤华、董俊、王鹏、罗会平、徐军林、刘国宝、张波、陈辉、毛良根、余行
ZL202311176189.5	一种面向电力智慧工地的自动搬运机器人	广东电网有限责任公司广州供电局	胡燃、卢海、单鲁平、陈加宝、徐妍、梁孟孟、刘云勋、孟秋实、刘飞、许丹盈
ZL202110989392.9	既有多层建筑整体装配式加装电梯的成品井道及施工方法	上海市房屋建筑设计院有限公司；万向阳	万向阳、吴中辉
ZL202310948043.1	一种基于3DE平台的桥梁智能设计系统及方法	中国电建集团贵阳勘测设计研究院有限公司	张波、褚豪、谭渊文、张天、王正清
ZL202210692938.9	基坑内的减压井结构及其施工方法	中国建筑第八工程局有限公司	张元会、王津、赵永宽、李元、张野林、王聪
ZL202310647360.X	一种建筑砌体绿色施工装置	江阴城建集团有限公司	徐周春、刘霞、任凯
ZL202311098960.1	一种基于GPS的智能建造监控系统及方法	武昌理工学院	吴博、王雷、苏瑞雪、雷小伟
ZL202211550528.7	面向智慧工地的安全监测云平台	湖北博江建筑工程管理有限公司	周晋军
ZL202211021866.1	一种数字建造一体化平台	中建安装集团有限公司	刘福建、王少华、何嘉、朱家栋、冯满、左震、王红斌、王亮、汪黄东、卓旬、杨军、李伟、汤牧天、马振操、苏少晗、李鸿博、张丽军、刘彬、陈建定、陈樊、王文丽、严俊、邹阳、谢源丰、贺启明、王高照

续表

专利号	专利名称	专利权人	主要发明人
ZL202311075802.4	一种智慧工地塔机的运行隐患监控方法及设备	济南瑞源智能城市开发有限公司	孙志刚、滕秀琴、张盛梅、黄进军、刘锐
ZL202211524440.8	一种基于绿色施工的基坑降水沉淀收集装置及方法	嘉业卓众建设有限公司	褚恩阳、俞啸飞、胡岳青、朱建良、孙辰超、马泽宇、虞佳超
ZL202210356195.8	一种建筑模板的支撑装置	青岛诚通建筑工程有限公司	陈泳磊、孙加光、李玉贵
ZL202311092118.7	一种基于EMPC模式的智能建造工程管理平台	中亿丰数字科技集团有限公司；苏州城投项目投资管理有限公司	叶磊、汪丛军、邹胜、叶娟娟、郑剑辉
ZL201811442186.0	装配式预应力大跨度梁结构	中冶京诚工程技术有限公司	封晓龙、刘智、肖林、王华山、王犇、宋新生、段文玉、刘妍
ZL202311166744.6	一种基于物联网的智慧工地工程质量管理系统	北京路畅均安科技有限公司	邵立志
ZL202310161695.0	高效准确的智慧工地危险事件快速响应预警管控系统	江门市交通建设投资集团有限公司	李博
ZL202310818588.0	一种用于智慧工地系统的建筑施工空气监测装置	江苏中江数字建设技术有限公司	屠亚星、王志海、张远举
ZL202110271436.4	基于BIM技术的装配式建筑进度计划综合资源管控方法	北京六建集团有限责任公司；北京建工集团有限责任公司	杨震卿、宋萍萍、张强、王仑、王波
ZL202311254511.1	一种基于物联网的智慧工地安全管理方法及系统	深圳市爱为物联科技有限公司	汪艳
ZL202310551484.8	基于AI的智慧工地的危险违规动作识别方法及系统	青岛润邦泽业信息技术有限公司	汤云祥、朱广、李宝金、徐晋超

4.2 中国土木工程詹天佑奖获奖项目

为推动我国土木工程科学技术的繁荣发展，积极倡导土木工程领域科技应用和科技创新的意识，中国土木工程学会与北京詹天佑土木工程科学技术发展基金会专门设立了"中国土木工程詹天佑奖"，以奖励和表彰在科技创新特别是自主创新方面成绩卓著的优秀项目，树立科技领先的样板工程，并力图达到以点带面的目的。中国土木工程詹天佑奖评选始终坚持"公开、公平、公正"的设奖原则，已经成为我国土木工程建设领域科技创新的最高奖项，对弘扬科技创新精神，激励科技人员的创新创造热情，促进我国土木工程科技水平的提高发挥了积极作用。

4.2.1 获奖项目清单

第二十届第二批中国土木工程詹天佑奖经过遴选推荐、形式审查、专业组初评、终审会议评审、詹天佑大奖指导委员会审核、公示等评选程序，共有45项各领域的标志性工程入选。其中，建筑工程10项，住宅小区工程4项，桥梁工程5项，铁道工程4项，公路工程、水利水电工程各3项，隧道工程、电力工程、水运工程、公交工程各1项，轨道交通工程5项，市政工程、水工业工程各3项，国防工程1项。45个入选工程在规划、勘察、设计、施工、科研、管理等技术方面具有突出的创新性和较高的科技含量，积极贯彻执行"创新、协调、绿色、开放、共享"的新发展理念，在同类工程建设中具有领先水平，经济和社会效益显著。第二十届第二批中国土木工程詹天佑奖入选工程及参建单位清单见表4-12。

第二十届第二批中国土木工程詹天佑奖入选项目清单　　　　表4-12

序号	工程名称	主要参建单位
1	成都天府国际机场（航站楼及配套工程）	中国建筑第八工程局有限公司、中国建筑西南设计研究院有限公司、北京城建集团有限责任公司、中国华西企业股份有限公司、上海建工一建集团有限公司、中国五冶集团有限公司、中铁二局集团有限公司、江苏沪宁钢机股份有限公司、中铁十四局集团有限公司、山西运城建工集团有限公司
2	北京环球影城主题公园（一期）项目	中国建筑第二工程局有限公司、北京国际度假区有限公司、中铁建设集团有限公司、中建一局集团建设发展有限公司、上海宝冶集团有限公司、中国京冶工程技术有限公司、北京城建集团有限责任公司、中建二局第三建筑工程有限公司、北京市建筑设计研究院有限公司、北京国际建设集团有限公司
3	济宁市文化中心	中建三局集团有限公司、济宁城投控股集团有限公司、山东省建筑科学研究院有限公司、天津市城市规划设计研究总院有限公司、中国建筑科学研究院有限公司、华南理工大学建筑设计研究院有限公司、华东建筑设计研究院有限公司
4	江苏省第十一届园艺博览会工程	中国建筑第八工程局有限公司、东南大学建筑设计研究院有限公司、中建八局文旅博览投资发展有限公司、浙江中亚园林集团有限公司、苏州鑫祥古建园林工程有限公司、中建八局总承包建设有限公司、上海通正铝结构建设科技有限公司、浙江省东阳木雕古建园林工程有限公司、上海园林（集团）有限公司、中建八局装饰工程有限公司
5	嘉兴市文化艺术中心	中建一局集团建设发展有限公司、同济大学建筑设计研究院（集团）有限公司、嘉兴市秀湖实业投资有限公司、苏州科技大学、浙江经建工程管理有限公司
6	西安奥体中心	华润置地控股有限公司、中国建筑第八工程局有限公司、陕西建工集团股份有限公司、中建三局集团有限公司、中建八局西北建设有限公司、中建八局装饰工程有限公司、陕西建工第一建设集团有限公司、悉地国际设计顾问（深圳）有限公司、中信建筑设计研究总院有限公司、中国建筑东北设计研究院有限公司

续表

序号	工程名称	主要参建单位
7	苏州中心项目	中亿丰建设集团股份有限公司、中建三局集团有限公司、中衡设计集团股份有限公司、苏州恒泰商用置业有限公司、江苏沪宁钢机股份有限公司、启迪设计集团股份有限公司、上海市政工程设计研究总院（集团）有限公司、中船第九设计研究院工程有限公司、上海隧道工程有限公司、杭州萧宏建设环境集团有限公司
8	华南理工大学广州国际校区一期工程	广州建筑股份有限公司、中国建筑第四工程局有限公司、华南理工大学建筑设计研究院有限公司、广州市重点公共建设项目管理中心、广州市市政集团有限公司、广州机施建设集团有限公司、中建四局第一建设有限公司、广州市第一市政工程有限公司、广州市市政工程机械施工有限公司、广州市第二建筑工程有限公司
9	天津茱莉亚学院	中冶天工集团有限公司、华东建筑设计研究院有限公司、天津大学建筑工程学院、北京远达国际工程管理咨询有限公司、中冶天工集团天津有限公司
10	武汉高世代薄膜晶体管液晶显示器件（TFT-LCD）生产线项目	中建三局集团有限公司、世源科技工程有限公司、中国电子系统工程第二建设有限公司、武汉京东方光电科技有限公司、柏诚系统科技股份有限公司、中建一局集团建设发展有限公司、合肥工大建设监理有限责任公司
11	北京永丰产业基地（新）C4、C5公租房项目	中国建筑标准设计研究院有限公司、中国建筑第七工程局有限公司、五感纳得（上海）建筑设计公司
12	深圳市长圳公共住房及其附属工程总承包（EPC）项目6~10栋	中建科技集团有限公司、深圳市住房保障署、中建科技集团华南有限公司、深圳市建筑设计研究总院有限公司、中建装配式建筑设计研究院有限公司、深圳深汕特别合作区中建科技有限公司、中社科（北京）城乡规划设计研究院
13	西安曲江玫瑰园	陕西建工第一建设集团有限公司、陕西万众控股集团有限公司、西安龙盛置业有限公司、陕西博睿实业发展有限公司
14	青岛被动房住宅推广示范小区	荣华建设集团有限公司、青岛宝利建设集团有限公司、青岛万顺城市建设有限公司、中建八局装饰工程有限公司、中德生态园被动房建筑科技有限公司
15	昌赣客专赣州赣江特大桥	中铁第四勘察设计院集团有限公司、中铁十六局集团有限公司、中铁二十一局集团有限公司、昌九城际铁路股份有限公司、中南大学
16	海南铺前大桥（海文大桥）	中国公路工程咨询集团有限公司、中交第二航务工程局有限公司、同济大学、中交第二公路勘察设计研究院有限公司、中咨数据有限公司、中国地震局地球物理研究所、海南中交高速公路投资建设有限公司
17	新建福州至平潭铁路平潭海峡公铁大桥	中铁大桥局集团有限公司、中国铁建大桥工程局集团有限公司、中铁大桥勘测设计院集团有限公司、中铁第四勘察设计院集团有限公司、京台高速（平潭）跨海大桥有限公司、中铁科研院技术有限公司、中铁上海设计院集团有限公司、西安铁一院工程咨询管理有限公司、中铁山桥集团有限公司、中国铁道科学研究院集团有限公司
18	宁波梅山春晓大桥（梅山红桥）工程	上海市政工程设计研究总院(集团)有限公司、宁波梅山岛开发投资有限公司、四川公路桥梁建设集团有限公司、中铁山桥集团有限公司、同济大学
19	长安街西延（古城大街－三石路）道路工程新首钢大桥	北京城建集团有限责任公司、北京市市政工程设计研究总院有限公司、北京市公联公路联络线有限责任公司、北京市城建道桥建设集团有限公司、铁科检测有限公司
20	拉萨至林芝铁路	中铁二院工程集团有限责任公司、西藏铁路建设有限公司、中铁十二局集团有限公司、中铁一局集团有限公司、中铁九局集团有限公司、中铁电气化局集团有限公司、中铁十一局集团有限公司、中铁五局集团有限公司、中铁二局集团有限公司、中铁广州工程集团有限公司

续表

序号	工程名称	主要参建单位
21	新建北京至雄安新区城际铁路	中铁十二局集团有限公司、中国铁建电气化局集团有限公司、中铁北京工程局有限公司、雄安高速铁路有限公司、中国铁路北京局集团有限公司、中铁建工集团有限公司、中国铁路设计集团有限公司、中铁上海工程局集团有限公司、中铁十九局集团有限公司、中交第二航务工程局有限公司
22	新建商丘至合肥至杭州铁路	中铁第四勘察设计院集团有限公司、皖赣铁路安徽有限责任公司、中国铁路设计集团有限公司、中铁大桥局集团有限公司、中铁四局集团有限公司、中铁八局集团有限公司、中国铁建大桥工程局集团有限公司、中铁三局集团有限公司、中铁大桥勘测设计院集团有限公司、中国铁建电气化局集团有限公司
23	成都至贵阳高速铁路	中铁二院工程集团有限责任公司、成贵铁路有限责任公司、中铁大桥局集团有限公司、中铁上海工程局集团有限公司、中铁十八局集团有限公司、中铁五局集团有限公司、中铁十二局集团有限公司、中铁八局集团有限公司、中铁十一局集团有限公司、中铁四局集团有限公司
24	贵安新区腾讯七星数据中心项目（一期）	中铁隧道集团二处有限公司、贵州省交通规划勘察设计研究院股份有限公司、贵安新区产业发展控股集团有限公司、中铁隧道集团机电工程有限公司、贵州黔水工程监理有限责任公司
25	广东省潮州至惠州高速公路	广东潮惠高速公路有限公司、中交第一公路勘察设计研究院有限公司、中交公路规划设计院有限公司、广东省交通规划设计研究院集团股份有限公司、中铁十四局集团有限公司、保利长大工程有限公司、广东冠粤路桥有限公司、中铁十二局集团有限公司、中交第二公路工程局有限公司、中铁十局集团第三建设有限公司
26	港珠澳大桥主体工程岛隧工程	中国交通建设股份有限公司、港珠澳大桥管理局、中交公路规划设计院有限公司、中交第四航务工程勘察设计院有限公司、上海市隧道工程轨道交通设计研究院、中交第一航务工程局有限公司、中交第二航务工程局有限公司、中交第三航务工程局有限公司、中交第四航务工程局有限公司、中交广州航道局有限公司
27	一汽-大众汽车有限公司新建试验场项目及试验场扩建工程	中铁四局集团有限公司、中铁四局集团第一工程有限公司、一汽-大众汽车有限公司、上海市政工程设计研究总院（集团）有限公司、北京路桥通国际工程咨询有限公司
28	贵州乌江构皮滩水电站	贵州乌江水电开发有限责任公司、长江勘测规划设计研究有限责任公司、中国水利水电第八工程局有限公司、中国水利水电第九工程局有限公司、中国水利水电第十四工程局有限公司、中国水利水电第六工程局有限公司、中国水利水电第十六工程局有限公司、杭州国电机械设计研究院有限公司、四川二滩国际工程咨询有限责任公司、中国葛洲坝集团机电建设有限公司
29	江苏溧阳6×250MW抽水蓄能电站工程	中国水利水电第十二工程局有限公司、中国电建集团中南勘测设计研究院有限公司、中国水利水电第三工程局有限公司、中国水利水电第六工程局有限公司、江苏国信溧阳抽水蓄能发电有限公司、中国水利水电建设工程咨询西北有限公司
30	杭州市第二水源千岛湖配水工程	杭州市千岛湖原水股份有限公司、浙江省水利水电勘测设计院有限责任公司、中国电建集团华东勘测设计研究院有限公司、浙江省第一水电建设集团股份有限公司、中国葛洲坝集团第一工程有限公司、中国电建市政建设集团有限公司、浙江江南春建设集团有限公司、浙江金华市顺泰水电建设有限公司、浙江省水电建筑安装有限公司、浙江江能建设有限公司
31	苏通GIL综合管廊工程	国网江苏省电力工程咨询有限公司、中铁十四局集团有限公司、江苏省送变电有限公司、中铁第四勘察设计院集团有限公司、国网江苏省电力有限公司电力科学研究院

续表

序号	工程名称	主要参建单位
32	海南省洋浦港油品码头及配套储运设施工程	中交水运规划设计院有限公司、中交第四航务工程局有限公司、国投（洋浦）油气储运有限公司、赛鼎工程有限公司
33	无锡地铁3号线一期工程	无锡地铁集团有限公司、中铁十七局集团有限公司、北京城建设计发展集团股份有限公司、广州地铁设计研究院股份有限公司、中铁十一局集团有限公司、中铁十四局集团有限公司、中铁十九局集团有限公司、中铁四局集团有限公司、上海隧道工程有限公司、江苏航天大为科技股份有限公司
34	北京大兴机场线工程	北京市轨道交通建设管理有限公司、北京城建设计发展集团股份有限公司、北京城建轨道交通建设工程有限公司、北京城建集团有限责任公司、北京市政路桥股份有限公司、中铁十二局集团有限公司、中铁二十三局集团有限公司、北京市政建设集团有限责任公司、中铁十四局集团有限公司、北京市轨道交通设计研究院有限公司
35	广州市轨道交通九号线工程	广州地铁集团有限公司、中铁三局集团有限公司、广州地铁设计研究院股份有限公司、广东华隧建设集团股份有限公司、中铁二局集团有限公司、广东省基础工程集团有限公司、中铁一局集团有限公司、中铁十六局集团有限公司、广东水电二局股份有限公司、广州市城市建设工程监理有限公司
36	重庆市轨道交通环线工程	中国铁建投资集团有限公司、重庆市轨道交通（集团）有限公司、上海市隧道工程轨道交通设计研究院、上海市政工程设计研究总院（集团）有限公司、林同国际工程咨询（中国）有限公司、中国铁建大桥工程局集团有限公司、中铁十五局集团有限公司、中国铁建电气化集团有限公司、中铁二十四局集团有限公司、中铁二十三局集团有限公司
37	深圳市城市轨道交通6号线工程	深圳市地铁集团有限公司、中铁二院工程集团有限责任公司、中国中铁股份有限公司、中国建筑股份有限公司、中国铁建股份有限公司、中铁南方投资集团有限公司、深圳大学、中国建设基础设施有限公司、中铁建南方建设投资有限公司、中建南方投资有限公司
38	厦门海沧新城综合交通枢纽工程	厦门公交集团有限公司、中铁十七局集团有限公司、北京中外建建筑设计有限公司、厦门公共交通场站有限公司、厦门公交集团掌上行科技有限公司
39	武汉三阳路越江通道工程	中铁第四勘察设计院集团有限公司、武汉地铁集团有限公司、上海隧道工程有限公司、中铁十八局集团有限公司、中铁二局集团有限公司、中铁十一局集团有限公司、武汉市汉阳市政建设集团有限公司、中铁四局集团有限公司、武汉市市政建设集团有限公司、中铁五局集团有限公司
40	汾江路南延线沉管隧道工程	广州打捞局、中铁第六勘察设计院集团有限公司、佛山市新城开发建设有限公司、上海海科工程咨询有限公司、中交第四航务工程局有限公司
41	世界大运会东安湖体育公园项目	中国五冶集团有限公司、成都市公园城市建设发展研究院、四川大学、杭州园林设计院股份有限公司、上海太和水科技发展股份有限公司、深圳市凯铭智慧建设科技有限公司、中冶成都勘察研究总院有限公司、五冶集团装饰工程有限公司、中国建筑第八工程局有限公司、中冶西部钢构有限公司
42	高安屯污泥处理中心及再生水厂工程	北京城市排水集团有限责任公司、北京市市政工程设计研究总院有限公司、北京北排建设有限公司、北京建工集团有限责任公司、北京建工土木工程有限公司
43	广州市中心城区生态型市政污水厂工程	广州市市政工程设计研究总院有限公司、中铁上海工程局集团有限公司、广州市净水有限公司、中铁四局集团有限公司、中铁一局集团市政环保工程有限公司、西安建筑科技大学、广州市自来水工程有限公司、广州市市政集团有限公司、荣鸿建工集团有限公司、广东精艺建设集团有限公司

续表

序号	工程名称	主要参建单位
44	津沽污水、再生水、污泥循环经济示范项目	中国市政工程华北设计研究总院有限公司、天津创业环保集团股份有限公司、天津城市基础设施建设投资集团有限公司、天津中水有限公司、中铁四局集团有限公司、天津第二市政公路工程有限公司、天津华北工程管理有限公司
45	大型低速风洞建筑工程	略

4.2.2 获奖项目科技创新特色

本报告对第二十届第二批中国土木工程詹天佑奖入选项目的工程概况和项目科技创新特色作简要介绍。

4.2.2.1 建筑工程获奖项目

（1）成都天府国际机场（航站楼及配套工程）

成都天府国际机场位于简阳市芦葭镇，距离成都市中心天府广场51.5km，总用地面积52km^2，工程总投资776.99亿元，是国家"十三五"期间规划建设的最大民用运输枢纽机场项目，是国家推进"一带一路"和长江经济带战略、全面融入全球经济的重大战略布局。规划到2025年，建设约70万m^{2}单元式航站楼、"两纵一横"3条跑道，满足旅客吞吐量4000万人次，货邮吞吐量70万t，飞机起降量35万架次。成都天府国际机场总建筑面积110.86万m^2，由T1航站楼、T2航站楼、GTC综合换乘中心及旅客过夜酒店组成，其中T1航站楼38.74万m^2，T2航站楼31.85万m^2，GTC综合换乘中心27.27万m^2，旅客过夜酒店13万m^2。工程于2017年11月14日开工建设，2021年5月19日竣工，工程总投资776.99亿元。参见图4-1。

工程首次采用"中国唯一一个手拉手"的单元式航站楼设计构型，形成空陆侧高效平衡的中国西南首座立体交通枢纽；提出了基于多体耦合的抗震恢复力模型及算法。解决了多体耦合分析模型抗震设计与计算中的建模复杂、计算繁琐等问题；突破了现有大跨结构多维减隔振设计方法。发明了集隔振与防倾覆一体的新型隔振系统，解决了传统隔振器因过载破坏而造成建筑物倾覆的业界难题；攻克了全国首例350km/h高铁不减速下穿航站楼时高频振动影响的难题；研发了渐变双弧形顶板支模技术，通过有限元模拟分析，设计可拼接拱形桁架体系，解决

图 4-1 成都天府国际机场（航站楼及配套工程）

全球唯一的 3m 厚双曲弧形顶板弧度成型难度大、立杆倾斜带来的架体失稳难题；研发弧形模板高精度激光测拱技术，解决了弧形顶板支模起拱测量精度低的难题；攻克了复杂隔振结构精准快速建造难题。创新采用弹簧隔振器可预紧措施，使航站楼建设期内弹簧隔振器转换为刚性支承，同时利用调平钢板补偿沉降变形，提高了隔振支座竖向安装精度；首创地上超长薄板结构无缝施工技术。提出了多指标超长结构混凝土配合比优化方法，解决了由于取消后浇带而造成的质量难以保证的难题；攻克了千米级超长曲面网架高效高精度安装难题。建立了千米级钢结构施工动态优化分析技术，实现了变形和应力优化，极大地降低了安装残余应力；实现了基于 BIM 模型的多专业协同建造。研发了基于 BIM 模型对自然通风等分析系统，研发了智能化信息管理系统，实现了数字化信息化深度融合应用。

（2）北京环球影城主题公园（一期）项目

北京环球影城主题公园（一期）项目位于北京城市副中心通州文化旅游度假区内，是经国务院同意、国家发展改革委立项核准的重大文化旅游产业项目，是我国第一座、全球面积最大的环球影城，填补了我国北方地区缺少世界级主题公园的空白，提升了北方文旅经济格局。该项目作为我国单体投资额最大的文旅项目，由 7 大特色主题区域、6 个配套工程组成。项目占地面积 159.57 公顷，总建筑面积 66 万 m^2。工程于 2018 年 10 月开工建设，2021 年 1 月竣工，总投资 460 亿元。参见图 4-2。

工程以"一轴两区依水，七景核心环湖"为设计理念，建成全球首个包含中华元素的国际电影主题园区；自主研发 BIM Coact 设计协作平台，实现多专业协同正向设计；研发异形构（建）筑物数字化深化设计方法及多专业综合优化设

图 4-2 北京环球影城主题公园（一期）项目

计技术，解决倾斜、扭曲等异形建筑形态设计难题；创新钢材受限条件下穹顶结构设计，实现全国首个 FRP 混凝土装配式组合结构的工程应用；设计中国首个室内燃气火焰特效观演建筑，填补国内特殊消防设计空白；首创大型山体钢结构模块化及山景覆面数字化建造技术，实现超大体量假山的工业化建造；开发形成主题装饰施工成套技术，自主研发结构砂浆精益喷涂及黏结工艺，减少裂缝超过 90%；创新无尘控制与喷涂色差控制技术，实现 GFRC 板表面高光泽度金属汽车漆质感；创新室内现浇清水混凝土自防水异形水道施工技术，实现 450m 弧形复杂截面闭合循环水道无伸缩缝精准施工；发明基于 3D 扫描和 BIM 的结构板下暗埋管线高精度施工技术，实现 127 万 m 立体密集交叉管线群、超 2.5 万个末端高效施工；全球首个通过 LEED 金级认证的主题公园；自主研发国内第一套建筑垃圾土壤原位处理生产线，填补国内建筑垃圾资源化处置关键设备的空白；创新整合超融合云架构、新一代 SDN（软件定义网络）、能源管理平台，实现园区数字化智慧管理。

（3）济宁市文化中心

工程位于孔孟之乡、运河之都的山东济宁，总建筑面积约 49 万 m^2，由群艺馆、图书馆、博物馆、美术馆及配套商业组成，是集"展陈、演艺、研修、培训、创作娱乐、购物"等功能于一体的山东省重点惠民工程。工程依托济宁深厚的文化资源、太白湖丰富的自然资源，融合传统文化元素与现代科技，整体建筑风格端庄大方，建筑与景观相互映衬，强调文化建筑之间的功能互补，充分体现了"文化、和谐、绿韵、多样"的特点。工程于 2016 年 3 月 1 日开工建设，2021 年 5 月 10 日竣工，总投资 39.39 亿元。参见图 4-3。

图 4-3 济宁市文化中心

　　工程完美呈现济宁文明史，为儒家文脉的集中传承和创新典范，创造两项"中国幕墙之最"，获评"全球最受瞩目博物馆建筑"；创新文商融合模式，规划设计整体立意于齐鲁、孔孟传统文脉，创新融入"山水"文化等文化元素，创新打造城市"山水"会客厅，充分展现了深厚的历史文化底蕴与时代气息；首创孔孟"游于艺"文化建筑，研究"活力环"建筑理念，提出"泛活动空间"概念，发明三种"鲁锦式"石材格栅"编织"形式及石材挂件系统，营造步移景异、虚实变幻的群艺空间；创新打造"学宫·辟雍"文化杏坛，建造超长悬挑"爵弁冠"造型屋盖，创新融入"汉碑、竹简"文化元素，研发"竹简式"陶棍遮阳格栅幕墙体系，提升建筑文化可读性，实现传统文化现代转译；创新预拼装精准模拟、复杂空间曲面放样等技术，实现 686m 大曲率螺旋坡道高精度制作安装；创新采用遗传算法拟合技术优化曲面屋盖，发明铰接纤细摇摆柱、适应型钢框架节点、超高仿古青砖墙挂砌构造，实现消隐式荷叶形美术馆与环境、人文和谐共生；创新研究海绵城市与高地公园建筑相结合及大型地源热泵系统，将综合管廊理念应用于房建工程。

（4）江苏省第十一届园艺博览会工程

　　工程位于南京市，是国内规模最大的废弃工业遗址山地园博园工程，集中国传统文化展示、经典园林园艺传承、休闲度假体验和会议会展交流等功能于一体。工程总占地面积 345 万 m^2，总建筑面积 32 万 m^2，园林绿化面积 254 万 m^2，分为崖畔花谷、时光艺谷、苏韵慧谷和云池梦谷四大主题，包括江苏 13 个城市经典展园、6 处废弃工业遗迹展馆、5 大精品园林建筑、1 座水下植物花园及配套设施。工程于 2019 年 4 月 20 日开工建设，2021 年 4 月 16 日竣工，总投资 158 亿元。参见图 4-4。

图 4-4 江苏省第十一届园艺博览会工程

工程首次揭示了城市工矿区多要素耦合的空间重塑建构性机理,建立了城市工矿区多因子包容性感知及影响因素的理论模型,创建了城市微空间包容性设计理论,填补了国内该领域空白;首创城市废矿区多尺度"新旧共生"设计方法体系;提出矿坑修复与"重生活化",精品园林"文化转译"、工业遗产"轻重映衬"改造等策略与设计方法,解决了城市废矿区功能再生设计难题;首次建立了城市废矿区工业遗存再利用目标下的从设计深化、评估鉴定、加固修复到景观营造的成套技术体系,解决了工业遗迹群艺术价值重生难题;首创 350m 超长有机玻璃与镜面不锈钢伞状结构一体化技术体系,研发 21m 大直径组装式温控棚及有机玻璃本体恒温聚合技术,实现矿坑植物花园"天水一色"自然和谐效果,填补国内空白;首次创建了中国经典园林意境创作与精品历史名园片段复原技术体系,研发出仿古阁楼钢木组合结构、30m 大高差仿古城墙构造、精品园艺景观成套施工技术等,实现了多元经典园林园艺的文化传承与现代工艺创新;创建了城市矿区建造超大型园博园 EPC 总承包管理技术体系,研发了计划管控模块化管理、5G+AI 园博智慧平台、全过程数字孪生园博建设等技术,实现了项目高效管理和施工。

(5)嘉兴市文化艺术中心

工程位于浙江省嘉兴市,占地面积 5 万 m^2,建筑面积 11 万 m^2,坐落在秀湖畔,坐拥秀湖水光和秀洲生态公园风光,生态环境优越。作为建党百年献礼工程,工程是首个集中华传统历史文化与中国红色革命精神的大型文化综合体。工程于 2019 年 8 月 21 日开工建设,2021 年 6 月 10 日竣工,总投资 11 亿元。参见图 4-5。

图 4-5　嘉兴市文化艺术中心

工程首创融合红船精神的文化建筑设计理念，以红船造型创新建筑立面，平面以三片花瓣为意向进行三塔联建，"六馆一厅"分层合建、叠合式布局，双环交通顺畅连接外扩型三塔，高效释放了建筑的使用空间；创新性提出三塔连体结构连廊环箍技术。在5层通过桁架将三塔连为一体，协调塔楼间变形、增加结构整体抗侧刚度，最大程度发挥连廊环箍效应；国际首次采用水平长悬臂开启方式，研发了折线异形悬挑轨道桁架、全隐藏收纳装置、开合双模式防水排水、5G智能控制与预警等特有技术，成功解决了21m长悬臂三翼式开合屋盖的建造难题；研发了多塔异形钢结构快速建造技术，通过三维高精度控制测量、逆序高效穿插、63°倾斜钢结构支撑安装等新型技术，5个月完成钢结构安装；完善七大文化空间装饰标准，通过复杂多曲率幕墙体系标准化分格、多幕墙系统适应性安装等精细化方法，研发异形空间墙顶一体化数字深化设计及工厂化安装技术，实现了工程文化传播的全面表达；创新研发三塔式建筑绿色低碳技术，通过调整开合屋盖的"启、闭"和庭院空间组织关系，强化了整个建筑空间的通风、保温效果，优化建筑环境性能的同时实现节能减碳。

（6）西安奥体中心

工程位于西安市国际港务区，东望骊山、西临灞河，呈依山傍水之势，总建筑面积52万 m^2，由60033个座位的主体育场、1.8万个座位的体育馆和4046个座位的游泳跳水馆组成，是西北地区首个甲级特大型体育场馆群，也是我国中西部地区首次举办全运会的主场馆。项目借鉴中国传统轴线式建筑布局的美学价值，呈品字布局，中轴对称，通过室外道路与城市生态景观完美融合，以新发展理念打造了"双碳"标杆体育公园。工程于2017年10月开工建设，2020年6

图 4-6　西安奥体中心

月竣工，总投资 71 亿元。参见图 4-6。

工程创新体育场馆建设与城市发展规划融合设计技术，突破体育场馆单一边界，集赛事举办、全民健身、体育旅游、休闲商业等各类功能深度融合，践行"双碳"目标，打造符合新发展理念的生态体育公园；创新超大跨径复杂边界组合结构自平衡体系建造技术，通过研发连接节点形式，解决了主体育场 334m 跨度超长环向钢结构变形及应力释放难题；创新复杂空间双曲冷弯穿孔铝板幕墙建造技术，解决穿孔铝板幕墙衔接处视觉突变难题，实现了双曲幕墙曲面顺滑；创新异形清水混凝土结构建造技术，通过优化混凝土配合比，模板原位立体放样，解决了 21.6m 高 V 形外倾清水混凝土柱一次成型难题，开创了同类场馆超大型异形混凝土结构构件的设计施工先例；首创 5G 智慧场馆建造运维技术，构建集"赛事服务、数据赋能、云数联动"高度一体化的数字体育服务新平台，打造了全球首个 5G 网络全覆盖的"4.0 版"智慧体育场馆群，相关技术达到国际领先水平；创新应用了满天星式水循环系统 +7 大水处理系统技术，在绿色低碳方面引入创新算法，采用轻量化、装配化、智能化的全生命周期绿色低碳运营理念，打造了"双碳"标杆场馆。

（7）苏州中心项目

工程位于苏州工业园区湖西 CBD 区域，总建筑面积 113 万 m^2，其中地上 69 万 m^2，地下 44 万 m^2，塔楼最高 218.8m（56 层），地下最深 27m（-4 层），是江苏省重点民生工程。工程汇集了国际最前沿的开发理念，打造了兼具"包容性"和"生命力"的"城市共生体"。不同于传统的城市综合体形态，工程将建筑、市政、交通和城市景观融为一体，彰显出城市 CBD 多功能融合共生的有机属性。

图 4-7　苏州中心项目

工程于 2012 年 5 月开工建设，2017 年 11 月竣工，总投资 180 亿元。参见图 4-7。

工程将建筑、市政、交通、城市等地下空间，通过 TOD 设施一体化、地上地下交通组织立体化、市政设施集约化、设备绿色节能化、运维智慧数字化等全方位统筹，填补了超大型城市共生体建设空白；国内首次成功实践将城市地下快速道路与项目车库环路直接联系，实现了核心区综合交通高效接驳；研发了普通手机终端为基础的一体化定位导航系统。发明了一套复杂多点进出型地下道路车辆定位与导航技术设备，实现了低延时、高精度、高可靠性的复杂地下环境车行定位导航服务；创新了多要素耦合作用下基坑群主动土压力计算方法，提出了太湖冲积相软土地区紧邻深大基坑群交叉地铁隧道开挖变形响应及其相互作用机理理论，总体达到国际先进水平；形成了一套临轨超大异形地下空间建造创新技术（超大深基坑分坑平衡技术、管廊预制吊装快速堆载补偿技术、超深三轴水泥土搅拌桩一杆到底止水技术、基础变刚度整体协调技术、软弱土层微变形数字化监测控制技术），总体达到国际先进水平；研创了一套超长异形单层曲面网格结构的综合建造技术（形态优化设计技术、全方位数字化性能分析技术、全过程数字建造模拟技术），解决了世界上最大的整体式异形自由曲面钢网格玻璃穹顶的建造难题，达到国际领先水平；研发了以数字技术与楼宇经济深度融合的"心云"运管平台，促进运营管理全域感知、全程协同、全时联动和在线化、可视化、实时化、移动化，打造了数字楼宇经济示范标杆。

（8）华南理工大学广州国际校区一期工程

项目是由教育部、广东省、广州市与华南理工大学四方共建，是聚焦国家高质量发展的重大战略需求和军民融合战略，服务创新驱动发展，引领和支撑广东区域经济社会发展的重要举措。项目位于广州市番禺区南村镇，总规划用地面积

33.15万m^2，建筑面积499855.6m^2，其中地上建筑面积411738.5m^2，地下建筑面积约88117.1m^2，工程分为八个地块，主要包括学院、研究院、网络中心、报告厅、宿舍、食堂、市政配套设施以及道路广场、绿化、综合管廊、公用工程等配套设施。工程于2018年8月13日开工建设，2019年12月6日竣工，总投资59.029亿元。参见图4-8。

图4-8 华南理工大学广州国际校区一期工程

项目传承创新了何镜堂院士"两观三性"的建筑理论。首创"关联设计"岭南建筑设计思想和"街区式校园""校区即社区"的设计理念，依托"十三五"国家重点课题，创立了绿色公共建筑设计的气候适应机理和方法；国内首创再生混凝土装配式构件优化设计。首次将建筑废弃物应用于装配式预制墙板，发明了兼顾工作性能和耐久性的地聚物及纤维改性超早强再生骨料混凝土，实现了建筑废弃物的高附加值再生利用，达到国际先进水平；国内首次利用城市信息模型（CIM）平台关键技术，实现BIM正向设计、施工、智慧校园建设的全数字化管理协同；国内首次提出"智慧代建"概念，深度转化及践行智能建造技术，实现了数据与流程互联互通；国内首创工业化建筑信息化智能建造技术，深入研究并系统应用装配式建筑信息化、预制构件全过程精准控制、装配式建筑新构件新节点等创新技术；创新应用智慧校园运营管理系统，打造校区智能运营平台，建成智慧运维的现代高等学府；首创粤港澳大湾区全产业链的装配式建筑建造技术体系，实现校区建筑装配结构、装配幕墙、装配装修、装配机电等全要素、全过程数字建造。

（9）天津茱莉亚学院

项目位于天津滨海新区于家堡金融区，总建筑面积4.5万m^2，地下2层，地上6层，建筑高度38m。项目包括一个700座的音乐厅，一个300座的演奏厅及一个250座的黑盒剧场。学院的147个声学空间均为房中房、盒中盒体系，演艺厅降噪等级NC15达世界之最，被誉为"弹簧上的音乐厅"。项目是国内首个主体为全钢结构的音乐建筑，总用钢量1.3万t。单体最大悬挑30m，连廊最大跨度52.7m。工程于2017年2月28日开工建设，2020年7月30日竣工，总投资15.3亿元。参见图4-9。

图4-9 天津茱莉亚学院

项目为国内首次提出并运用透明开放且高标准隔声、自然交融又高度集中的声学建筑设计理念。采用五条悬浮连廊将四个异形单体组合为一体的建筑风格，达到建筑美学与声学的完美统一；创新了钢结构空间组合形式，单体与连廊间无缝连接，联合布设抗拔型隔振支座、屈曲约束支撑和调谐质量阻尼器，实现最大抗风与减隔振效果；研发了竖向组装加工工艺，实现多分支复杂钢节点精确加工；创新了组合支撑法安装技术，解决了"房中房"内外核密集钢构施工相互干扰的难题；针对高标准温湿度要求及声学指标，首次综合运用7种不同的空气调节方式。研发了工业级智能混水控制新技术，实现了中央空调能量梯级利用；国内首创在声学吊顶下悬置"冷梁+辐射板+独立新风"的空气调节体系，实现了热湿比持续变化工况下温湿度的独立适时精确控制；首次在国内音乐厅、演奏厅采用不对称座椅排布,设置多部位吸声幕帘,满足多场景使用功能且混响时间调幅达 1s;研发了基于整面墙板为开模单元的高精度控制技术,解决了不规则三角折板反声扩散墙面施工难题;基于 BIM 的智能建造管理协同平台,运用三维数字化手段,研究开发了"施工方案全过程模拟及自动化跟踪检测"软件,实现了工程现场多方协作及信息化管理。

(10)武汉高世代薄膜晶体管液晶显示器件(TFT-LCD)生产线项目

工程位于武汉市临空港经济技术开发区,项目包含厂区和综合配套区,用地面积 75.49 万 m², 总建筑面积约 142 万 m², 是湖北省单体投资规模最大的液晶显示项目,是全球技术最先进、规模最大、产能最高、尺寸最大的液晶显示器面板生产线。厂区工程占地面积 65.49 万 m², 包括 3 栋主厂房、1 栋综合动力站、1 栋废水处理站以及其他小栋号。综合配套区工程占地面积 10 万 m², 包括 9 栋倒班宿舍、活动中心、餐厅等建筑。建筑面积 10.74 万 m², 建筑密度 18.39%, 容积率 1.07。工程于 2018 年 5 月 8 日开工建设,2019 年 11 月 4 日竣工,总投资 460 亿元。参见图 4-10。

图 4-10 武汉高世代薄膜晶体管液晶显示器件(TFT-LCD)生产线项目

工程研发了高世代超大型电子工业厂房的智慧高效建造技术体系,打破了国外厂商垄断,是提高我国平板显示产业竞争力的重要战略举措;首创基于"原位测试+仿真分析+试验验证"的微振动控制设计方法,确定了 TFT-LCD 生产环境的微振动控制标准和防微振控制系统解决方案,满足了工艺层 VC-C 的微振要求。计算分析结果与实测差异小于 20%,实现厂房运行后的快速爬坡量产和高良品率；首创 FU+MAU+DCC 的新型空调系统，采用 StokerEFU 自回风方式，创新提出 FFU 布置率从 25% 减少为 16% 的设计方案，减少 FFU 数量 2534 台，降低千万元设备投资及安装费用，低成本、高标准保证了超大面积洁净区百级、局部十级的高洁净度要求；首创超高世代 TFT-LCD 工厂超纯水分质供水方案，在全球首创制订出适用第 10.5 代 TFT-LCD 的超纯水标准，提出第 10.5 代线超纯水制备梯级处理系统和 LOOP 三管同程式管网布置，超纯水回用率不低于 70%，达到国际领先水平；率先在国内超大尺寸气流复杂的洁净室实现 CFD 气流组织模拟及施工一体化联动，将设计、施工、检测有机结合；国内率先开展基于现场的钢筋工程工业化建造实践，自主开发钢筋 BIM 翻样辅助系统、钢筋 BIM 云管理系统等，实现了钢筋工程智能化翻样、集约化加工及信息化管控；研发了智能分段编码等系列技术，在 BIM 驱动下实现智能化深化设计、数字化预制加工、智慧化物资管控、模块化装配安装、场景化综合模拟全过程智能施工；自主研发绿色-智慧建造云平台，实现了施工现场信息实时采集、数据分析及应用。

4.2.2.2 住宅小区工程

（1）北京永丰产业基地（新）C4、C5 公租房项目

项目位于北京市海淀区北部高新核心区，是以国际宜居住区新标准为高科技企业建设的规模最大的民生保障工程，是北京市绿色低碳创新技术最为领先的住宅建设试点项目。项目用地面积为 11 公顷，总建筑面积约 32 万 m^2，其中地上建筑面积 22.16 万 m^2，地下建筑面积 10.38 万 m^2，建筑密度为 23.78%，容积率为 2.03，绿化率为 30.5%，建筑高度为 3~36m，机动车总停车位为 1196 个。工程于 2016 年 8 月开工建设，于 2019 年 2 月竣工，工程总投资约 12.84 亿元。参见图 4-11。

项目通过标准化设计全面实施了全周期适应可变性和功能精细化建筑创新设计，首次采用了公共租赁住房支撑体填充体建筑的新体系；项目研发了公共租赁住房主体装配、内装修装配与管线分离的 SI 建造关键技术，基于建筑全寿命期节能减排建设目标，从设计、生产、施工、维护等产业链环节的集成创新，对促进公租房建设转型意义重大；项目首次提出了公租房装配式部品体系，落地了部品集成技术、干作业系列工法和施工管理工序等关键技术。其整体卫浴、系统收纳和适老化部品集成技术，整体提高了工程质量和建造效率；项目绿色低碳技术和智慧社区集成技术应用创新成果广泛，系统采用了新型系统外窗、太阳能系统、

图 4-11 北京永丰产业基地（新）C4、C5 公租房项目

智能垃圾回收技术、智能灌溉和海绵城市系统等节能减排新技术，大量集成应用了环境监测平台、人脸识别技术和社区 APP 系统等智能新技术；项目实施首次形成了公租房设计的部品化、装配化、运维化的产品整体技术解决方案，填补了国内公租房产业化整体技术应用空白；项目对公租房运营维护技术进行了探索，实施了适老性能与维护改造性能等集成技术，响应了建筑可持续性发展理念，达到国内住宅建设领先水平。

（2）深圳市长圳公共住房及其附属工程总承包（EPC）6~10 栋

项目位于广东省深圳市光明区光侨路与科裕路交汇处东北侧，是深圳市建设管理模式改革创新（基于建筑师负责制的 EPC 总承包创新管理模式）试点项目，也是目前全国规模最大的装配式公共住房项目。项目总用地面积 17.7 万 m^2，总建筑面积约 115 万 m^2。项目由 24 栋塔楼、集中商业、公交首末站、幼儿园等一系列社区配套构成，为深圳人才提供了 9672 套高品质公共住房。项目于 2018 年 6 月 15 日开工建设，2022 年 9 月 30 日竣工，总投资约 58 亿元。参见图 4-12。

项目率先提出了工业化建筑系统集成设计理论与标准化设计方法，成果达到国际领先水平。将工业化建筑作为有机整体，由结构、围护、设备、内装四大系统构成，形成了工业化建筑系统研究框架及"四个标准化"的设计新方法；6 栋住宅采用装配式钢和混凝土混合结构体系设计技术，成果达到国际领先水平；塔楼采用主次结构，每层主结构内含 3 个次结构单元，设置屈曲约束支撑（BRB）和屈曲约束钢板剪力墙（BRW），做到大震不倒，中震可修、小震不坏，为钢混组合结构高层建筑提供了探索实践和建造经验；项目自主研发工业化建筑数字建

图4-12 深圳市长圳公共住房及其附属工程总承包（EPC）6~10栋

造平台，采用BIM技术打通了建筑设计、计价、招采、生产、施工以及运维全过程，实现了多方参与、协同联动的一体化管理；项目全面推广应用装配式建筑技术体系；在施工组织方面创新采用永临结合、市政先行及N-20F的竖向全专业穿插流水施工，有效缩短工期，降低能耗，实现装配式的绿色建造。项目结合低冲击开发和海绵城市理念，沿河道布置了8500m² 公共活动场地，小区内设置了6000m² 的体育活动场地；项目建设了深圳市首个（小区）零碳光储直柔共享电动自行车试点，通过光伏发电为电动自行车供电，储能的电动自行车可为景观照明等直流末端供电。景观环境中的路灯、庭院灯和草坪灯等均采用智能直流集中供电系统，节电60%，提升安全性能的同时，降低造价和维护成本。

（3）西安曲江·玫瑰园

项目位于陕西省西安市曲江新区，是西北地区首个符合第四代住宅特征的绿色智慧小区。项目用地面积2.56公顷，总建筑面积10.8万m²，包括4栋剪力墙结构的高层住宅及3栋框架结构的多层配套用房。住宅总建筑面积49514.57m²，地下3~5层，高层住宅地上12~18层。小区容积率为2.43，绿地率38.0%，建筑密度25%，共137套住宅，521个地下停车位。工程于2012年8月20日开工，2015年5月20日竣工，总投资8.3亿元。参见图4-13。

项目创新高品质住宅小区建筑精益建造技术，自主研发框架柱成型模板用定型装置、现浇板后浇带及施工缝留置施工结构等多项新型建造技术，解决了多项施工难题，实现降本增效，为同类工程建造提供了可借鉴经验；攻关复杂场地条件地下结构施工技术，应用多种支护结构组合，安全经济；研发"狭小空间钢管桁架单侧支模技术"，7m高、246m长地下室外墙一次浇筑成型并达到清水混凝

图 4-13 西安曲江·玫瑰园

土效果,实现节地、节材和地下空间的最大化利用;创新装配式数字建造技术,采用多种工业化部件进行全屋定制,装配式精装交付,绿色低碳;首创大高差地形条件下景观住宅建造技术,攻克不平坦场地建造难题,实现地下与地表空间高效利用;首创西北半湿润半干旱地区生态小区绿色建造技术,推动海绵城市与绿色建筑应用;研发智能社区管理平台,集成智能家居、智慧安防、家政维保等一站式服务,构建居所智享智慧社区;创新"传承中华孝道,多代同住"的中式建筑户型设计新模式。以居家养老为核心,通过设计多个具有独立卫生间、阳台、衣帽间的全功能居室并采用多项适老适幼和智能化设施。

(4)青岛被动房住宅推广示范小区

项目位于青岛市西海岸新区中德生态园,项目紧邻园区发展中轴线,集商业、休闲、生活等于一体,是山东省超低能耗、低碳建设、居住品质提升先行先试建设的绿色生态社区。项目用地面积 37559m^2,总建筑面积 70226.28m^2,包括 18 栋被动式超低能耗住宅及配套商业服务网点。地下 1 层,地上 2~6 层,最大建筑高度 21.6m。小区容积率 1.2,绿地率 35.3%,建筑密度 25%,共 247 套,地下停车位 295 个。工程于 2017 年 5 月 22 日开工,2019 年 12 月 19 日竣工,总投资 5 亿元。参见图 4-14。

项目采用"低碳、节能、健康、舒适"的建筑理念,立面造型简洁,平面布置合理,全明户型南北通透,功能空间宽敞明亮。社区景观融入绿色低碳、海绵城市等设计理念,充分利用北高南低的地形高差,形成南北向景观轴线,东西向绿化体系,将科技、景观与建筑柔美结合,形成风格独特的智慧生态景观社区;工程执行德国 PHI 被动式建筑认证标准和现行国家标准《绿色建筑评价标准》

图 4-14　青岛被动房住宅推广示范小区

GB/T 50378。通过高标准无热桥结构和气密层的围护结构设计与施工、高性能的外窗、外保温和高效热回收的新风系统，最大程度降低供暖供冷需求，实现极低能耗、低排放与高舒适度；项目参与国家"十三五"子课题研发，"无热桥施工标准化工艺及质量控制研究"集成了外墙保温、穿墙套管、门窗、遮阳、屋面等标准化工艺，填补了无热桥施工实践空白。"近零能耗公共建筑设备、部品施工增量成本研究"形成了适用产品应用实践，两项课题顺利通过课题验收，项目荣获国家"十三五"重点研发计划科技示范工程，为超低能耗建筑科技创新与行业发展起到了示范引领作用；项目 18 栋建筑单体均获得德国 PHI 认证，依托超低能耗建筑成熟技术和应用实践，作为第一参编单位为国家标准《近零能耗建筑技术标准》GB/T 51350 提供了技术支撑。基于复杂气候条件工程实践，标准首次提出中国超低能耗建筑定义和技术指标体系，系统提出超低能耗建筑设计、施工、检测、评估方法。

4.2.2.3　桥梁工程

（1）昌赣客专赣州赣江特大桥

新建南昌至赣州铁路客运专线（昌赣客专）是国家"八纵八横"高速铁路网京港（台）通道的重要组成部分，赣州赣江特大桥是昌赣客专控制性工程，桥梁全长 2155.64m，主桥桥位位于章水、贡江两江汇合口下游 1.9km，距既有赣江公路大桥 1.1km。主桥采用（35+40+60+300+60+40+35）m 斜拉桥跨越赣江，主梁采用箱形钢-混组合梁，桥塔采用人字形混凝土塔，桥上铺设 CRTS Ⅲ

图 4-15 昌赣客专赣州赣江特大桥

板式无砟轨道，是世界上首座铺设无砟轨道并通行速度 350km/h 高速列车的斜拉桥。工程于 2015 年 11 月开工建设，2019 年 12 月竣工，总投资 4.35 亿元。参见图 4-15。

工程创建了大跨度斜拉桥－无砟轨道一体化设计理论及结构体系。建立了桥－轨一体化受力与变形分析方法；研发了整体结构、斜拉索间梁段、桥面板等多维刚度大的新型主梁结构，提出了跟随性优良的新型无砟轨道结构，实现了无砟轨道－大跨桥梁间高度协调受力与变形跟随，建成了当时世界上最大跨度高铁无砟轨道桥梁；构建了高铁大跨无砟轨道桥梁设计与验收技术标准。提出了以曲率半径评价桥梁刚度的设计标准；创建了"60m 弦测法"轨道形位长波平顺性验收方法及"矢度值高低 7mm、轨向 6mm"的验收标准；填补了该领域设计、验收技术标准的空白；研发了大跨柔性桥上无砟轨道高精度铺设成套技术。发明了大跨桥上精测网测点布设及坐标实时修正技术，发明了无砟轨道多层分级调控铺设技术，突破了大跨度柔性桥上无砟轨道毫米级精度铺设的技术瓶颈；建立了全寿命周期桥－轨一体化监测与服役状态评估体系。创建了基于静、动态阈值的安全预警系统，实现了桥－轨系统服役状态的长期预测及实时多级预警，编制了《大跨度铁路桥梁与轨道健康监测系统技术规程》Q/CR 9576—2023；研发了复杂环境下桥梁基础施工关键技术；发明了深水浅覆盖层斜岩条件下"锁扣钢管桩＋钢筋混凝土组合桩"围堰施工工法，提出了高温环境下大体积哑铃形承台混凝土一次成型工艺，安全高效、经济合理地解决了复杂环境下桥梁基础的施工难题。

(2)海南铺前大桥(海文大桥)

工程跨越海南岛东北部的铺前湾,连接海口市和文昌市,是国内首座跨越活动断层的跨海大桥,建设时设计地震动峰值加速度国内最高、设计基本风速国内最大,是我国最具挑战性的跨海桥梁建设项目之一。项目全长 13.551km,其中跨海大桥长 3.959km,桥头引线长 1.638km,连接线长 7.954km,双向六车道,通航主桥桥长 460m,采用(230+230)m 独塔斜拉桥,主塔为"文"字形钢筋混凝土结构,塔高 151.8m。工程于 2015 年 10 月开工建设,2021 年 10 月竣工,总投资 26.7 亿元。参见图 4-16。

图 4-16 海南铺前大桥(海文大桥)

工程通过项目顶层设计,首次采用了 PMC 项目管理新模式,开展了系列的科技攻关,攻克了地震高烈度区近断层、跨断层大错位变形桥梁结构安全性难题;研究提出了近、跨断层地震动模拟方法,为桥梁抗震设计提供合理的地震动输入参数;借鉴"保险丝"理念,研究提出强震区近、跨断层桥梁设计方法;创新提出并建立了跨断层桥梁三向可调抗震体系;首次进行了跨断层 1:10 简支桥、近断层 1:20 独塔斜拉桥振动台试验,揭示了近、跨断层桥梁地震损伤破坏模式,验证了所提出的抗震设计方法和减震措施的有效性;率先建立了考虑抖振力跨向不完全相关效应的桥梁断面六分量气动导纳识别自谱 - 交叉谱综合最小二乘法,创新性采用多台微型动态天平测试同步测力风洞试验方法;首次建立地震 - 结构综合监测系统。科技成果荣获省部级科技进步特等奖 2 项、一等奖 2 项,授权专利 43 项,省部级工法 8 项,软件著作权 4 项,发表论文 69 篇,编写专著 2 本、指南及修编建议书 4 项。多项成果达到国际领先水平,为国内外类似桥梁建设提供实际指导意义。

（3）新建福州至平潭铁路平潭海峡公铁大桥

工程是新建福州至平潭铁路、长乐至平潭高速公路的关键性控制工程。大桥下层为时速 200km 的双线 I 级铁路，上层为速度 100km/h 的六车道高速公路。平潭海峡公铁大桥为我国第一座公铁两用跨海桥梁，全长 16.34km，大桥通航孔由元洪航道主跨 532m 钢桁梁斜拉桥、鼓屿门水道主跨 364m 钢桁梁斜拉桥、大小练岛水道主跨 336m 钢桁梁斜拉桥和北东口水道主跨 2×168m 连续刚构桥组成，其他非通航孔桥根据墩高、水深及地质条件分别采用跨度 80m 和 88m 的简支钢桁结合梁以及跨度 64m、48m 和 40m 的混凝土梁。工程于 2013 年 11 月开工建设，2020 年 12 月竣工，总投资 161.57 亿元。参见图 4-17。

图 4-17　新建福州至平潭铁路平潭海峡公铁大桥

工程研发了强波流力、深水和裸岩海域导管架施工平台、超大直径钻孔桩、防撞箱围堰施工技术、钢桁梁全焊制造及架设技术，解决了深水、裸岩、大风和大波浪力海峡桥梁建造难题，形成了海上公铁合建桥梁施工成套技术；研制了 KTY5000 新型液压动力头旋转钻机、全封闭抗风智能液压爬模、吊高 110m 吊重 3600t 的大型变幅起重船、1100t 智能架梁起重机、双孔连做节段拼装造桥机等新型海洋施工装备；提出了桥址风、浪、流场的监测及预报方法，建立了复杂海域桥梁施工作业标准，制定了系列技术措施，大幅提高施工现场可作业时长和工效；创新了直径 4.9m 超大直径钻孔桩基础、80（88）m 全焊整孔简支钢桁梁、斜拉桥全焊两节间整节段钢桁梁等新结构，研发了公铁全桥双层风屏障技术及健康监测技术，可满足桥上与陆地相同行车条件，为大桥建造及安全运营提供了技术保障。

（4）宁波梅山春晓大桥（梅山红桥）工程

宁波梅山春晓大桥是连接梅山岛与北仑区的特大型跨海桥梁工程，为主跨 336m 中承式双层钢桁拱桥，是世界首座大跨度下层纵移开启式桥梁。为满足大型海轮低频次避台风通航需求和两岸接线要求，首次采用了人车上下分离、下层纵移开启的创新设计。大桥跨中 108m 范围下层桥架可纵移打开，满足 16m 净高大型船舶通行，日常闭合时中跨 300m 宽度范围可满足 9m 净高游艇全天候通行。工程于 2014 年 1 月开工建设，2020 年 5 月竣工，总投资 9.45 亿元。参见图 4-18。

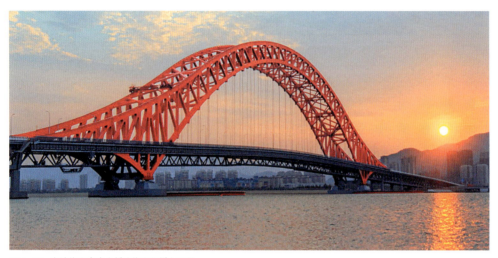

图 4-18 宁波梅山春晓大桥（梅山红桥）工程

工程首创了大跨度下层悬挂纵移开启式桥梁结构，建立了开启变形适应性标准。研发了纵移开启桥变形适应性技术，建立了开启变形适应性标准，破解了桥梁厘米级安装误差情况下纵移轨道毫米级精度控制的难题，实现了不中断车行交通情况下的安全平稳开启，解决了现有的平转、竖转、垂直提升开启桥开启宽度小且需中断车行交通的弊端；首次研发了悬挂纵移开启系统，构建了多点悬挂导向、模块刚性锁定及重载多点同步传动机构。发明了基于机械液压混合蓄能的悬挂导向结构，解决了开启过程及运营活载变位下悬挂机构均匀承载和变形适应性难题。发明了基于楔形几何原理的刚性锁定机构，实现了实时快速锁定和承载切换，解决了移动桥架承载和安全锁定难题。研发了重载同步链传动机构，实现了驱动系统高差浮动自适应调节和多点驱动的同步控制；首次开发了基于数字技术的钢桁拱设计、制造和安装成套技术。应用了三维数字化预拼装和整体节段模块化制造技术，实现了环缝拼接及节段预拼的偏差校正，对位精度控制在 2mm，攻克了钢结构制造安装与开启机械系统高精度匹配的技术难题。

（5）长安街西延（古城大街 – 三石路）道路工程新首钢大桥

新首钢大桥位于北京长安街西延线上，上跨永定河。主桥采用五跨高、低双塔斜拉刚构组合钢桥体系。大桥全长 1354m，主桥全长 639m，主跨 280m，标准宽度 47m，最宽处 54.9m。结构体系采用斜拉和刚构组合体系。索塔采用倾斜门式钢塔，拱形造型，双塔肢为空间迈步形式，间距为 25.1m，高塔高 123.78m，重约 9850t，南北塔肢倾斜角分别为 71.8° 和 62.0°；矮塔高 76.50m，重约 5770t，南北塔肢倾斜角分别为 59.0° 和 74.7°。主梁采用变截面分离式双主梁形式，梁高由两塔根处 10m 渐变为跨中 3m；拉索采用竖琴式渐变距离布置。工程于 2016 年 5 月开工建设，2019 年 9 月竣工，总投资 11 亿元。参见图 4-19。

图 4-19　长安街西延（古城大街 – 三石路）道路工程新首钢大桥

工程研发了空间弯扭钢塔斜拉刚构组合体系桥梁结构设计关键技术，包括组合体系设计、变形协调控制方法、抗震设计方法、风雨振关键技术，实现了倾斜钢塔、斜交主梁扭转位移、索力、索点配重的协同控制；研发了带肋变曲率板稳定设计方法和变曲率板可展开成型的设计优化方法，包括带肋变曲率板稳定设计方法及弹塑性屈曲试验和变曲率板可展开成型的设计方法，解决了弯扭节段构造基准与安装精度预控难题；研发了复杂钢桥三维数字化正向设计方法，包括复杂曲面钢塔设计及其辅助架设控制、复杂节点正向设计和数字模型与有限元模型互通；研发了带肋变曲率曲板和超大变截面弯扭节段高精度制造技术，包括带肋变曲率曲板自适应成型及超大变截面弯扭节段制造工艺、超厚钢板全熔透及关键部位自动化焊接、带肋变曲率曲板及弯扭节段几何质量数字检测；研发了钢塔分段架设间隔悬拼超高支架技术及塔-架刚度匹配与线型控制方法，包括塔-架匹配超高支架技术、非一致倾斜索塔卸载、索力施调和塔梁协同控制技术；研发了超大变截面弯扭节段轴线寻优匹配理论及几何形态精确匹配方法，包括耦合重力变形轴线寻优虚拟安装精度管控技术、合龙段-合龙口几何形态精确匹配方法、大型弯扭钢塔节段安装位姿精确调整关键技术、变截面弯扭节段架设精密测量及快速定位技术；研发了首段钢塔高精度安装控制技术，包括首段索塔群孔群锚套穿精确就位及超大承压板薄层注浆技术、复杂锚固结构精确安装施工与控制方法。

4.2.2.4 铁道工程

（1）拉萨至林芝铁路

工程位于西藏自治区东南部，地处冈底斯山与喜马拉雅山之间的藏南谷地。线路起于拉日铁路协荣站，向东经贡嘎、扎囊、泽当、桑日、加查、朗县、米林至林芝，线路全长435.5km，为国铁I级、单线、电气化铁路，设计行车速度160km/h。全线新建车站34座，桥隧总长301.1km，桥坡比74.7%。其中，桥梁121座84.6km，占比21.0%；隧道47座216.5km，占比53.7%。拉萨至林芝铁路先期开工段于2014年底开工，2015年6月全线开工建设；2021年6月25日正式通车运营，总投资364.8亿元。参见图4-20。

图4-20 拉萨至林芝铁路

工程创新应用"空天地一体化"勘察新技术，全面揭示雅鲁藏布江缝合带工程特性。结合地质条件、重大工程选址与梯级水电开发，建立多目标综合评价模型，创建高原板块缝合带防灾减灾选线理论；全面攻克高原强岩爆、高岩温、冰碛层隧道建设难题。创建板块缝合带岩爆隧道安全建造技术，保障地应力 55MPa、埋深 2000m 级（2080m）岩爆隧道建成。构建围岩温度场预测方法，创新综合降温及安全防护技术，成功解决超高岩温（89.3℃）隧道建设难题。创新冰碛层围岩亚分级方法，构建三维立体支护体系，确保千米级（960m）连续冰碛层隧道施工安全；创建高原峡谷区桥梁建造及防灾减灾关键技术。创新 16 次跨越雅鲁藏布江大跨度桥梁合理结构体系，构建高烈度区桥梁抗震、防泥石流冲刷等防灾减灾关键技术。建成了世界最大跨度铁路钢管混凝土拱桥——主跨 430m 的藏木雅鲁藏布江大桥，是我国首次采用免涂装耐候钢的铁路桥，多项指标创世界第一；创建高原复杂环境电气化铁路技术体系。提出海拔 4000m 级电气绝缘修正方法，攻克极寒、大温差、峡谷风等技术难题，创建高原牵引供电系统抗震技术体系。首次在青藏高原建成内电双源动车整备、检修体系，填补高原内电双源动车检修技术空白；坚持绿色低碳理念，破解高原生态修复难题。创新采用被动式太阳能等关键技术，全面提升高原绿色低碳建造水平。创建改良受损生态创面基底，研发高寒地区智能精准滴灌系统，成功解决高原高寒地区生态修复难题。

（2）新建北京至雄安新区城际铁路

新建北京至雄安新区城际铁路起自既有京九线李营站，向南经北京大兴区、北京新机场、河北省廊坊市固安县、永清县和霸州市，终到雄安新区雄安站，其间与廊涿城际、京石城际、津保铁路联络，正线预留延伸至商丘方向。线路全长 92.783km，新设北京大兴站、大兴机场站、固安东站、霸州北站、雄安站 5 座车站。新建北京至雄安新区城际铁路是国内首次全线、全过程、全专业运用 BIM 技术设计的智能高速铁路，是我国高铁技术成果应用集成平台，探索形成了智能高铁建造新标准体系。工程于 2018 年 2 月开工建设，2020 年 12 月竣工，总投资 335.3 亿元。参见图 4-21。

图 4-21 新建北京至雄安新区城际铁路

工程建立了基于"三全一体"的城市群环境下高速铁路绿色智能建造模式，创立了集"设计－施工－运维"于一体的高速铁路绿色智能建造方法，形成了城市群环境下高速铁路绿色智能建造体系，关键技术达到国际领先水平；首创速度350km/h高速铁路预制梁桥桩基、桥墩与桥面附属结构成套装配式设计施工建造技术体系。创新了黏土夹砂层地质条件下大直径管桩建造技术，首创高速铁路桥墩大节段预制拼装建造技术，系统提出了整体装配式桥面附属结构建造方案；揭示了桥梁全封闭声屏障在速度350km/h时的噪声变化规律，提出了全封闭声屏障一体化新型结构形式，首创全封闭声屏障关键技术达到国际领先水平，实现了速度350km/h高速铁路降噪技术的重大突破；跨廊涿高速公路主跨128m转体，是我国高速铁路最大跨度墩顶转体连续梁、铁路行业首例不平衡转体连续梁，创新采用了"不平衡长悬臂下滑道墩顶转体"技术；大兴机场隧道开展了基于区域沉降条件下高速铁路隧道全生命周期形位感测关键技术研究与应用，突破了制约高铁隧道穿越地面区域沉降严重发育区的技术瓶颈，创新了服役期区域地层沉降和隧道响应变化的实时监测方法和手段；雄安站贯彻站城融合理念，首创了"建构一体化"三维曲面清水混凝土技术，创新了站城一体化、全方位、多角度绿色节能技术，集成了智慧客站关键技术，形成了绿色效应驱动下的大型客站智能建造成套技术；首创了基于能量互馈与信号畸变的高铁路基压实振动连续检测指标（CEV）、检测设备、控制标准和验收方法；建立了新一代高速铁路接触网机械与自动化成套智能建造技术。

（3）新建商丘至合肥至杭州铁路

商丘至合肥至杭州铁路（商合杭铁路）位于河南、安徽和浙江三省境内，是我国"八纵八横"高铁骨干网京港（台）和京沪通道的重要组成部分，是沪皖浙与中原、西北和华北南部间客运主通道，是华东地区南北向第二高铁通道，设计速度350km/h。正线运营全长794.86km，新建线路长618.33km，联络线长24.29km。商合杭铁路芜湖长江公铁大桥主跨588m，是目前世界上跨度最大的高低矮塔公铁两用斜拉桥；裕溪河特大桥主跨324m，是目前世界上跨度最大的无砟轨道高速铁路桥梁；是国内首次采用钢筋混凝土防护棚洞下穿特高压输电线路群的示范项目。工程于2015年11月开工建设，2020年6月竣工，总投资816.12亿元。参见图4-22。

工程提出"学习－探索－完善"智能选线技术，建立多维多因素多目标数据融合线路优化模型，通过迭代优化，实现了精准选线；创新了现代铁路枢纽集群

图 4-22　新建商丘至合肥至杭州铁路

规划设计技术。构建了铁路枢纽集群的规划设计方法，建立了合淮巢和芜宣杭枢纽集群，实现了"一线多点引入枢纽"的理念，解决了 100 余对客车"×"交叉及 50 余对客车折角运输问题，减少了约 40km 联络线工程；突破了复杂环境基础设施 350km/h 通行的关键技术。研发了 300m 级大跨度柔性桥梁线型动态变化下无砟轨道实时修正技术，解决了大跨度桥上铺设无砟轨道 350km/h 通行的世界级难题；研制了泡沫轻质土路基建造技术，攻克了邻近既有高铁施工限速通行的难题；创建了高铁防护棚洞技术，国际上首次应用于高铁下穿 800~1000kV 特高压群；建成世界上首座非对称公铁两用矮塔斜拉桥。研发了钢壳预置式沉井基础，首创箱桁组合钢梁"分层变幅"架设新技术，集成创新了塔墩成套建造技术，成功解决了长江通航与机场端净空高程冲突的难题；研发了复杂路网控制保障系统高效互联互通技术。研发了牵引供电系统故障判别自愈重构技术，将供电故障判别及切除时间由 2s 缩短为 20ms；深入践行"绿水青山就是金山银山"的"两山理论"。全过程秉承绿色铁路建设理念，打造"四季常绿、三季见花"的绿色铁路通道，创新弃土场、施工废污水处理技术。

（4）成都至贵阳高速铁路

成都至贵阳高速铁路西起成都市成都东站，向南经眉山市、宜宾市、云南省昭通市，贵州省毕节市，东至贵阳市接入沪昆高铁贵阳东站、贵广高铁贵阳北站，设计速度 250km/h。线路全长 648km（其中新建线路 515km），正线桥梁 471 座 177.3km，隧道 186 座 237.3km，桥隧总长 414.6km，桥隧比 80.5%；新建乐山、宜宾西、毕节等 15 个车站。项目是国家"八纵八横"高速铁路"兰（西）广通道"的重要组成部分，线路横跨川、滇、黔三省，是国家实施西部大开发的标志性工程，

图 4-23　成都至贵阳高速铁路

为实现东西部地区的社会经济高度融合联系起了快捷的纽带。工程于 2013 年 12 月开工建设，2019 年 12 月竣工，总投资 753.6 亿元。参见图 4-23。

工程创新应用 GPS 系统建立平面首级控制网，采用 IMU/DGPS 辅助航空摄影测量技术、卫星可见光及 SAR 影像等先进航测制图技术；制定了地形急变带岩溶区的"空、天、地"勘察技术组合原则，构建了地形急变带岩溶区铁路勘察阶段各类工程综合勘察模式；系统性形成了复杂环境下巨型溶洞的处理技术体系，创建了岩溶隧道衬砌外水压力计算方法及模糊评价方法；构建了岩溶隧道全生命周期的防排水处理成套技术，实现了工程与环境的完美结合；创建了隧道瓦斯分级标准和指标体系及突出危险性评价方法；建立了大断面隧道煤与瓦斯突出预测防治及揭煤成套技术体系；创建了大断面隧道瓦斯监测预测与施工安全管理成套技术；形成了以加深炮孔为主的超前探测、自动瓦斯监测、连续施工通风为核心的"探、测、防"气田瓦斯隧道建造关键技术；攻克了双重限高条件下大跨度钢桁连续梁的结构选型、预拱度及焊缝简化设计理论、低限高条件下无干扰施工及养护难题；建立了大跨度大吨位大幅度横移缆索吊机设计施工、提篮式钢桁拱架设及线型控制、混凝土无应力线型外包及结合、混凝土主梁吊索多点弹性支撑全跨吊架施工等钢箱-混凝土桁架结合拱桥成套关键技术；提出基于变形控制的陡坡路基设计方法，形成膨胀性红层软岩基床加固技术；提出喀斯特地貌石芽状地层基床刚度不均控制方法，形成了喀斯特地貌区深切峡谷地段危岩落石综合防治技术；首次采用非预应力钢筋混凝土 CRTSIII 型轨道板，并基于极限状态法对轨道板进行优化、试验验证，整体工效提高 12%。

4.2.2.5 隧道工程

贵安新区腾讯七星数据中心（一期）用地面积约 47 万 m²，含洞库式数据中心、洞外展厅、消防水泵房、室外工程等，其中，洞库式数据中心建筑面积 60685m²，由 5 条主体洞库 +1 条柴油洞库 +1 条人防指挥中心洞库 +13 处竖向排风井 +1 条联络横洞组成，共计 36 处交叉口，可容纳 5 万台服务器，为腾讯公司的灾备数据中心。将大型数据中心建于山体内部，具有隐蔽、安全、环保、节能的优势，展示出隧道及地下工程的新用向。工程于 2017 年 9 月开工建设，2020 年 7 月竣工，总投资 8.2 亿元。参见图 4-24。

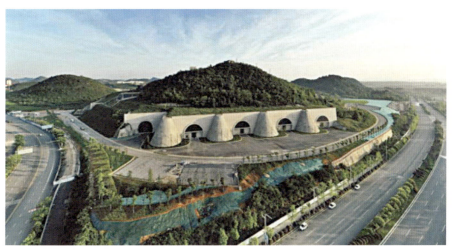

图 4-24　贵安新区腾讯七星数据中心（一期）

工程因地制宜、合理利用，成功创建新型洞库式数据中心，其工程案例及成套技术具有广泛推广应用价值；创新设计隧洞口部防爆隔离层和防爆设施，对物理性破坏具有高防护性，可抵御常规武器 4 级、核武器 5 级打击；创新设计利用大断面竖井作为散热通道，采取"冷热分离""方仓独立"等技术措施，使用"间接蒸发换热 + 冷水蒸发预冷"的方法，成功实现项目 PUE（总功耗 /IT 负荷功耗）运行实测值达 1.1，相比国内主流数据中心节能 30%，每年可节约电力成本约 4000 万元；开展洞室内大型数据中心散热和消防体系设计研究，以确保人员及设备安全为核心，设置科学合理的防火分隔、火灾预警及消防设施。其专项通过国家消防工程技术研究中心等部门验收；建立在浅埋、软岩、近邻的大断面洞群及山体受力分析基础上的全套施工技术研究，如"立体多层次、平面多交叉"，

"大断面隧洞群围岩稳定性控制"技术，在工程建设中起到关键性的作用。其中，"一种双侧壁导坑开挖的施工方法""一种五线并行小间距浅埋大断面隧道群施工方法""软岩大断面隧道交岔口施工方法"等获得国家发明专利；隧洞衬砌创新应用"优质粉煤灰+膨胀纤维抗裂防水剂"高性能混凝土，在保证结构安全稳定的同时达到了电子设备洞室防水隔潮的标准要求。

4.2.2.6 公路工程

（1）广东省潮州至惠州高速公路

广东省潮州至惠州高速公路是国家高速公路网甬莞高速公路（G1523）的重要组成部分，也是广东省高速公路网规划"九纵五横两环"中"第四横"的重要组成部分。项目全线长246.714km，古巷（起点）至凤塘立交段长8.976km，设计速度100km/h，路基宽26.0m，为双向四车道高速公路；凤塘至白盆珠立交段长201.026km，设计速度100km/h，路基宽33.5m，为双向六车道高速公路；白盆珠立交至惠东（终点）段长36.712km，设计速度120km/h，路基宽34.5m，为双向六车道高速公路。全线共设桥梁77918.52m/209座，隧道14292m/9座，桥隧比为37.4%。工程于2013年4月开工建设，2022年12月竣工，总投资239.52亿元。参见图4-25。

图4-25 广东省潮州至惠州高速公路

工程首次构建涵盖高速公路各专业的设计标准化体系，建立标准图数据库，编制完成262册通用图和参考图；围绕近海山区高速公路质量耐久及运营安全，首次开发高速公路设计方案综合决策系统，首次研发断级配全厚式露石混凝土路面结构设计及施工技术，首次研制出适用于近海山区的防腐蚀机制砂混凝土，首次建立基于"按质支付"的沥青混凝土路面质量评价指标体系；国内首创大断面隧道破碎围岩大变形综合控制施工关键技术。依托广东省同期在建里程最长、埋深最大的大断面莲花山隧道，国内首次建立裂隙岩体非线性损伤本构关系及应变能密度判别准则，首次提出大断面隧道锚注复合体的新型内承载结构，研发的高性能新型硅酸盐注浆加固材料达到了国际领先水平；国内首创混合梁柔梁密索矮塔斜拉桥体系及关键技术，为高烈度区大跨径桥梁设计提供新方案。为解决榕江特大桥受海运对桥梁净高和飞机航线对桥塔高度的双重限制、抗震抗风要求高，首创大跨径混合梁柔梁密索矮塔斜拉桥体系；首创全焊整体式钢锚箱索塔锚固技术；首次研发纵横向正交分离减隔振技术和钢阻尼滑板支座、可调高隔振支座；践行绿色低碳理念，创新"路隧"捆绑招标和建管养一体化新模式。在广东省内首次采用隧道施工与路面施工捆绑招标模式，实现隧道石质洞造全部高质用于路面工程，真正实现"全利用、零弃方"；首次创新整合永临结合用电系统；首次在高速公路开工前完成运营管理中心建设，提出机电三大系统整合方案，搭建监控中心一体化平台，实现建管一体化。

（2）港珠澳大桥主体工程岛隧工程

海中桥隧主体工程（粤港分界线至珠海和澳门口岸段）是港珠澳大桥主体工程，长约29.6km，是集"桥、岛、隧"于一体的超大型综合集群跨海通道，是国家高速公路网规划中珠江三角洲地区环线的组成部分，是跨越伶仃洋海域关键性工程。岛隧工程是港珠澳大桥的控制性工程，是主体工程的重要组成部分，主要由沉管隧道、东人工岛、西人工岛三大部分组成，起于伶仃洋粤港分界线（里程K5+972.454），穿越珠江口铜鼓航道、伶仃西航道，止于西人工岛结合部非通航孔桥西端（里程K13+413），全长7440.546m。其中隧道长6704m（沉管段长5664m，岛上段长1040m）。东、西人工岛长度均为625m，东人工岛结合部非通航桥长385m，西人工岛结合部非通航桥长249m。工程于2010年12月开工建设，2023年4月通过国家竣工验收，总投资约178亿元。参见图4-26。

工程首创深插式大直径钢圆筒快速筑岛技术，采用120个22m直径、高40~50m钢圆筒，仅221d筑成两个约10万m^2海上人工岛，减少泥沙开挖量近千万立方米；研发"复合地基+组合基床"隧道基础新结构，解决了近6km深厚软土地基不均匀沉降的世界难题，实现了隧道基础刚度平顺过渡；发明设置适

图 4-26　港珠澳大桥主体工程岛隧工程

度永久预应力的半刚性沉管新结构，研发了沉管结构部分无粘结永久预应力和剪力键超限保护"记忆支座"等关键技术，有效控制了接头张开量，提高了接头抗力和管节水密性，破解了深埋沉管难题，拓宽了沉管隧道的应用范围；国内首次采用"工厂法"预制沉管，研发全液压模板系统、全断面浇筑及控裂技术、8万t级同步顶推系统等先进技术和装备，有效保障了沉管预制品质；创新免精调无潜水作业对接沉管安装技术，研发智能化保障、控制、作业等14套系统，实现了工程环境可知、可控，海底施工可"视"、可测，水下作业无人化，实现了超40m深海底8万t沉管的精准对接，形成了具有自主知识产权的外海沉管安装成套技术与装备；发明整体式主动止水最终接头新技术，创新提出可折叠主动止水的理念，攻克了钢壳混凝土结构体系、止水与折叠构造、合龙口形态控制等关键技术，创造了1d完成隧道合龙，贯通精度达毫米级的工程记录，解决了复杂海洋环境下深水沉管隧道快速贯通难题，实现了沉管隧道合龙方式的重大突破。

（3）一汽-大众汽车有限公司新建试验场项目及试验场扩建工程

一汽-大众汽车有限公司新建试验场项目及试验场扩建工程位于长春市农安县巴吉垒镇，占地面积4.5km²，是集研发、试车、培训于一体的国际大型综合性汽车试验场。工程包括高速环道（长9942.16m）、动态广场（$D=300$m）、性能试验路、耐久强化路、交变试验路五大功能区及电气、暖通、给水、排水、安装等相关配套设施，合计87种特殊路面，为目前国内特殊路面种类最全、技术最先进的汽车试验场，也是具有国际水平的试车场之一。工程于2015年5月开工建设，2019年10月竣工，总投资13.08亿元。参见图4-27。

图 4-27　一汽 - 大众汽车有限公司新建试验场项目及试验场扩建工程

工程提出了试车场路面结构的设计方法。提出了针对道路铺面受力的高速环道铺面结构设计方法；采用 PG 分级选择沥青，提出了沥青混合料的动态剪切模量和疲劳寿命测试方法，解决了冻融地区沥青路面开裂问题；创新了试车场异形路基修筑技术；提出了异形高填方路基的路基加固和填筑方法；研发了试车场异形路基的智能整平、边坡智能修整和路基连续压实施工技术；研发了曲面沥青施工的成套装备及技术；研发了具有曲面摊铺功能的成套装备和斜曲面摊铺控制系统，形成了曲面沥青摊铺施工工法；研发了高速环道沥青摊铺防滑落技术；提出了一种试车场大面积动态坪沥青连续滚动高精度摊铺方法；融合摊铺机与 3D 测量系统，实现了小半径连续急弯沥青路面的施工；创新了试车场的检测技术。采用路基沉降自动监测高环路基冻胀变形；提出了试车道控制混凝土面负高程施工方法；研发了沥青混凝土高精度智能控制摊铺技术；创新了曲面沥青平整度的实景复制和运动仿真验收技术；研发了试车场智能建造技术。形成了一套集钢筋数据采集生成、计划执行、实施监控、结果反馈于一体的钢筋智能加工信息技术；研制了超大斜面沥青摊铺施工信息化控制系统；研发了特种道路路谱的仿制平移复原技术。

4.2.2.7　水利水电工程

（1）贵州乌江构皮滩水电站

贵州乌江构皮滩水电站位于贵州省余庆县境内，为乌江干流水电梯级开发的第 5 级电站，是国家实施"西部大开发"列入"十五"计划的重点建设项目，也是贵州省实施"西电东送"战略部署的标志性工程，工程开发的主要任务是发电，兼顾航运、防洪，促进地区经济、社会与环境的协调发展等。构皮滩水电站工程属一等大（Ⅰ）型工程，最大坝高达 230.5m，由拦河大坝、泄洪消能建筑物、引水发电系统、通航建筑物、地面开关站等组成。工程于 2003 年 11 月开工建设，2021 年 12 月竣工，总投资 185 亿元。参见图 4-28。

图 4-28　贵州乌江构皮滩水电站

工程成功建成国内强岩溶地区最高的混凝土双曲拱坝，监测坝基总渗流量最大为 3.4L/s（不到设计值的 10%）；提出定量评估风险的岩溶分级处理技术；提出"表孔不对称扩散加分流齿""中孔进口大差动、出口小差动"泄洪消能技术，坝身泄洪消能设施成功经历泄量 1 万 m/s 级的泄洪考验；强岩溶地区成功建成的特高拱坝和大型地下洞室群运行状态良好；制造自行设计、全国产化的当时单机容量最大的 600MW 水轮发电机组，提出水轮机参数优化匹配法，发电耗水率仅为 2.3m^3/（kW·h）；提出反"S"形叶片头部形线，实测最高效率达 96.80%，高于一般进口机组，创下 200m 水头段水轮机效率世界最优值；首创分件分瓣数最多的巨型转轮现场组焊加工技术，节省路桥工程费用 1.05 亿元；构皮滩水电站通航建筑物是世界上水头最高和位于高山峡谷河段拱坝枢纽上的首座大型过坝通航建筑物，多项技术指标为世界之最，提出"三级升船机 + 通航隧洞 + 渡槽 + 明渠"的组合式通航建筑物布置形式；提出"疏桩筏形基础 + 分层强约束"塔柱结构新形式；研发 500t 级升船机低速重载减速器等关键技术。

（2）江苏溧阳 6×250MW 抽水蓄能电站工程

工程地处江苏省溧阳市华东地区电力负荷中心，是江苏省最大的抽水蓄能电站，是国内第四大抽水蓄能电站，是全国低海拔、浅丘区建成的最大的抽水蓄能电站，更是全国国产化规模最大抽水蓄能电站。工程主要由上水库、输水系统、地下厂房及下水库四部分组成，总装机1500MW（6×250MW），为一等大（Ⅰ）型工程。工程是已建地质条件最为复杂、建设难度最大的蓄能电站工程。工程自投入运行以来，至2023年5月，已连续安全稳定运行2560多天，电网紧急事故备用启动512次；累计发电量107亿kW·h，抽水电量133亿kW·h，综合转换效率80.5%，居全国前列；项目运行每年节约系统煤耗近50万t，减少二氧化碳排放超100万t。工程于2008年12月开工建设，2020年6月竣工，总投资85.6亿元。参见图4-29。

图4-29　江苏溧阳6×250MW抽水蓄能电站工程

工程首创抽蓄电站新型井塔式进出水口及整流锥结构，整流锥重达5700t，在地形非常不利条件下，避免了水流反复进出过程中常发生的旋涡和空化现象，在确保库盆防渗结构和引水钢管结构安全的同时，提高了水能利用效率。提出并实现了直径达7m、强度达800MPa的超强超大型引水钢岔管施工，强度比以往最高值提升了200MPa，满足了低水头下大流量的过程平稳。提出了开挖料垫高上库库底提升水头的设计思路，保障了低海拔、浅丘区所需要的最低水头；提出了新的设计、施工方法，在复杂地形、软岩条件下建成了沉降量小、渗漏量小的高面板坝。上水库坝高165m，位于两沟夹一山脊且沟和山脊17°倾向下游，对稳定、防渗非常不利。提出了设置增模区的新理念，有效避免了大坝变形；提出了混凝土面板与土工膜分区防渗，将防渗造价由国际上的900元/m^2降低到400元/m^2以下；1500MW蓄能机组实现了国产化，在富水软岩区域实现了厂房振动小、噪声低的目标。溧阳蓄能电站是第一批机组国产化的工程，针对运转条件进行的国产化大蓄能机组制造,保障了运行的高效和安全;发明了非对称岔洞支护等成套技术,攻克了Ⅳ–Ⅴ类富水软岩下洞室群安全高效施工;提出了厂房厚板结构和附壁墙形式,在满足富水软岩区安全的前提下,大大降低了机组振动的幅度,降低了噪声;采用了全过程 BIM 技术,大幅提升了多工种协同效率;采用了"数字大坝"技术实现了多样性料源开采、运输、填筑智能化管理;智能运维监控管理系统保障了安全高效运行。

(3)杭州市第二水源千岛湖配水工程

杭州市第二水源千岛湖配水工程是大型引调水工程,工程任务为供水。从千岛湖淳安县境内取水,经输水隧洞将水引至杭州市余杭区闲林水库配水井,通过三大支线向杭州市和嘉兴市提供优质千岛湖水,同时输水线路沿途设置六大分水口向建德市、桐庐县及富阳区部分区域供水。千岛湖—闲林水库输水线路全长113.22km,是国内已投运的最长全程有压输水隧洞,工程等别为Ⅰ等。工程合理使用年限 100 年,设计年配水量 9.78 亿 m^3,设计配水流量 38.8m/s。工程于 2014 年 12 月开工建设,2021 年 12 月竣工,总投资 85 亿元。参见图 4-30。

图 4-30 杭州市第二水源千岛湖配水工程

工程为解决传统配水方式调度灵活性不高,系统输水能力受调节水库水位限制的难题,首创"库中库"井库流量配水新模式,在输水系统末端调节水库内设置 22 万 m^3 的碗式配水井,实现 5 种联合配水模式,大幅提高了供水安全性,同时可提高工程输水能力 35%;为解决长距离有压输水压力波动大、富余能源利用难的问题,首创长距离压力输水智慧节能调流调压技术,系统设置发电机组、调流阀、控制闸等设施，自主研发长距离隧洞直连发电机组的水位瞬时波动控制智慧调度模块，并利用富余水头发电；为解决水工隧洞衬砌温度裂缝、复杂地质渗控等技术难题，创新长距离有压输水隧洞渗控技术，首创单向排水减压阀、隧洞衬砌预设止水诱导缝等技术，减少裂缝发生率 95% 以上，有压输水隧洞全线漏损率小于 1%，远低于 4% 的设计指标。

4.2.2.8 电力工程

图 4-31 苏通 GIL 综合管廊工程

苏通 GIL 综合管廊工程是淮南－南京－上海 1000kV 交流特高压输变电工程过江段控制性工程，是世界上电压等级最高、输送容量最大、输电距离最长、技术水平最先进的首个特高压 GIL 输电工程。工程起于长江南岸苏州引接站，止于北岸南通引接站，通过二回敷设于管廊中的 GIL 穿越长江，隧道全长 5468.5m，GIL 总长 34.2km。工程于 2016 年 8 月 26 日开工建设，2019 年 9 月 26 日正式投运，工程总投资 41.33 亿元。参见图 4-31。

工程开创性地采用"紧凑型特高压 GIL+大直径长距离水下隧道"穿越长江，有效保护了长江生态环境和航运安全。在基础研究、工程设计、设备研制等六大领域开展专题研究，取得了多项原创性科技成果，填补了特高压 GIL 工程技术空白，创造了多项世界第一。攻克了高性能绝缘子设计、绝缘子内应力调控和释缓技术、高场强下金属微粒运动特性抑制、GIL 全管系柔性设计和密封等设备制造技术难题；攻克了超高水压隧道变形控制、管片结构高可靠密封、大直径泥水盾构机防爆设计等隧道建造技术难题；攻克了受限空间 GIL 运输安装、超大容量一体化耐压试验装置、六氟化硫集中供气、故障精准定位等施工和调试技术难题，在世界上率先掌握了特高压 GIL 输电设备制造、设计、施工和调试全套技术，带动我国 GIL 输电技术装备水平全面升级，为世界跨江、跨海和人口密集地区的先进紧凑型输电提供了"中国方案"。工程建设理念绿色先进、综合效益显著，大幅节约了国土空间面积，保护了长江黄金水道通航安全，有利于长江岸线规划、防洪和节能环保，为"碳达峰碳中和"作出了重要贡献。

4.2.2.9 水运工程

海南省洋浦港油品码头及配套储运设施工程位于海南省洋浦经济开发区洋浦港神头港区，建设1个30万t级油品装卸泊位，1个5万t级原油、成品油装卸泊位，934.4m引桥，2079.3m引堤，725m横堤，海水消防泵房，120万m^3原油仓储中转罐区和12万m^3成品油仓储中转罐区，并建设配套生产辅助设施等。年装卸原油量2000万t，成品油量160万t。2个泊位原油及成品油设计通过能力合计为2400万t/年。工程于2012年2月1日开工建设，2016年9月28日竣工，总投资29.1亿元。参见图4-32。

图4-32 海南省洋浦港油品码头及配套储运设施工程

项目针对地处外海开敞式环境，自然条件恶劣，码头轴线方位和系靠船墩的位置确定困难的特点，创新采用"透空码头与实体防波堤相结合"的反"F"形平面布置方案，合理确定了码头轴线，优化了码头泊位长度及各系缆墩、靠船墩的平面布置；针对水工建筑物种类多、结构形式多、结构受力复杂的特点，采用结构整体物理模型试验确定结构所受波浪力，解决了现行规范没有成熟计算理论的难题；采用国际先进通用软件，对码头高桩墩台、圆沉箱、方沉箱、沉箱十字透空消浪结构、引桥墩M形透空消浪结构、码头多船型不同工况系缆力计算及系缆设施和缆绳分布等进行整体空间建模计算，进行"双向十字透空组合消浪结构""M形透空消浪结构""装配式混凝土长梁"等技术创新；采用国内首创的"滑板与水垫组合出运大型预制构件施工技术"和"专用定制吊装平衡梁"，解决了长度51m，重量808t"混凝土长梁"的安全、高效出运和安装问题。采用国内首创的"陆拌混凝土滚装船运输浇筑工艺"进行离岸超过 3km 的外海无掩护海上混凝土浇筑作业,有效应对施工海域海况突变;针对项目外海沉桩定位困难、沉桩难度大的问题,进行了"工程施工船舶姿态 3D 监测技术研究",有效监测打桩船定位稳船,沉桩采用效率高、定位准的 GPS 打桩定位系统,保证了桩基定位的准确,确保了沉桩施工质量。针对项目外海区域沉箱安装施工难度大、正位率要求高,且沉箱基床厚的问题,采用"船载轨道式基床夯实设备施工工艺"进行沉箱基床夯实、整平,确保基床密实平整,提高了沉箱正位率;针对项目外海深水防波堤重 14t 的扭王字块护面块体预制和水下安装施工难度大,质量难保证的问题,国内首次采用防波堤护面块体安装的成像系统、深水防波堤的可视化坡度控制系统和水下安装扭王字块的姿态可调吊具等先进护面块体安装技术设备进行深水防波堤扭王字块护面块体安装,保证了引堤及横堤扭王字块预制和安装质量,安放形式及密度均满足要求。

4.2.2.10 轨道交通工程

(1)无锡地铁 3 号线一期工程

无锡地铁 3 号线一期工程是无锡轨道交通长期规划"8 线 5S"中的一条骨干线路,跨越无锡城北、城中、高新等各重要板块以及无锡火车站、无锡新区站、苏南(无锡)硕放机场站等重要枢纽。整体呈西北 – 东南走向,全长 28.5km,全部为地下线,共设 21 座车站,其中换乘站 5 座;设幸福停车场和新梅车辆段各 1 座,2 座主变电站(110/35kV 地铁专用盛岸和无锡新区主变电站 2 座)和 1 座控制中心。工程于 2016 年 3 月 30 日开工建设,2020 年 10 月 28 日完工,总投资 206 亿元。参见图 4-33。

图 4-33 无锡地铁 3 号线一期工程

项目开发了盾构智能掘进监控与决策系统，发明了盾构施工土体改良、同步注浆新型材料及配套装备，研发了盾构受限空间始发（接收）控制技术、超近距离下穿敏感建（构）筑物微沉降控制技术。成功穿越60栋弄堂建筑、20条河流、26座桥隧，实现古运河"天关"黄埔墩零沉降，完好保护了运河及沿线古迹风貌；斜穿铁路线13股，最大沉降仅0.8mm；首创顶管法联络通道施工成套技术，研发了联络通道顶管法施工及隧道内置式泵房技术，研制了配套装备，实现了联络通道的快速掘进一次成型；首次提出车站装配式二次结构预制构件标准化划分方法与接口优化技术，自主研发了配套安装设备及连接技术，材料节约60%，建筑垃圾减少80%，节能降耗、绿色环保，大幅提升地铁施工工业化水平。发明了复合砟轨道道床，提出非线性浮置板轨道系统、静声钢轨、隔振支座应用新理念，将车辆段环境噪声降至35dB以下；首创高承压水头条件下低净空拔桩技术，研制了高承压水头低净空自适应不同桩体拔桩装备，研发了双侧双井精准降水、减阻护壁泥浆技术。实现了不拆除桥涵，保持主干道畅通条件下在桥涵内低净空直接拔桩；首创轨道交通安全通信网络节能覆盖技术及应用。开发了网络安全防护技术体系，研发了无线覆盖设备，创新了无线覆盖网络系统技术，解决了城市轨道交通无线网络多运营商、多系统覆盖相互干扰的问题，信号抗干扰性提高35%，网络覆盖能耗降低25%。

（2）北京大兴机场线工程

北京大兴机场线工程是配套北京大兴机场建设的轨道交通专线，为大兴机场航空旅客提供快速、直达、高品质的轨道交通服务。工程南起大兴机场北航站楼，北至中心城草桥。线路全长41.36km，其中地下线和U形槽23.65km，高架和路基段17.71km。共设三座车站，设车辆基地一座。大兴机场线为国内首条采用最高运行速度160km/h的机场快线。采用AC 25kV供电制式，市域D型车，CBTC系统，GoA4等级全自动驾驶，全程运行时间19.7min。项目总投资230亿元，采用PPP模式建设。于2017年1月开工建设，于2019年9月开通运营。参见图4-34。

为实现"半小时"通达中心城的时间目标，首次在城市

图4-34 北京大兴机场线工程

轨道交通领域将最高运行速度提升至 160km/h，全程运行时间仅 19min；按照枢纽标准建设三座车站，大兴机场站与航站楼一体化建设，机场 B1 层为轨道交通乘客提供快速值机功能；本线与机场高速、京雄城际、团河路、机场配套市政管廊五线共廊，从设计到建设，将五个线性工程进行协调整合，并将本线与机场高速、管廊上下共构布设，节约用地约 600 亩；结合线路需求研制城市轨道交通市域 D 型车，使之兼具高速运行和公交化特征，为市域快速轨道交通新增添了一种标准车型；缩小盾构尺寸、控制工程造价、降低断网风险、减少运营期维护成本，通过动态仿真平台，革新零部件制造工艺，制定高速刚性网施工安装规范，研发 160km/h 高速刚性网成套关键技术，成果国际领先；控制系统采用 CBTC 系统，并首次完成 CBTC 核心系统时速 200km 安全性验证，满足工程建设需求，并为延伸提速预留条件；针对快线盾构区间长，砂卵石地层对盾构影响大的施工难题，采取优化改造刀具、减少盾构掘进磨损、设置装配式检修井快速换刀等技术措施，研发砂卵石地层土压平衡盾构长距离高效掘进技术；引入接触网 6C 系统，实时监测关键部件状态并完成信息上传。建设运维信息化管理系统平台，设置 26 个子系统，通过车辆段智能管控系统、机电智能维修平台，实现运维数字化升级。

（3）广州市轨道交通九号线工程

广州市轨道交通九号线经广州市花都区和白云区，西起飞鹅岭，经花都汽车城、广州北站、花都区政府、机场商务区等重点地段，至三号线北延段高增站止。线路全长 20.1km，共设置 11 座车站，是广州北拓高效发展的重要交通骨干线。广州市轨道交通九号线采用 6 辆编组 B 型车，四动两拖，列车最高运行速度 120km/h。工程于 2009 年 9 月 28 日开工建设，2018 年 6 月 28 日竣工并通过验收，总投资 109 亿元。参见图 4-35。

工程首创富水岩溶发育条件下复合地层地铁盾构工程成套技术，开创性提出岩溶区、溶土洞处理原则和方法，建立全套复杂地质条件下盾构隧道、明挖深基坑工程设计与施工技术方法，首创装配式钢套筒平衡始发/到达技术，创新了上软下硬地

图 4-35 广州市轨道交通九号线工程

层中急曲线轴线控制技术，提出砂土层与岩溶交界页面盾构掘进安全施工控制技术，开发了岩溶区地铁综合处理应急抢险技术，创新了盾构施工中地下爆破排障施工关键技术，成功解决国内首次富水岩溶发育区施工技术难题，成套技术达到国际领先水平；首创下穿 350km/h 高速铁路无咋轨道路基关键技术，首次实现在高铁不限速情况下，盾构下穿高铁路基变形安全控制指标 0 隆起、5mm 沉降，填补了国内行业空白；首次在岩溶区引入 MJS 注浆技术；首次搭建自动监测软件平台，运用信息化技术解决施工安全问题；首创富水岩溶地层既有盾构区间加站成套关键技术，形成了盾构－基坑－暗挖隧道施工顺序论证及施工关键技术，创建了富水砂层地区既有隧道范围新增明挖结构支护施工技术，研发了爆破条件下基坑围护结构渗漏防治施工技术，创新了硬岩地层深基坑支护关键技术；首创国内并联式双模盾构设备，研发国内首台并联式双模盾构设备，解决了传统单一模式盾构设备不适应富水岩溶复合地层复杂变化的地质问题，实现盾构掘进无需在特定条件下装卸任何部件、进行掘进模式的切换；首创城市轨道交通工程建设信息化管控关键技术，首次搭建城市轨道交通工程安全风险预防控制关键技术，创建智能化的安全风险预防与控制信息平台，搭建土建工程精细化管理系统，实现各层级信息化服务。

（4）重庆市轨道交通环线工程

工程是重庆轨道交通线网中唯一的闭合环形线路，也是最重要的骨干线路，线路全长 50.88km，设车站 33 座，平均站间距 1.54km。采用山地 As 型车，初近远期采用 6、6、7 编组，最高运行速度 100km/h。连接了 3 座高铁站、4 座综合公交枢纽、5 个城市组团。工程设计建造了世界上山地城市环线运营里程最长（50.88km）、车辆型式最新（首创山地 As 车辆）、工程难度最大（最大落差约 200m）、换乘数量最多（线网中 11 条线、13 座车站、远期 17 座）、跨线运营能力最强（4 条轨道线路互联互通、衔接 7 座综合交通枢纽站）、远期客流最大（110 万人次）的工程。工程于 2014 年 4 月开工建设，2020 年 12 月竣工，总投资 314.2 亿元。参见图 4-36。

图 4-36 重庆市轨道交通环线工程

工程首次实现环线与线网中多条射线线路网络化运营,实现了载客跨线运营;站间行程时间减少了 10min 以上;沿线客流吸引量增加 8%~10%;出行时间节约 10~30min;创立了具有自主知识产权适应山地城市特点的地铁设计、建造成套标准体系。修订了国家标准《地铁设计标准》等 5 部地方标准;创新研发了山地城市 As 型车辆装备。As 型车辆最大爬坡能力由 30% 提升到 50%;15 座地下车站的埋深平均减少 8~15m,车站土建规模缩小 20% 左右,系统性解决山地城市线路埋深大、转弯半径小、坡度陡等建设难题;创新研制山地盾构内径 5.9m 管片标准、新型限界及疏散;首次建设立体交叠配线越行车站;首次应用了国内轨道交通最大伸缩量 1400mm 国产化钢轨伸缩调节器与上承式梁端伸缩一体化设备;设计建造了三座世界之最的轨道桥,并研发了一系列轨道交通桥梁建造关键技术。建成了世界最大跨度的自锚式悬索桥鹅公岩轨道专用桥,首次研发了"先斜拉架梁,体系再转换"的施工技术;建成了世界最大跨度的公轨共用拱桥朝天门公轨两用桥;建成了国内主跨最长的轨道交通斜拉桥高家花园轨道专用桥。

(5)深圳市城市轨道交通 6 号线工程

深圳市城市轨道交通 6 号线工程起自深圳北站综合交通枢纽,终于松岗站,全长 37.6km,其中高架段长 24.616km,地下段长 5.647km,过渡段长 1.197km,山岭隧道两段长 6.166km,设车站 20 座,列车最高运行速度 100km/h。6 号线工程处于深圳特区中部发展轴上,连接龙华、石岩、光明、公明、松岗等地区,是联系核心城区与中部综合组团、西部高新组团的城市组团快线,也是贯穿珠江东岸莞－深－港区域性产业聚合发展走廊的重要联系通道。工程于 2014 年 12 月 30 日开工建设,2020 年 8 月 18 日竣工并验收,总投资 181.63 亿元。参见图 4-37。

工程通过 U 形梁、管片和轨道板等工厂化预制,全线土建工程工业化率达 50% 以上;采用预留预埋技术及在 U 形梁条件下隔振垫浮置、橡胶支座浮置、钢弹簧浮置板道床等预制构件技术,减少了 90% 以上现场打孔作业,提升安装效率及质量;通过轨道交通设施用地集约利用和

图 4-37 深圳市城市轨道交通 6 号线工程

车辆段上盖条件预留技术，节约土地约 300 亩；创新先后张预应力结合 U 形梁预制施工技术，研发智能化大吨位同步张拉体系，实现高精度 U 形梁轻薄美观；创新城市轨道交通最大跨度 150m V 形 U+ 箱刚构连续梁施工技术，解决跨越排洪渠和 5 处道口交通疏解难题；创新大断面曲线预应力混凝土槽形梁顶推施工技术，解决大跨度桥梁一次性低净空跨越高速公路难题；首次采用 U 形梁"先并置、后横移"技术，解决了架桥机通过岛式车站的运架一体化施工难题；创新性引入三维可视化噪声地图评价法，采用综合减振降噪方案，解决了高架线减振降噪重大技术难题；首次应用高架站光伏发电成套技术方案，满足 30% 的动力照明用电需求，预计全生命周期总发电量 5856 万 kW·h，减排二氧化碳 5.84 万 t，填补了分布式光伏发电在车站应用的空白；首次在轨道交通领域应用雨水花园、高位花坛、多功能蓄水池等海绵技术，实现年节约用水 1920t、年径流量控制率高于 70% 和面源污染处理率高于 60%；首次在越区隔离开关处增设直流快速断路器组成牵引网上网组合开关柜，实现牵引网在不停电情况下双边供电与大双边供电运行方式的转换。

4.2.2.11 公交工程

厦门海沧新城综合交通枢纽工程位于厦门市海沧区，是福建省首个以复合型立体公共交通为主体的、以"交通枢纽+商业中心+保障租赁+开放空间"的社会公益性兼容商业经营性运作模式的现代化交通枢纽综合体。项目总占地 37218m²，总建筑面积 188363m²。项目主要由综合楼、办公楼、宿舍楼、车辆检修地沟、地下室组成。综合楼为综合体的裙房，主要包括长途客运站、换乘大厅、商业等功能；办公楼为 22 层高层建筑，将打造建设与交通产业园；宿舍楼为 16 层高层建筑，将作为厦门市保障性租赁住房；地下设 3 层，地下 1 层为公交枢纽站、出租车营业站及与轨道交通的换乘大厅，地下 2 层、3 层为社会车辆停车场及设备用房。工程于 2017 年 3 月开工建设，2021 年 10 月开通运营，总投资 7.9 亿元。参见图 4-38。

项目在传统 TOD 模式的基础上融入长途客运站综合开发，将交通辐射范围从城市内扩散至全省以及全国，成为区域性的交通枢纽综

图 4-38 厦门海沧新城综合交通枢纽工程

合体；设置"P+M"换乘停车场，"P+M"换乘系统可以实现海沧区私家车的高效换乘，实现车辆高峰时期的截流，缓解岛内交通压力；项目率先采用灌注桩后注浆技术、可回收锚索＋钻孔灌注桩基坑围护结构，全面采用钢筋直螺纹连接技术，率先采用后张法有粘结预应力梁技术，创新采用型钢混凝土组合结构技术，率先引用基于BIM的管线综合技术，创新采用高压扩大头锚杆抗浮技术等创新技术；项目总结形成了《复杂城市环境下多层次地下空间结构施工关键技术》，解决了工程地下规模大，且轨道贯穿建筑，施工难度高，地质环境差，结构体系复杂等技术重难点。

4.2.2.12 市政工程

（1）武汉三阳路越江通道工程

工程是世界首例城市道路与地铁合建盾构法越江通道工程。工程穿越长江，连接北岸汉口核心区和南岸武昌滨江商务区，线路全长4.65km，由公铁合建隧道、疏解匝道、两岸地铁换乘枢纽车站及地面道路拓宽改造等相关市政配套工程组成。工程于2014年2月开工建设，2018年9月竣工验收，总投资57.6亿元。参见图4-39。

图4-39 武汉三阳路越江通道工程

工程实现了城市地下空间高效集约利用，经济和社会效益显著，标志着我国率先掌握了公铁合建盾构隧道建造技术；首创了地铁区间隧道分段式纵向通风技术，解决了公铁合建盾构法隧道越江段通风排烟难题；研发了公铁合建盾构隧道共用疏散通道、隧道体内泵房等新技术，通过盾构隧道断面集约化布置，将三车道城市道路和地铁区间隧道复合在直径15.2m的盾构隧道内，断面利用率达到95%，为国内外首创；利用首创的土岩复合地层盾构隧道荷载计算方法、盾构隧道防水与结构安全保障一体化设计技术，攻克了复合地层超大直径盾构隧道结构与防水技术难题；同期国内最大直径（刀盘15.76m）泥水平衡盾构在砂土－泥岩复合地层高水压（0.63MPa）条件下成功穿越长江，解决了超大直径盾构常压刀盘结泥饼、掘进工效低的技术难题；创新提出的"先逆后顺再拓"新型逆作施工工法、钢管混凝土柱"两点机械定位法"，为国内首座地下四层"公铁合建"

的地铁枢纽车站安全高效建造提供了技术保障。

（2）汾江路南延线沉管隧道工程

工程位于广东省佛山市禅城区的石湾镇和顺德区的乐从镇，路线北起汾江南路与澜石路交口，止于乐从大道。采用双向六车道、城市Ⅰ级主干道设计标准，全长约2.41km。工程是世界断面最宽的公铁合建内河沉管隧道。工程采用公铁合建沉管隧道设计

图4-40 汾江路南延线沉管隧道工程

方案，为三孔一管廊的不对称断面设计。公路线路布置为双向六车道，地铁线路为双向双线布置，沉管隧道段长445m，设2.5m的水下最终接头和五条柔性接头。工程于2010年5月27日开工建设，2021年6月30日竣工，总投资16.18亿元。参见图4-40。

工程创新设计和修建了宽度39.9m世界最宽的公铁合建的沉管隧道，充分发挥沉管法隧道埋深浅的优势，较分建方案减少了永久用地，实现了城市核心区集约型发展需求；创建了灌砂法沉管隧道沉降计算、检测方法、评价和不均匀沉降控制技术，研发的管节接头半刚度和顶部减载综合控制技术，有效解决了接头不均匀沉降难题；创新提出了连续接力绞拖＋全球定位精准导航技术，研发了新型外置式垂直支撑和可调可拆的鼻托导向装置，确保了在3m/s大流速、300艘/h繁航道、不对称沉管结构等条件下的安全浮运和沉放技术；研发了城市敏感区基岩水下微差爆破＋气泡帷幕＋钢封门振动监测多维综合爆破的控制技术；编制完成了《沉管法隧道设计标准》《沉管法隧道施工与质量验收规范》，推动了我国沉管法隧道的建设和技术进步，增强了国内企业的核心竞争力，成果达到国际领先水平。

（3）世界大运会东安湖体育公园项目

项目位于成都龙泉驿区，占地面积5984亩，建设内容含城市型水库、水陆生态系统、光影系统、交通网络、火炬塔、景观桥梁、建（构）筑物及附属工程等。项目是首批践行"把生态价值考虑进去"的国家公园城市建设项目，是成渝经济圈重要生态支点。公园构建了森林、湖泊、湿地、草地四大自然生境，配置各类植物400余种，乔木10余万株，融合8种地域文化，打造7.4km市政道路、1.7km湖底隧道，9座市政桥梁、25座景观桥梁、7条特色绿道、49栋景观建

筑物、14 栋公服配套、57 处景观构筑物、30 座特色雕塑，形成水陆活动场景共 30 余种。工程于 2019 年 10 月开工建设，2021 年 4 月竣工，总投资 50 多亿元。参见图 4-41。

图 4-41 世界大运会东安湖体育公园项目

项目创新运用"蓄塘成湖、留木成林、因势聚山、借渠引水"的低影响生态设计策略，打造了一湖三区七岛的生态水域格局，解决了引水灌溉、地域文化、绿色低碳等功能深度融合的设计难题；首次提出区域水系水动力作用耦合营养物质归趋评估理论，营造重力驱动湖体自净化流动范式；构建可见光量子辐照下初期浅水湖体消纳体系以及基于多相流明渠流动法的湖体入水口过渡阶梯溢流消能体系。通过参数化径流分析手段，指导多种低影响开发（LID）措施精准施工，利用成片 LID 协同作用实现亲水岸边营造；采用最佳管理实践评价模型综合模拟 LID 污染阻滞效率，保证亲水岸边面源污染截留效率；首创光影被动呈现关键技术，实现了"细腰"形火炬塔高大菱形网格结构超小误差控制、外装饰面高反射率营造的目标；研制了主动式节能造景照明系列设备及工艺，通过主被动有机协同及场景融合，绿地面积耗电量远低于绿色照明标准下限，实现了低能耗、低影响、绿色创新的光影艺术自然呈现；构建了"生态 + 智慧"为核心理念的信息化管控模型，研发了生态公园智慧管控平台，实现了公园建设的项目设计 – 施工 – 运维一体化智慧管理。

4.2.2.13 水工业工程

（1）高安屯污泥处理中心及再生水厂工程

工程是解决城市污泥处理困境、提升资源综合循环利用效率、改善区域水环境质量、促进实现绿色低碳高质量发展的重要民生工程。该项目位于北京市朝阳

图 4-42　高安屯污泥处理中心及再生水厂工程

区东部金盏乡，占地 26.9 公顷。污泥处理规模为 1836t/d，餐厨垃圾协同处理规模为 550t/d，消化液厌氧氨氧化处理规模为 4600t/d，污水处理规模为 20 万 m^3/d。通过实施沼气发电、光伏工程、水源热泵，充分利用清洁能源践行绿色低碳发展；引进餐厨垃圾与污泥协同，不仅解决了城市餐厨垃圾处理中消化运行不稳定、高盐沼液处理费用高等难题，还整体提升了污泥处理沼气产量和发电量，沼气发电规模 6MW，光伏发电规模 1.62MW。工程于 2014 年 3 月开工，2018 年 12 月竣工，总投资 42.99 亿元。参见图 4-42。

工程针对北京市污泥特点，成功应用了热水解厌氧消化工艺，较传统工艺减少消化停留时间 30%、节约用地 20%、产沼率提高 40%、有机物分解率超 50%、提升脱水效率 25%，粪大肠菌群数低于检出限值，远低于美国 503 污泥 A 级标准每克总固体小于 1000 个的要求；引入餐厨垃圾与污泥协同处理，既解决餐厨垃圾处理困境又提高能源回收效能；实施沼气及光伏年发电 4530 万 $kW·h$、热能回收 7200MJ。通过降碳、替碳、固碳等综合措施，利用清洁能源，实现零碳排放；将自主创新的厌氧氨氧化高效脱氮技术应用于消化液处理，减少消化液回流对总氮负荷的影响，节约能耗 30%，碳减排 50% 以上；污泥处理采用"热水解 + 厌氧消化 + 板框脱水 + 热电联产 + 土地利用"综合处理方案，每年可产高品质营养土 23.87 万 t，全部用于林地、土地改良、矿山修复等，为污泥处理处置提供可复制的典型整体解决方案；亚洲最大采用热水解厌氧消化工艺的污泥处理中心；世界最大圆柱形钢制污泥消化罐，单罐容积 $11500m^3$；世界最大双膜沼气储柜单个容积 $8500m^3$；采用先进的倒装施工法及液压提升系统完成世界最大钢制消化罐安装，保证罐体平稳提升及施工安全；多项发明专利，大幅提高施工速度，缩短施工周期。

（2）广州市中心城区生态型市政污水厂工程

工程总规模 111 万 m^3/d，项目建设内容包括京溪、沥滘、石井、江高、西朗 5 座地埋污水厂子项工程。项目建设践行"绿色低碳"和"数字赋能"理念，开创性提出污水处理厂叠加布置理念，并成功应用了五种可复制的综合开发新模式。项目积极探索构建集约高效、经济适用、智能绿色、安全可靠且连续完整的城市水生态基础设施体系，助力打造宜居韧性智慧城市，让人民群众在城市生活得更方便、更舒心、更美好。工程于 2010 年 3 月 27 日开工建设，于 2021 年 9 月 26 日竣工，总投资 90.96 亿元。参见图 4-43。

图 4-43 广州市中心城区生态型市政污水厂工程

工程在国内率先提出"地下建厂、地上建园"的叠加布置理念，实现构筑物全地下式布置、工艺单体组团集成化布局、卫生防护要求突破、城市综合投资观念优化、工艺技术的创新、地面公园式厂区景观等多种设计创新；在全国首次将污水处理物化指标运行控制向微生物指标智能化控制的革命性转变，依此系统思维构建智慧化平台、在线工艺仿真系统和可视化碳管理平台；创新开发出高标准、高效脱氮的低碳污水处理工艺技术。通过对污水水质特征和污染物赋存转变控制的分析，研究形成了多点进水、内碳源利用强化脱氮 + 污泥回流与化学除磷耦合的 AAOA-PRSB 工艺技术体系，实现碳源和药剂投加减少 30%；在国内首次提出差异化收集、分区分质处理的通风除臭技术体系。构建臭气浓度场 - 湿度场 - 速度场模型，对臭气采用差异化收集和分质处理，应用自主研发的等离子体 + 生物过滤除臭技术，实现高效除臭，去除率均达到 92% 以上；采用人工智能、3D 打印、虚拟现实、视屏监控等技术，解决了污水处理厂超长结构一体化设计和施工难题。通过自主研发超大基坑自动化监测系统，搭载 BIM+ 智慧工地管理系统，提升了安全、质量、进度、环境监测等智能化管理水平，实现深大基坑自动化监测和自动化报警。

（3）津沽污水、再生水、污泥循环经济示范项目

项目是天津市重点工程，也是天津市 20 项民心工程之一。项目是日处理 65 万 m^3 污水、7 万 m^3 再生水、800t 污泥的综合处理设施，其前身为天津纪庄子污水、再生水处理厂。纪庄子污水厂为中国近代第一座大规模污水处理厂，2012 年由于原纪庄子污水厂四周已被居民区包围，且用地已无水质进一步提升空间。天津市政府总体决定启动纪庄子污水厂搬迁工程。工程于 2012 年 2 月 1 日开工建设，于 2021 年 9 月 6 日总体竣工，总投资 21.0367 亿元。参见图 4-44。

图 4-44 津沽污水、再生水、污泥循环经济示范项目

工程将节能减排、绿色低资、资源循环等理念贯穿于整个生命周期,具备很强的示范意义;污水出水与周边景观湿地相结合,实现了水资源的再利用;水处理部分率先采用"改进的多级AO工艺",在减小池容的同时,还可根据需求灵活调节运行方式;首次在超大规模污水处理项目中采用"两级初沉污泥水解",通过降解污泥中的有机物及挥发性有机酸产生生物所需碳源,节省了碳源投加;再生水采用大型双膜法,解决了周边居民、电厂的用水需求;污泥处理实现了来自自然、回归土地的资源化利用;应用了全国规模最大的高浓度中温厌氧消化系统,节省占地10%,产气量大幅提高;通过处理前端的高压破壁,中间的增效菌剂投加较大地提高了沼气产量,通过沼气的综合利用及水源热泵对污水中热源的提取,实现了项目的日常能源自平衡,部分时段盈余;污泥滤液成功应用了厌氧氨氧化及磷回收等多项节能减碳技术。

4.3 土木工程建设企业科技创新能力排序

4.3.1 科技创新能力排序模型

4.3.1.1 科技创新能力评价指标的确定

本报告参考了国际国内有关科技创新能力评价的影响大、测度范围广的评价研究报告,包括"福布斯全球最具创新力企业百强榜""科睿唯安全球百强创新机构""中国企业创新能力百千万排行榜"等,同时结合土木工程建设行业特点,经专家讨论,最终确立中国土木工程建设企业科技创新能力评价指标,包括土木工程建设企业专利指数、荣誉指数和软著指数三个指数,以反映土木工程建设企业在科技创新的发展情况,具体指标名称及权重见表4-13。

科技创新能力评价体系及权重 表 4-13

序号	科技创新能力评价体系	权重
1	企业专利指数	0.45
2	企业荣誉指数	0.35
3	企业软著指数	0.20

各项指数的含义如下：

（1）企业专利指数（简称专利指数）。统计各土木工程建设企业在统计期间获得的发明专利项数、实用新型专利项数、外观专利项数情况。其中，发明专利、实用新型专利和外观专利分别是企业作为专利权人拥有的、经国内外知识产权行政部门授予且在有效期内的专利。根据专家研判意见，发明专利项数、实用新型专利项数、外观专利项数的权重分别采用 0.55、0.35 和 0.10。

（2）企业荣誉指数（简称荣誉指数）。统计各土木工程建设企业在统计期间获得的国家级科学技术奖项数、国家级工程奖项数、省部级科学技术奖项数情况。其中，国家级科学技术奖项是企业获得的由国务院设立并颁发的相关科技奖项的项目。国家级工程奖项是企业主持的工程入选（获得）中国土木工程詹天佑奖、全国建筑业新技术应用示范工程和全国建设科技示范工程等工程清单。省部级科学技术奖项是省部级政府有关部门颁发的科技奖项目。根据专家研判意见，国家级科学技术奖项数、国家级工程奖项数、省部级科学技术奖项数的权重分别采用 0.45、0.30 和 0.25。

（3）企业软著指数。统计各土木工程建设企业在统计期间获得的软件著作权情况。

综合以上三个指数的指标分析，土木工程建设企业科技创新能力评价指标及权重，见表 4-14。

科技创新能力评价指标及权重 表 4-14

序号	指数	指标	指标权重
1	企业专利指数	取得发明专利项数	0.2475
2	企业专利指数	取得实用新型专利项数	0.1575
3	企业专利指数	取得外观专利项数	0.0450
4	企业荣誉指数	获得国家级科学技术奖项数	0.1575
5	企业荣誉指数	获得国家级工程奖项数	0.1050
6	企业荣誉指数	获得省部级科学技术奖项数	0.0875
7	企业软著指数	获得软件著作权项数	0.2000

4.3.1.2 科技创新能力排序模型计算方法

课题组提出了本发展报告的科技创新能力排序模型,并根据专家意见进行了完善修改。排序综合得分应该由单指标得分再乘以该指标的权重所得到的乘积得出,而各单指标计分规则为:某企业某项指标的评分值等于该企业此项指标值与所有企业此指标值的最大值的商的百分数。

科技创新能力排序模型计算公式如下:

$$S_i = \sum_{j=1}^{7} w_j Q_i^j$$

$$Q_i^j = \frac{R_i^j}{\max(R_i^j)} \times 100$$

式中　i ——第 i 家企业;

　　　j ——第 j 项指标;

　　　S_i ——企业 i 的科技创新能力综合得分;

　　　Q_i^j ——企业 i 在指标 j 上的得分;

　　　w_j ——指标 j 的权重;

　　　R_i^j ——企业 i 在指标 j 上的指标值。

4.3.2　科技创新能力排序分析

土木工程建设企业科技创新能力分析对象的确定,与确定综合实力分析对象的方法基本相同。评价所需数据通过天眼查(www.tianyancha.com),建设通(www.cbi360.net)等建筑业大数据服务平台获得。

按照前述的分析模型,计算得出土木工程建设企业的科技创新综合得分。科技创新综合得分排名前 100 位的土木工程建设企业如表 4–15 所示,前 100 名企业各指标的得分情况及综合评价结果如附表 4–5 所示。

2023 年土木工程建设企业科技创新能力排序表　　表 4–15

名次	企业名称	名次	企业名称
1	中国建筑第八工程局有限公司	4	中国建筑第五工程局有限公司
2	中国建筑第三工程局有限公司	5	上海建工控股集团有限公司
3	中国建筑第二工程局有限公司	6	中国建筑一局(集团)有限公司

续表

名次	企业名称	名次	企业名称
7	中交一公局集团有限公司	38	中铁十九局集团有限公司
8	北京建工集团有限责任公司	39	中铁二十局集团有限公司
9	中铁四局集团有限公司	40	上海城建（集团）有限公司
10	山西建设投资集团有限公司	41	中国五冶集团有限公司
11	中国建筑第七工程局有限公司	42	中国建筑第六工程局有限公司
12	中铁隧道局集团有限公司	43	中国水利水电第五工程局有限公司
13	中铁十二局集团有限公司	44	中天建设集团有限公司
14	中铁建工集团有限公司	45	中铁七局集团有限公司
15	中交路桥建设有限公司	46	中交第三航务工程局有限公司
16	北京城建集团有限责任公司	47	中铁电气化局集团有限公司
17	陕西建工控股集团有限公司	48	安徽建工集团控股有限公司
18	中交第一航务工程局有限公司	49	中交第二航务工程局有限公司
19	中铁十一局集团有限公司	50	中国水利水电第十四工程局有限公司
20	中建安装集团有限公司	51	中国铁建大桥工程局集团有限公司
21	中交第二公路工程局有限公司	52	湖南建工集团有限公司
22	中国水利水电第七工程局有限公司	53	中铁上海工程局集团有限公司
23	中国二十冶集团有限公司	54	广西建工集团有限责任公司
24	中铁大桥局集团有限公司	55	中国二十二冶集团有限公司
25	中铁一局集团有限公司	56	中电建路桥集团有限公司
26	中铁三局集团有限公司	57	广州市建筑集团有限公司
27	中铁十八局集团有限公司	58	中铁城建集团有限公司
28	中国十七冶集团有限公司	59	中冶天工集团有限公司
29	中国一冶集团有限公司	60	中国公路工程咨询集团有限公司
30	武汉城市建设集团有限公司	61	中铁二局集团有限公司
31	中国建筑第四工程局有限公司	62	浙江交工集团股份有限公司
32	上海宝冶集团有限公司	63	中铁十五局集团有限公司
33	中铁建设集团有限公司	64	山东省路桥集团有限公司
34	中铁十六局集团有限公司	65	中亿丰建设集团股份有限公司
35	中交疏浚（集团）股份有限公司	66	中交第四航务工程局有限公司
36	中铁十四局集团有限公司	67	中铁十七局集团有限公司
37	中铁五局集团有限公司	68	中铁六局集团有限公司

续表

名次	企业名称	名次	企业名称
69	广东省建筑工程集团控股有限公司	85	中铁二十一局集团有限公司
70	中国核工业建设股份有限公司	86	中冶建工集团有限公司
71	中铁十局集团有限公司	87	中国水利水电第八工程局有限公司
72	南通四建集团有限公司	88	江苏扬建集团有限公司
73	中国十九冶集团有限公司	89	天元建设集团有限公司
74	中国水利水电第九工程局有限公司	90	中铁二十三局集团有限公司
75	中国水利水电第十一工程局有限公司	91	云南省建设投资控股集团有限公司
76	江苏南通二建集团有限公司	92	中国华冶科工集团有限公司
77	中铁二十二局集团有限公司	93	中铁北京工程局集团有限公司
78	江苏省苏中建设集团股份有限公司	94	江苏省华建建设股份有限公司
79	中国水利水电第三工程局有限公司	95	中建科技集团有限公司
80	江苏省建筑工程集团有限公司	96	中国水利水电第四工程局有限公司
81	四川公路桥梁建设集团有限公司	97	黑龙江省建设投资集团有限公司
82	中铁八局集团有限公司	98	江苏江都建设集团有限公司
83	青建集团股份有限公司	99	广西路桥工程集团有限公司
84	中铁二十四局集团有限公司	100	中国电建市政建设集团有限公司

4.4　土木工程领域重要学术期刊

科技期刊传承人类文明，荟萃科学发现，引领科技发展，直接体现国家科技竞争力和文化软实力。本报告经过筛选、定量评价、定性评价、征求专家意见、专家审定等程序，形成了 2023 年土木工程领域重要学术期刊列表。

4.4.1　2023 年土木工程领域重要学术期刊列表（中文期刊）

本报告首先从高质量科技期刊分级目录（中国科协）、2023 版北京大学中文核心期刊目录、2023 年版中国科技核心期刊目录、2023~2024 年度中国科学引文数据库（核心库）等权威数据库中遴选出土木工程建设领域相关学术期刊。

然后按照"是否为高质量期刊""是否是中文核心期刊""是否为科技核心期刊""是否为科学引文数据库核心期刊"、《中国学术期刊影响因子年报》的分区以及影响力指数,对期刊的重要性进行初步排序。在初步排序的基础上,经过专家定性评价和专家组审定,最终形成了2023年土木工程领域重要学术期刊列表(中文期刊),如表4-16所示。2023年土木工程领域重要学术期刊列表(中文期刊)中包含土木工程建设领域中文期刊135种。

2023年土木工程领域重要学术期刊列表(中文期刊) 表4-16

序号	期刊	ISSN	序号	期刊	ISSN
1	水利学报	0559-9350	23	中南大学学报(自然科学版)	1672-7207
2	铁道学报	1001-8360	24	煤炭学报	0253-9993
3	中国铁道科学	1001-4632	25	工程力学	1000-4750
4	桥梁建设	1003-4722	26	同济大学学报(自然科学版)	0253-374X
5	岩土工程学报	1000-4548	27	工程管理科技前沿	2097-0145
6	交通运输工程学报	1671-1637	28	中国安全科学学报	1003-3033
7	土木工程学报	1000-131X	29	自然灾害学报	1004-4574
8	城市规划学刊	1000-3363	30	中国园林	1000-6664
9	建筑结构学报	1000-6869	31	现代隧道技术	1009-6582
10	建筑材料学报	1007-9629	32	河海大学学报(自然科学版)	1000-1980
11	城市规划	1002-1329	33	地下空间与工程学报	1673-0836
12	铁道科学与工程学报	1672-7029	34	中国给水排水	1000-4602
13	中国公路学报	1001-7372	35	给水排水	1002-8471
14	交通运输系统工程与信息	1009-6744	36	防灾减灾工程学报	1672-2132
15	振动与冲击	1000-3835	37	地震工程与工程振动	1000-1301
16	铁道工程学报	1006-2106	38	隧道建设(中英文)	2096-4498
17	城市发展研究	1006-3862	39	世界桥梁	1671-7767
18	岩石力学与工程学报	1000-6915	40	都市快轨交通	1672-6073
19	岩土力学	1000-7598	41	工业建筑	1000-8993
20	水资源保护	1004-6933	42	土木与环境工程学报(中英文)	2096-6717
21	武汉理工大学学报(交通科学与工程版)	2095-3844	43	建筑科学与工程学报	1673-2049
22	西南交通大学学报	0258-2724	44	铁道运输与经济	1003-1421

序号	期刊	ISSN	序号	期刊	ISSN
45	城市轨道交通研究	1007-869X	73	城市交通	1672-5328
46	现代城市研究	1009-6000	74	中外公路	1671-2579
47	上海城市规划	1673-8985	75	交通运输工程与信息学报	1672-4747
48	建筑结构	1002-848X	76	灾害学	1000-811X
49	建筑科学	1002-8528	77	北京交通大学学报	1673-0291
50	西安建筑科技大学学报（自然科学版）	1006-7930	78	系统仿真学报	1004-731X
51	铁道标准设计	1004-2954	79	安全与环境工程	1671-1556
52	铁道建筑	1003-1995	80	建筑钢结构进展	1671-9379
53	土木工程与管理学报	2095-0985	81	大连交通大学学报	1673-9590
54	新型建筑材料	1001-702X	82	石家庄铁道大学学报（自然科学版）	2095-0373
55	暖通空调	1002-8501	83	结构工程师	1005-0159
56	水科学进展	1001-6791	84	建筑节能	2096-9422
57	长安大学学报（自然科学版）	1671-8879	85	泥沙研究	0468-155X
58	长江科学院院报	1001-5485	86	水动力学研究与进展 A 辑	1000-4874
59	水资源与水工程学报	1672-643X	87	华北水利水电大学学报（自然科学版）	2096-6792
60	公路	0451-0712	88	大连海事大学学报	1006-7736
61	重庆交通大学学报（自然科学版）	1674-0696	89	沈阳建筑大学学报（自然科学版）	2095-1922
62	中国农村水利水电	1007-2284	90	水运工程	1002-4972
63	硅酸盐通报	1001-1625	91	船海工程	1671-7953
64	混凝土	1002-3550	92	工程抗震与加固改造	1002-8412
65	水利水运工程学报	1009-640X	93	空间结构	1006-6578
66	中国水利水电科学研究院学报（中英文）	2097-096X	94	工程勘察	1000-1433
67	上海海事大学学报	1672-9498	95	交通运输研究	2095-9931
68	世界地震工程	1007-6069	96	工程管理学报	1674-8859
69	消防科学与技术	1009-0029	97	中国港湾建设	2095-7874
70	工程爆破	1006-7051	98	粉煤灰综合利用	1005-8249
71	公路交通科技	1002-0268	99	河北工程大学学报（自然科学版）	1673-9469
72	公路工程	1674-0610	100	岩土工程技术	1007-2993

续表

序号	期刊	ISSN	序号	期刊	ISSN
101	安全与环境学报	1009-6094	119	交通科技与经济	1008-5696
102	勘察科学技术	1001-3946	120	交通工程	2096-3432
103	土木建筑工程信息技术	1674-7461	121	现代城市轨道交通	1672-7533
104	铁路计算机应用	1005-8451	122	交通与运输	1671-3400
105	施工技术（中英文）	2097-0897	123	铁路通信信号工程技术	1673-4440
106	混凝土与水泥制品	1000-4637	124	北京规划建设	1003-627X
107	中国水利	1000-1123	125	钢结构（中英文）	2096-6865
108	水利规划与设计	1672-2469	126	城市勘测	1672-8262
109	铁道勘察	1672-7479	127	路基工程	1003-8825
110	小城镇建设	1009-1483	128	山东建筑大学学报	1673-7644
111	铁道建筑技术	1009-4539	129	四川建筑科学研究	1008-1933
112	铁路技术创新	1672-061X	130	北京建筑大学学报	2096-9872
113	公路交通技术	1009-6477	131	建筑技术	1000-4726
114	水利与建筑工程学报	1672-1144	132	青岛理工大学学报	1673-4602
115	交通科学与工程	1674-599X	133	建设科技	1671-3915
116	高速铁路技术	1674-8247	134	市政技术	1009-7767
117	中国防汛抗旱	1673-9264	135	古建园林技术	1000-7237
118	石油沥青	1006-7450			

4.4.2　2023 年土木工程领域重要学术期刊列表（英文期刊）

本报告首先从高质量科技期刊分级目录（中国科协）、科学引文索引数据库（SCI）、科学引文索引扩展板数据库（SCIE）等国际权威数据库中遴选出土木工程建设领域相关学术期刊。然后按照 2023 年 12 月最新升级版"中国科学院文献情报中心期刊分区表"中的小类、大类分区情况、Web of Science 数据库期刊引证报告中的分区情况（JCR 分区）及影响因子，对期刊的重要性进行初步排序。在初步排序的基础上，经过专家定性评价和专家组审定，最终形成了 2023 年土木工程领域重要学术期刊列表（英文期刊），如表 4-17 所示。2023 年土木工程领域重要学术期刊列表（英文期刊）中包含土木工程建设领域英文期刊 150 种。

2023 年土木工程领域重要学术期刊列表（英文期刊） 表 4-17

序号	期刊	ISSN	序号	期刊	ISSN
1	Cement and Concrete Research	0008-8846	24	Journal of Management in Engineering	0742-597X
2	Cement and Concrete Composites	0958-9465	25	Geotextiles and Geomembranes	0266-1144
3	Sustainable Cities and Society	2210-6707	26	Composite Structures	0263-8223
4	Automation in Construction	0926-5805	27	Urban Forestry & Urban Greening	1618-8667
5	Reliability Engineering & System Safety	0951-8320	28	International Journal of Fatigue	0142-1123
6	Computer-Aided Civil and Infrastructure Engineering	1093-9687	29	Rock Mechanics and Rock Engineering	0723-2632
7	Transportation Research Part E-Logistics and Transportation Review	1366-5545	30	Applied Clay Science	0169-1317
8	IEEE Transactions on Intelligent Transportation Systems	1524-9050	31	Journal of Wind Engineering and Industrial Aerodynamics	0167-6105
9	Landscape and Urban Planning	0169-2046	32	Ocean Engineering	0029-8018
10	International Journal of Project Management	0263-7863	33	Engineering Failure Analysis	1350-6307
11	Construction and Building Materials	0950-0618	34	Coastal Engineering	0378-3839
12	International Soil and Water Conservation Research	2095-6339	35	Marine Structures	0951-8339
13	Building and Environment	0360-1323	36	IEEE Journal of Oceanic Engineering	0364-9059
14	Engineering Geology	0013-7952	37	Transportation research Part D-Transport and Environment	1361-9209
15	Tunnelling and Underground Space Technology	0886-7798	38	Transportation Research Part A-Policy and Practice	0965-8564
16	Journal of Hydrology	0022-1694	39	Acta Geotechnica	1861-1125
17	Transportation Research Part B-Methodological	0191-2615	40	Engineering Structures	0141-0296
18	Thin-Walled Structures	0263-8231	41	Safety Science	0925-7535
19	Computers and Geotechnics	0266-352X	42	Underground Space	2096-2754
20	Wear	0043-1648	43	Building Simulation	1996-3599
21	Transport Reviews	0144-1647	44	Geotechnique	0016-8505
22	Journal of Rock Mechanics and Geotechnical Engineering	1674-7755	45	Journal of Building Engineering	2352-7102
23	Structural Safety	0167-4730	46	Energy and Buildings	0378-7788

续表

序号	期刊	ISSN	序号	期刊	ISSN
47	Journal of Transport Geography	0966-6923	68	Vehicle System Dynamics	0042-3114
48	Engineering Fracture Mechanics	0013-7944	69	International Journal for Numerical and Analytical Methods in Geomechanics	0363-9061
49	Journal of Traffic and Transportation Engineering-English Edition	2095-7564	70	International Journal of Sediment Research	1001-6279
50	Case Studies in Construction Materials	2214-5095	71	Fatigue & Fracture of Engineering Materials & Structures	8756-758X
51	Developments in the Built Environment	2666-1659	72	Earthquake Spectra	8755-2930
52	Landslides	1612-510X	73	Journal of Composites for Construction	1090-0268
53	Structural Health Monitoring-An International Journal	1475-9217	74	Water Resources Management	0920-4741
54	Project Management Journal	8756-9728	75	Stochastic Environmental Research and Risk Assessment	1436-3240
55	Transportation Geotechnics	2214-3912	76	Journal of Flood Risk Management	1753-318X
56	Journal of Computing in Civil Engineering	0887-3801	77	International Journal of Structural Stability and Dynamics	0219-4554
57	Structural Control and Health Monitoring	1545-2255	78	International Journal of Architectural Heritage	1558-3058
58	Computers & Structures	0045-7949	79	Frontiers of Engineering Management	2095-7513
59	Earthquake Engineering & Structural Dynamics	0098-8847	80	Engineering Construction and Architectural Management	0969-9988
60	Indoor Air	0905-6947	81	Transportation	0049-4488
61	Soil Dynamics and Earthquake Engineering	0267-7261	82	International Journal of Rail Transportation	2324-8378
62	Journal of Construction Engineering and Management	0733-9364	83	Soils and Foundations	0038-0806
63	Journal of Constructional Steel Research	0143-974X	84	Journal of Bridge Engineering	1084-0702
64	Journal of Geotechnical and Geoenvironmental Engineering	1090-0241	85	Leukos	1550-2724
65	Structures	2352-0124	86	Earthquake Engineering and Engineering Vibration	1671-3664
66	Cold Regions Science and Technology	0165-232X	87	Journal of Sustainable Cement-Based Materials	2165-0373
67	Journal of Civil Structural Health Monitoring	2190-5452	88	IEEE Transactions on Engineering Management	0018-9391

序号	期刊	ISSN	序号	期刊	ISSN
89	Archives of Civil and Mechanical Engineering	1644-9665	111	Journal of Hydro-Environment Research	1570-6443
90	Journal of Civil Engineering and Management	1392-3730	112	Journal of Vibration and Control	1077-5463
91	Steel & Composite Structures	1229-9367	113	Journal of Performance of Constructed Facilities	0887-3828
92	Journal of Structural Engineering	0733-9445	114	ASCE-ASME Journal of Risk and Uncertainty in Engineering Systems Part A-Civil Engineering	2376-7642
93	Building Research and Information	0961-3218	115	Lighting Research & Technology	1477-1535
94	International Journal of Concrete Structures and Materials	1976-0485	116	Journal of Hydraulic Engineering	0733-9429
95	International Journal of Pavement Engineering	1029-8436	117	Journal of Infrastructure Systems	1076-0342
96	Journal of Hydrodynamics	1001-6058	118	Coastal Engineering Journal	0578-5634
97	Materials and Structures	1359-5997	119	Structural Design of Tall and Special Buildings	1541-7794
98	Road Materials and Pavement Design	1468-0629	120	Journal of Urban Planning and Development	0733-9488
99	Fire Safety Journal	0379-7112	121	Journal of Marine Science and Technology	0948-4280
100	Advances in Structural Engineering	1369-4332	122	Computers and Concrete	1598-8198
101	Journal of Materials in Civil Engineering	0899-1561	123	China Ocean Engineering	0890-5487
102	Buildings	2075-5309	124	Journal of Hydroinformatics	1464-7141
103	Journal of Water Resources Planning and Management	0733-9496	125	Smart Structures and Systems	1738-1584
104	Canadian Geotechnical Journal	0008-3674	126	Landscape Research	0142-6397
105	Structural Concrete	1464-4177	127	Indoor and Built Environment	1420-326X
106	Frontiers of Structural and Civil Engineering	2095-2430	128	Journal of Water Supply Research and Technology-AQUA	0003-7214
107	Structure and Infrastructure Engineering	1573-2479	129	Architectural Engineering and Design Management	1745-2007
108	Journal of Earthquake Engineering	1363-2469	130	IET Intelligent Transport Systems	1751-956X
109	Geomechanics and Engineering	2005-307X	131	Structural Engineering and Mechanics	1225-4568
110	Urban Ecosystems	1083-8155	132	Journal of Building Performance Simulation	1940-1493

续表

序号	期刊	ISSN	序号	期刊	ISSN
133	European Journal of Environmental and Civil Engineering	1964-8189	142	ACI Materials Journal	0889-325X
134	Advances in Concrete Construction	2287-5301	143	Proceedings of the Institution of Mechanical Engineers Part F-Journal of Rail and Rapid Transit	0954-4097
135	Journal of Hydrologic Engineering	1084-0699	144	Advances in Cement Research	0951-7197
136	AQUA-Water Infrastructure Ecosystems and Society	2709-8028	145	Earthquakes and Structures	2092-7614
137	Journal of Energy Engineering	0733-9402	146	ACI Structural Journal	0889-3241
138	Journal of Advanced Transportation	0197-6729	147	Wind & Structures	1226-6116
139	Building Services Engineering Research and Technology	0143-6244	148	Geotechnical Testing Journal	0149-6115
140	Magazine of Concrete Research	0024-9831	149	Canadian Journal of Civil Engineering	0315-1468
141	KSCE Journal of Civil Engineering	1226-7988	150	AI in Civil Engineering	2730-5392

Civil Engineering

第 5 章

土木工程建设前沿与热点问题研究

本章基于中国土木工程学会下达的年度研究课题，围绕工程推动建筑业绿色低碳发展、中国城市住宅发展现状与趋势、双碳背景下智慧社区新技术体系及典型应用、超大城市深层地下空间技术四个土木工程建设年度热点问题，汇集了相应的研究成果。

根据住房和城乡建设部 2024 年的重点工作任务，同时考虑中国土木工程学会二级分支机构各自专业领域和当前我国土木工程领域的研究热点，中国土木工程学会、北京詹天佑土木工程科学技术发展基金会下达了一批年度研究课题，要求各课题承担单位开展相关领域发展成果的总结、发展规律的研究、发展趋势的预测，并给出相关的发展规划和策略建议。本章对这些课题的主要研究成果进行了摘编。

5.1 推动建筑业绿色低碳发展

本热点问题的分析根据中国土木工程学会总工程师工作委员会、中建工程产业技术研究院有限公司承担的中国土木工程学会课题《推动建筑业绿色低碳发展》的研究成果归纳形成。

5.1.1 现状分析

5.1.1.1 我国建筑业发展现状

党的十八大以来，是建筑业转型升级的重要时期，"中国建造"展示出了强大的综合实力。

（1）产业规模不断扩大。建筑业总产值和增加值在国民经济中占据重要地位。国家统计局数据显示：2023 年建筑业总产值 31.59 万亿元，比 2014 年增长近 1 倍；建筑业实现增加值 8.57 万亿元，占 GDP 比重达 6.8%，十几年来长期保持在 7% 左右。2016~2023 年间，建筑业总产值占全国固定资产投资（不含农户）的比例由 53% 增长到 63%。2023 年建筑业就业人数达到 5254 万人。建筑业产业规模不断扩大，国民经济支柱产业的地位稳固。

（2）居住环境持续改善。主要表现在：全国建筑总面积从 2010 年的 472 亿 m^2 增加到 2021 年的 713 亿 m^2。城镇和农村人均居住面积明显增加，2019 年分别为 $39.8m^2$ 和 $48.9m^2$。

（3）发展效益大幅提升。工程设计、建造水平、科技创新以及劳动者技能都在显著提升，建成了一批"高大精深"的建筑产品；装配式建筑、建筑机器人、建筑产业互联网等一批新产品、新业态、新模式初步形成；全国建筑企业劳动生产率，2023 年比十年前提高了 46% 以上。

5.1.1.2　我国建筑业资源消耗情况

建筑业高速发展的同时，也消耗了大量的资源和能源，为环境带来了较大负荷。据中国钢铁工业协会和冶金规划院发布的数据显示，2023 年，全国累计生产钢材 13.63 亿 t，其中建筑业钢材消耗总量维持在 4 亿 ~4.5 亿 t，约占当年全国钢材总产量的 35%。国家统计局发布的数据显示，2023 年全国水泥产量 20.23 亿 t（图 5-1），主要用在房屋建筑和基础设施的建设方面。

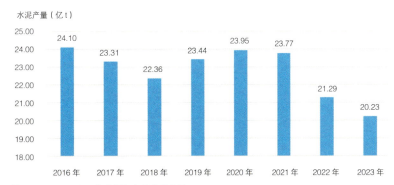

图 5-1　2016~2023 年全国各年度水泥产量
（数据来源：国家统计局）

《2023 中国建筑与城市基础设施碳排放研究报告》显示，2021 年全国建筑全过程（含房屋建筑与基础设施）能耗总量为 23.5 亿 tce，占全国能源消费总量比重为 44.7%；碳排放总量为 50.1 亿 tCO_2，占全国碳排放的比重为 47%。

5.1.1.3　行业、企业落实"双碳"的总体情况

（1）行业、企业碳达峰实施方案。国务院印发《2030 年前碳达峰行动方案》后，各部委和地方积极响应，发布各自的碳达峰行动方案。2022 年 6 月，住房和城乡建设部、国家发展改革委联合发布《城乡建设领域碳达峰实施方案》，分别从建设绿色低碳城市与打造绿色低碳县城和乡村两个主要方面明晰了实现碳达峰的路径。此后，各省市相继发布了城乡建设领域碳达峰实施方案。建筑领域的中央企业积极践行国家战略，彰显央企担当，探索企业低碳发展目标和实施路径。在建筑设计、施工建造、建筑材料、技术标准、地产策划等多个领域，中央企业

已经积极围绕"双碳"目标,制定了初步的行动计划。2021年6月,中国能源建设集团发布《践行碳达峰、碳中和"30·60"战略目标行动方案(白皮书)》,2022年12月,中国建筑集团《碳达峰行动方案》发布。中国建筑科学研究院牵头完成国际上本领域首部国家标准《近零能耗建筑技术标准》GB/T 51350-2019,该标准的颁布实施是开展建筑节能标准国际对标的需要,是建筑节能行业发展的需求导向,将为住房和城乡建设部2016~2030年建筑节能新"三步走"的战略规划提供技术依据。华润置地在销售住宅业态开发方面从2013年起已开展多项管控绿色节能建筑管理措施,鼓励项目开展绿色建筑设计和实施的落位,共建立8项执行标准和指引。北京金隅集团股份有限公司编制《金隅集团碳达峰碳中和"十四五"规划》和《金隅集团碳达峰行动方案》,分别提出集团"十四五"期间和碳达峰周期内的碳减排目标及主要举措,提出集团整体碳达峰的路线图和施工图。中国建设科技集团应用最新理念和技术在绿色建筑领域进行了大量的工程设计实践,并联合多家央企牵头成立国家建筑绿色低碳技术创新中心。

(2)企业"双碳"机构设置情况。各建筑企业积极布局,组建"双碳"实体公司拓展业务。中国电建整合组建新能源集团,调整业务结构,实现集团由建设为主向"投建营"一体化转型的重大战略部署;中国铁建首个"双碳"专业平台——中碳基础设施产业发展有限公司在北京城市副中心政务服务中心注册成立,成为国内首家"中碳"字号的基础设施产业类企业。中国建筑在"双碳"机构设置方面形成了较为完善的体系,为推动绿色低碳发展提供了有力的组织保障和技术支持,分别设立了管理层面的碳达峰碳中和工作小组和"双碳办公室",研究层面的中国建筑战略研究院双碳分院和中国建筑碳中和研究院等机构。北京金隅集团股份有限公司为强化"双碳"工作统筹协同推进,成立集团碳达峰碳中和工作领导小组。中国建材检验认证集团股份有限公司高度重视建材行业碳达峰碳中和服务机构建设,获得工业和信息化部颁发的工业节能与绿色发展评价中心、三星级绿色建材评价机构等资质,同时拥有科技部批准建设的绿色建筑材料国家重点实验室。

(3)企业碳盘查、碳核查情况。中建集团作为建筑行业的龙头企业,于2023年年中启动碳盘查工作,旨在全面摸清集团及各业务板块碳排放现状,识别高碳排放业务领域及排放环节,评估集团碳减排潜力,制定碳减排目标与策略;推动数字化技术融合应用,探索建立集团数字化碳排放管理机制;在行业内率先制定碳排放基准,增强行业绿色低碳影响力和话语权;建立科学规范的碳盘查工作标准，统一集团碳盘查工作方法和尺度，探索形成涵盖不同法人层级、多业态融合的碳盘查工作体系，培育高质量碳盘查专业人才队伍。中国建材检验认证集团参与北京市、湖北省、广东省等全国二十多个省市第三方碳排放核查。

5.1.1.4 减碳措施的实施情况

（1）绿色采购、绿色供应链。中国建筑在采购招标环节，对供应商环评情况、排污许可证等进行审核，向合作分供方发起"绿色、环保、低碳"共建倡议，积极推行节能型设备、高周转材料，推广绿色产品应用。同时推进光伏电站建设，储备各类特殊工艺专业分包和设备供应商300余家。中国建材检验认证集团股份有限公司作为中国绿色供应链联盟副理事长单位，积极开展绿色制造体系建设认证服务。包括绿色工厂、绿色供应链、绿色设计产品第三方认证服务。

（2）智能化、工业化节能减碳。在工程建设的前期策划、建筑设计、材料选用、施工建造、交付运行等环节中运用绿色化、智能化技术，加入"碳减排""净零碳"的考量，加大绿色建材应用，通过数字化和智能化手段模拟建筑运行各个环节的能源消耗和适配方案，施工过程中采用BIM技术、智慧工地等手段降低建造的碳排放，从而实现建筑全过程的低碳化。装配式建筑具有设计标准化、构件模块化、生产工厂化和施工装配化等优势，因此大力发展装配式建筑可以大幅降低建筑能源消耗、优化施工工序、减少建筑垃圾产生量，助力实现建筑业绿色低碳发展和碳达峰碳中和目标。

（3）生产组织方式节能减碳。生产组织方式的节能减碳需要从设计、施工、材料选择、废弃物回收等多个环节入手，形成全方位的节能减碳体系。首先通过精细化、专业化的管理手段结合绿色施工技术和方法，减少施工过程中的能源消耗和碳排放。其次加强施工现场管理，实现建筑垃圾的减量化排放和资源化利用。最后在建筑运行阶段实施能源管理计划，提高能源利用率。

（4）开展绿色金融业务情况。多家建筑企业通过绿色金融推动项目融资，发行绿色债券，在项目贷款上享受国家绿色信贷政策，享受低息贷款。中海集团发行全国目前规模最大的绿色（碳中和）CMBS（商业房地产抵押贷款支持证券）产品，发行规模50.01亿元，期限为18年，优先评级AAA级，票面利率3.35%。中建资本联合保险公司已完成绿色建筑保险产品开发，已开展绿色资产证券化业务3笔。

5.1.2 面临的挑战与问题

近年来,在党中央和国务院的指导下,住房和城乡建设部等管理部门先后出台了碳达峰实施方案、建筑领域节能降碳工作方案等一系列政策。通过全面建设绿色建筑、新建建筑实施节能标准、既有建筑进行节能改造、扩大可再生能源在建筑领域的应用、提高绿色低碳技术和创新材料的研发、开展绿色建造试点等措施,在全行业共同努力下,建筑业绿色低碳发展取得了一些进展和成绩,但还存在一些必须面对和亟待解决的重要问题。建筑业降耗减碳任务艰巨复杂,将直接影响国家碳中和目标的顺利完成。

5.1.2.1 行业减碳政策支撑力不强

一是行业没有强制执行的碳减排政策;二是各级政府对碳排放约束力度较小,无法将碳减排效益落到实处;三是现行工程组织模式阻碍了企业减碳动力,碳减排责任主体不明确。

5.1.2.2 建筑领域碳排放核算缺乏统一标准

一是碳排放核算方法不统一,且核算范围差异较大;二是碳排放因子等数据库不完善,目前没有开源的、较为全面的碳排放因子库;三是国家也没有建立完整的碳核算管理与监督机制。

5.1.2.3 绿色低碳关键技术研发不足

一是建材、施工等企业在绿色低碳技术研究方面投入不高,技术储备不足,企业参与绿色低碳建材生产技术研究的积极性不高,绿色建材应用比例较低;二是面向建筑低碳运营的产品化研发导向不足,缺少提升建筑运营节能降碳的先进低碳产品与解决方案;三是节能设计和低碳运行技术和施工关联性不够,导致施工企业在绿色低碳方面的研发投入比例不高。

5.1.2.4 全产业链减碳协同性欠缺

一是建筑全产业链环节多,设计、施工、运行等环节各自分离、协同性较差,减碳各环节比较分散,没有统一的标准和模式;二是全产业链各环节协同性较差,设计、施工、运行三大环节各自分离,归属于不同的市场主体,难以统一协调;

三是产业链上各环节分属于不同的行业范畴,主管部门分散,政策不统一,行动不一致。

5.1.2.5　农村建筑领域低碳发展有待提高

一是农村地区建筑领域的低碳技术仍处于起步和发展阶段,创新能力有待提升,部分减碳技术成本过高,市场化推广难度大;二是缺乏全过程智能化的监控手段和技术方案。

5.1.3　有关建议

"十四五"规划明确2025年比2020年单位国内生产总值能源消耗(即能源强度)和二氧化碳排放(即碳强度)分别降低13.5%和18%。这意味着在"十四五"期间,能源强度平均每年需要同比下降2.8%,碳强度平均每年需要同比下降3.9%。根据《国民经济和社会发展统计公报》公开数据显示,2021年比2020年能源强度下降了2.7%、碳强度下降了3.8%,2022年比2021年能源强度下降了0.1%、碳强度下降了0.8%,2023年比2022年能源强度下降了0.5%、碳强度与上年持平,三年累计2023年比2020年能源强度下降了3.3%、碳强度下降了4.6%。要实现"十四五"规划的碳减排目标,接下来的两年里,在2023年的基础上能源强度需要下降10.5%、碳强度需要下降14%,两项指标较预期进度滞后很多。另外,居民消费能力以及"一带一路"建设绿色低碳要求明显提升。因此,加快推动建筑领域节能降碳、促进经济社会发展全面绿色转型的任务十分紧迫,建筑业绿色低碳发展既是我国能源战略和可持续发展的需要,也是顺应国际趋势、满足市场需求、推动经济高质量发展的必然选择。

5.1.3.1　进一步强化顶层设计

建立建筑业绿色低碳减排目标和路线图,构建统一的碳排放标准体系,明确建筑业碳核查的边界和范围,加快出台建筑业强制性减碳政策;推动建筑业向能碳双控转型,探索建筑碳排放总量控制和强度控制的双管控模式;加强新建建筑节能降碳管理,加强城市更新和老旧小区系统规划,进一步提高建筑工程和城市基础设施的使用寿命,进一步明确新建星级绿色建筑和既有老旧建筑绿色化改造与降耗减碳标准和时间表。

5.1.3.2 变革建筑业生产组织方式

大力推广工程总承包和全过程工程咨询，通过市场机制的方式，整合各方责任主体，按碳中和的总体目标，倒排时间表，推动绿色低碳转型全覆盖，加快推进新型建筑工业化，智能建造和绿色建造；对绿色低碳做得好的优秀企业给予长期财政补贴或低息贷款，鼓励一批标杆企业带头走在前面；将能源审计、信息披露等市场机制纳入考核范围，探索建立建筑碳排放、能耗配额与交易制度，推动建筑业自主碳交易。

5.1.3.3 建立绿色产品许可制度

对新建建筑、既有建筑改造以及建材等产品达到节能降碳标准的发放绿色使用许可证；加快推进绿色建材等产品的评价认证和推广应用，总承包企业要按照绿色星级建筑标准，采购绿色建材、绿色机电、绿色装备及碳足迹较低的产品，形成对建筑上下游企业的倒逼机制。

5.1.3.4 培育发展建筑业新质生产力

利用人工智能、机器人、虚拟现实等新科技和新材料，布局建筑业战略性新兴产业和未来产业，提升建筑业科技创新能力；加大关键技术研发和新技术推广应用，围绕建筑业节能减碳、能源替代、循环利用、绿色低碳材料、碳捕获与碳封存等关键技术进行技术攻关，加强建筑光伏一体化、光储直柔、建筑垃圾处置与利用、智能物联网等应用推广；健全绿色低碳人才激励机制，鼓励科技人才走向工程项目一线，培育一批绿色低碳复合型人才、领军人才、卓越工程师。

5.1.3.5 提高农房节能水平，改变农村能源结构

提升农房绿色低碳设计建造和节能改造水准，使农房能效水平整体得到提高。充分开发利用农房屋顶和院落空间，逐步将太阳能和生物质能作为农村的主要能源形式。因地制宜地对农村地区的基础设施进行绿色化改造和完善。

5.1.3.6 推动绿色生活方式进入千家万户

绿色低碳惠及千万家，千万家也必须参与，否则不可能实现碳中和的目标任务。建立家庭购买使用绿色产品的价格优惠、补贴激励机制，提高居民自主

选择绿色住宅、绿色建材、绿色家电等的积极性；积极引导推动家庭和个人节水、节电、节气等绿色生活方式，激发全社会共建绿色低碳社区、低碳家庭的积极性和主动性。

5.1.4 实施策略

推动建筑业绿色低碳发展，实现碳达峰碳中和，绝不是就碳论碳的事，而是多重目标、多重约束的经济社会系统性变革。于建筑行业而言，既不能操之过急，也不能行动迟缓。需要处理好降碳与发展、短期与长远、局部与整体、国内与国际、研究与实践、产业与市场等多方面多维度关系。

5.1.4.1 目标计划方面

大型建筑企业是推动建筑行业低碳转型的重要主体，许多企业已经制定碳中和目标和不同阶段的行动措施。例如法国万喜公司设立了 2050 年实现碳中和的目标，并承诺到 2030 年将温室气体直接碳排放在 2018 年的基础上减少 40%，间接碳排放较 2019 年减少 20%。德国豪赫蒂夫承诺到 2045 年实现"净零"排放。法国布依格公司的目标是到 2030 年将温室气体排放量减少 30%。除了碳中和目标，很多企业根据时间进程确定了不同阶段的子目标，例如：斯特拉巴格则设立了五个子目标，分别是：到 2025 年实现管理部门的气候中和，2030 年实现建设项目的气候中和，2035 年实现建筑运营的气候中和，2040 年实现建筑材料和基础设施的气候中和，以及到 2050 年助力欧洲实现气候中和。

通过设立具体目标以及各阶段需要采取的行动措施，可以促进企业将绿色低碳作为经营活动过程的重要指标，从而加速低碳转型和可持续发展。具体的计划可按照碳排放的类别来区分，减少直接碳排放可通过减少施工车辆碳排放、优化工业能源资源，以及在建筑工地和建筑物中使用可再生能源（比如太阳能板、氢气等）实现；间接碳排放主要来源于产业链上下游，因此需要与供应商分包商和客户共同合作制定绿色低碳解决方案，在开发过程中，应优先采用低碳替代方案以及低碳材料。

5.1.4.2 政策措施方面

（1）政策法规支持。健全完善法律法规体系。一是适时修订《中华人民共和国节约能源法》《中华人民共和国可再生能源法》《中华人民共和国建筑法》和《民用建筑节能条例》等法律法规，增加明确绿色建筑、超低能耗建筑、低碳（零碳）建筑、装配式建筑、既有建筑绿色运营和绿色低碳改造、建筑碳排放"双控"等监管和推动要求。二是引导地方因地制宜细化建立符合本地区实际情况的相关法律法规，更好规范指导实践工作开展。三是系统梳理相关主管部门和市场主体职责，明确划分责任，有效衔接工作，并建立完善处罚机制，充分发挥规范引导作用。四是建立常态化的法律法规实施后评估机制，定期评估法律法规落实情况，发现执行过程中存在的问题，及时修订，更好适应建筑绿色低碳发展趋势和需求。

（2）技术创新支持。建筑业是资源密集型行业，通过开发创新技术，替代目前碳排放较高的建筑材料可以有效减少二氧化碳排放，在调动团队科技和创新潜力中，应采取持续改进的策略，同时严格管理和减少项目的碳足迹。具体措施包括加强可持续材料的应用（低碳混凝土、气候友好型隔热和智能景观），不断扩大和使用可再生能源替代化石燃料，优先选择预制构件和模块化建筑。采用低碳混凝土，可以将碳排放削减30%~50%，斯特拉巴格通过在斯图加特创新中心项目采用低碳混凝土，为该项目建设过程减少了1050t二氧化碳排放。与其他类型的混凝土相比，低碳混凝土的使用无需额外测试或批准，而且在项目中不会对混凝土质量产生不利影响。水泥在生产过程会生成大量的氮氧化物，蒂森克虏伯的"选择性催化还原脱硝SCR技术"采用氨（NH_3）作为还原剂，通过化学反应可将氮氧化物转化为氮气（N_2）和水（H_2O），SCR技术的转化效率在理想状态下可达到90%以上。同时，蒂森克虏伯也在不断开发和创新清洁能源技术，比如风能发电、电能转化为氢能的水电解系统等。

（3）市场机制支持。从国家层面建立健全建筑绿色低碳发展市场机制和保障措施，制定实施用能总量、用能强度、碳排放控制等管理制度。完善用电、用气、用热等价格政策，利用峰谷电价、阶梯气价等方式，降低建筑绿色低碳转型经营成本。加快推进建筑领域碳交易工作，逐步推动建筑业纳入碳交易市场，积极推行节能咨询、诊断、设计、融资、改造、托管等"一站式"综合服务模式。合理开放城镇基础设施节能相关领域投资、建设和运营市场，应用特许经营、政府购买服务等手段吸引社会资本投入。

（4）社会参与支持。社会参与支持建筑业绿色低碳发展，需要各方共同努力。政府应制定政策引导，加强监管，提供税收优惠等激励措施；企业应积极采用绿色技术，推动产品创新，提高市场竞争力；金融机构应提供绿色融资支持，降低绿色建筑项目的融资成本；科研机构应加强技术研发，推动绿色建筑技术创新；同时，广大公众应提高环保意识，选择绿色建筑产品，共同营造绿色生活方式。这样，全社会形成合力，共同推动建筑业绿色低碳发展。

5.1.4.3 组织实施方面

（1）完善"双碳"组织架构。需要构建层次清晰、职责明确的管理体系，明确各级政府和企业在"双碳"工作中的角色与责任。同时，加强跨部门、跨领域的协调与沟通，形成工作合力，确保各项政策与措施得到有效执行。此外，还需建立专业的"双碳"管理团队，提升组织的专业能力和执行力，为建筑业的绿色低碳转型提供有力支撑。通过完善组织架构，我们可以更好地推动建筑业绿色低碳发展，实现碳达峰和碳中和的目标，为可持续发展贡献力量。

（2）建立责任主体考核机制。明确政府、企业等各方的职责和目标，确保各项政策措施得到有效执行。通过设立科学的考核指标和评价体系，对责任主体在绿色建筑、节能减排等方面的表现进行量化评估，对表现优异的主体给予奖励，对未达标的主体进行督促整改。这一机制的建立，将有效激发各方参与建筑业绿色低碳发展的积极性，推动行业向更加环保、高效的方向发展。

（3）提高碳排放信息透明度。要求建筑业各参与方公开披露建筑项目的碳排放数据，包括建筑材料生产、施工、运营等各个环节的碳排放情况。通过建立统一的碳排放信息披露标准和平台，实现信息共享和监管，增强公众对建筑业碳排放情况的了解和监督。提高碳排放信息透明度有助于推动建筑业各方更加积极地采取绿色低碳措施，促进建筑业向更加环保、高效的方向发展。

5.1.4.4 专业领域方面

（1）勘察设计。提高城市绿色低碳规划设计能力，将低碳节能理念贯穿到建筑空间规划、主体结构、选材用材、能耗标准等方面。探索设立总规划师，提升城乡"双碳"规划策划能力。优先选用低碳结构体系，持续加强设计优化，延长建筑使用寿命。设计院要从源头减碳，采用全过程碳排放限额设计，在建设立项、规划设计、设计选材、设计深化、施工建造及运维过程中，统筹碳减排策略，真正做到从工程立项到建造全过程一体化协同。

（2）建筑施工。推动项目管理组织方式变革，针对绿色低碳新要求，塑强项目管理人员碳认知，具备碳排放统计、节能减碳技术、能耗设备检测等新能力。

项目层面推广使用碳排放监控管理平台，安装能耗、水耗等计量表，实现工地碳排放数据的可视化。持续扩大绿色采购，开发和使用碳中和混凝土等绿色建材，减少产业链上下游碳排放，加强建筑材料循环利用，促进建筑垃圾减量化。深入开展绿色建造示范工程创建行动，有效降低建造过程中各类资源消耗。

（3）地产开发。秉承全流程绿色低碳的理念，确定土地出让环节碳约束性指标，实施限额策划与设计，在建筑能耗设计上提高能源利用效率，寻求可再生能源替代，提高绿色建材使用比例，鼓励低碳节能技术应用，打造绿色低碳建筑产品。开展绿色低碳场景及低碳技术试点应用，通过场景打造促进相关技术增量成本的市场转化，实现规模化效益。提升绿色低碳运营能力，实施节能增效改造提升措施，对于住宅物业，建立绿色低碳小区模型，探索社区碳汇碳交易路径，创造物业服务新增长点；积极采用绿色金融，通过绿色债券、绿色贷款、绿色保险等拓展融资渠道，增强土地招拍挂竞争力。探索碳交易路径，形成绿色低碳的房地产开发模式。

（4）投资业务。聚焦重点区域布局绿色低碳产业项目，重视绿色投资市场，积极参与到绿色企业、绿色产业、绿色城市、绿色技术投资等领域。龙头企业利用资金优势，搭建绿色投资平台，为新产业、新业态、新模式提供资金赋能。应用绿色金融手段，借助资本市场力量，通过绿色信贷、绿色债券等方式，为企业实施的绿色建筑、超低能耗建筑等项目提供融资支持。

5.1.5 结论与展望

5.1.5.1 报告的主要发现

（1）高度上，加大政策指导力度。从更高层面制定建筑领域节能降碳的政策指导意见，逐步完善建筑领域节能降碳的政策法规、市场体系、标准规范、关键技术、产业及产品体系。要围绕建筑产品终端这个定位，提高建筑节能标准，建立全过程管控的节能标准体系，以碳中和为目标，推动修订民用建筑节能条例等法律法规，提高建筑节能指标水平。完善并统一建筑业碳排放的计算标准，政府层面应加快出台建筑业的强制性减碳政策，以碳排放强度和降幅指标等作为管控手段，引导行业和企业共同减碳。

（2）广度上，推动全社会参与。建筑业节能降碳要充分发挥政府、企业、居民等多方利益主体的作用，需要千千万万的家庭参与，老百姓是建筑产品的直接使用者，要重点培育全民绿色低碳、文明健康的生活方式，让老百姓自主选择绿色住宅，让低能耗住宅、家电及用具等成为老百姓的首选。企业要以绿色低碳产品为导向，设计出对老百姓友好的低碳场景，如节能灯具、节能电器及节能家电等。同时针对城区和社区层面建立碳普惠机制，根据普通居民生活节能节水的降碳量，建立与个人福利相挂钩的激励机制，激发全社会共同参与减碳的主动性。

（3）力度上，发挥企业主体作用。我国不同类型建筑企业有20万家，是建筑业减碳的关键主体。要建立碳排放约束倒逼考核机制，制定阶段性减排目标，明确企业碳排放强度或降幅指标等管控手段，确保减排目标的有效实现。推广应用新型建造方式体制机制、标准和应用实施体系，完善绿色建造、智慧建造及工业化建造技术体系和建筑产品，改变过去传统的施工模式，发挥施工总承包主体协调作用，推广绿色低碳建材研发与应用，带动建材企业、水泥企业等协同减碳。大力推广建筑师负责制、全过程咨询和工程总承包协同工作机制，建立相应的组织方式、工作流程和管理模式，加快推进新型建筑工业化。

（4）深度上，推动既有建筑改造。我国既有建筑面积约670亿m^2，大约400亿m^2以上的建筑需要改造升级，我国农村住宅建筑面积约230亿m^2，90%以上属于高耗能建筑。要加大对既有的存量建筑节能改造力度，加快推进居住建筑和公共建筑节能改造，以城市管网等公共基础设施为节能改造重点，分类推进建筑和市政基础设施设备更新，提升建筑和市政基础设施设备整体能效水平。结合城市更新，推动建筑业与相关产业链的深度融合，形成投资与消费的良性循环，以城市更新拉动投资和消费。推动建筑全面电气化，提高住宅供暖、生活热水等电气化普及率，减少建筑终端化石能源消耗，大幅度提高建筑领域新能源使用比例。

（5）维度上，全产业协同减碳。建筑领域的节能降碳涉及能源、建筑、工业制造等多个领域，需要全产业链共同努力，要建立跨部门、跨行业的协作机制。例如宏观政策制定部门，要牵头分解建筑业减碳指标，建立强制考核机制；财政金融部门要大力发展绿色贷款、绿色债券等金融工具，完善碳减排支持金融工具，引导金融机构为绿色低碳项目提供长期限、低成本资金；工业制造部门要建立产品碳足迹管理体系，统一碳足迹标准和规则，实现数据互通，国际互认；科技部门要布局减碳重大关键技术研发，围绕能源替代、节能减碳、循环利用等前瞻性、战略性重大前沿技术领域布局；建设部门要发挥主体作用，大力推动绿色建筑的发展，提高建筑节能标准；建材管理部门要加大支持绿色建材的研发与应用，推进建筑运行过程中能源消费结构及模式的转变，降低能耗和碳排放。

5.1.5.2 推动建筑业绿色低碳发展的必要性和重要性

绿色低碳是全球建筑行业发展的必然趋势，建筑业作为碳排放大户，亟待转型升级实现高质量可持续发展。建筑业的绿色低碳转型是一个复杂的进程，需要政府、企业和社会各界的合作。明确的碳中和目标、创新技术和材料、循环经济和数字化转型将共同推动建筑业的绿色低碳发展，减少碳排放、提高建筑质量，为塑造可持续和宜居的未来贡献力量。只有遵循绿色低碳的核心理念，鼓励绿色创新、完善低碳市场、积极采用数字化智能工具，综合管理建筑全生命周期并协同上下游产业链共同开展减碳措施，才能降低建筑行业二氧化碳排放，从而实现建筑业的高质量可持续发展并助力中国实现碳达峰、碳中和战略目标。

建筑行业作为能源消耗大、碳排放量高的行业之一，是实现我国碳达峰、碳中和目标的重点推进领域。据统计，我国建筑行业全生命周期碳排放，占全国碳排放总量的一半以上。显然，推进建筑行业的绿色发展具有重要意义。通过节能减排，能有效降低能源消耗和碳排放，为"双碳"建设目标的实现提供有力支持。通过使用太阳能、风能等新能源建筑技术，能为建筑提供清洁能源，减少对传统能源的依赖。

此外，推动建筑行业绿色发展需要不断进行科技创新和技术研发，有利于推动建筑行业的产业升级和转型升级，为"双碳"建设提供技术支持。建筑行业的绿色发展是当前全球社会发展的必然趋势，通过推动绿色建筑设计、材料和技术的应用，建筑行业可以实现资源的节约和环境的保护，为可持续发展作出贡献。

中国式现代化的核心是高质量发展，高质量发展的底色是绿色低碳发展。建筑业降耗减碳潜力巨大，推动建筑业绿色降碳发展，对建设高水平市场经济体系意义重大，任重道远。

5.1.6 工程案例

5.1.6.1 零碳建筑技术在博鳌近零碳示范区工程中应用案例

博鳌零碳示范区项目为国家首个近零碳示范区项目，与改造前相比，年二氧化碳排放量减少超90%，被国内外零碳领域专家认为达到"国际一流、国内领先"水平，入选住房和城乡建设部城市更新典型案例和国家能源局低碳转型典型案例。由中远海运博鳌有限公司投资改造，中铁建设集团有限公司施工完成。该项目采用的主要绿色低碳技术和节能降碳效果如下：

（1）BIM+装配式高效制冷机房。东屿岛大酒店、亚洲论坛及国际会议中心两处制冷机房通过专业化设计、数字化BIM建模、工厂化预制、装配式安装的现代化建造新模式，打造集"智慧""高效""装配"于一体的机房建设新标杆（图5-2），工期节省50%。综合采用多种高效机房技术后，制冷机房"冷源系统全年能效比"达5.0以上，达到3级高效机房标准，相较改造前节能约35%。

图5-2 高效制冷机房

（2）直流变频多联机空调系统。直流变频多联机采用光伏（储）直流直驱技术（图5-3），将新能源与高效空调系统结合，综合性能系数IPLV（C）达到8.8以上，较现行国家标准《公共建筑节能设计标准》GB 50189提升16%，达到国际一流水平。耗电量相较传统VRV系统节约30%以上，年累计节电量可达5万kW·h。

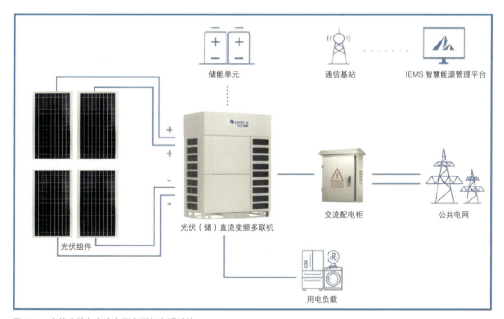

图5-3 光伏（储）直流变频多联机空调系统

（3）国内最先进的智能可调的组合式围护结构。采用透过率（SHGC）约40%的光伏玻璃幕墙，并设置内遮阳格栅，有效降低大堂太阳辐射得热40%以上。亚洲论坛酒店大堂的"光伏玻璃+百叶+电动窗通风"的外幕墙形式（图5-4），是国内最先进的"动态产能围护结构"的代表性应用，全年可减少大堂空调用电量20%左右。酒店阳台的光伏玻璃栏板、绿植遮阳、遮阳格栅等措施（图5-5），可将酒店客房的太阳辐射得热量降低35%以上。

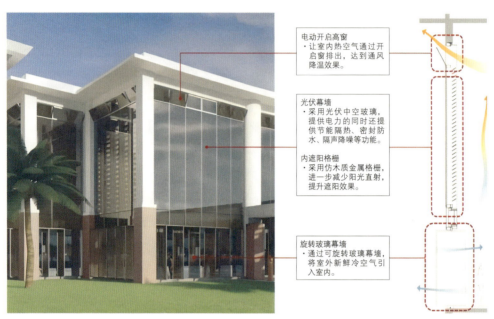

图5-4　亚洲论坛酒店大堂采用光伏发电和通风组合式幕墙

图5-5　酒店客房阳台的光伏玻璃栏板和绿植遮阳

（4）"农光互补+风光互补"多源多能可再生能源系统。在博鳌小镇农光互补基地，成片光伏板将阳光转化成电能，通过电网输送到博鳌亚洲论坛会址所在地东屿岛，汇集岛上分布式光伏和储能设备的电流，共同为论坛年会场馆提供源源不断的"绿电"，与岛内电力形成农光互补光伏发电系统。东屿岛游船码头设置6台目前世界上启动速度最低的花朵风机，利用海岛风力发电。启动风速只需1.2m/s，可借助海风24h昼夜运行，且无噪声，累计发电量较可观，与光伏发电系统形成多能互补光伏发电系统（图5-6）。亚洲论坛会议中心采用屋面光伏板、光伏瓦、光伏百叶、光伏地砖等多种类型的光伏发电系统（图5-7），总计安装4176.22kWp屋面光伏、711.81kWp车棚光伏、217.42kWp光伏幕墙及光伏

图5-6 亚洲论坛会议中心及酒店光伏发电系统分布图

图5-7 亚洲论坛酒店屋面光伏组件和连廊光伏采光顶

地砖等其他光伏发电设备。东屿岛内建筑光伏一体化系统，年发电量可达 710~920 万 kW·h，降低碳排放 4440t，占改造前总碳排放的 30.6%，助力示范区零碳运行。此外，在光伏系统的自身碳中和周期后，光伏系统将持续中和示范区建筑中的隐含碳，产生持续降碳效益。

（5）直流互济光储直柔系统安全、高效、稳定。采用安全、长寿命的全钒液流长时储能电池，配置 2 台国内最先进的能源路由器，形成多台变低压直流互联互济结构，实现功率在发电、储能、并网之间的动态分配（图 5-8、图 5-9）。目前 1kW·h 电每次成本已低于 0.2 元。

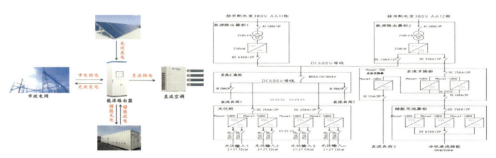

图 5-8　能源路由器供配电示意图　　图 5-9　直流互济光储直柔系统示意图

5.1.6.2　中建滨湖设计总部近零能耗建筑案例

中建滨湖设计总部（图 5-10）位于成都市天府新区兴隆湖畔北侧，总建筑面积约 7.8 万 m²。项目以探索夏热冬冷地区的超低能耗建筑为目标，尝试突破传统办公建筑高能耗的定式，以及中国现行节能规范及技术措施的局限，结合工业化技术与新材料研发，综合运用被动、主动技术结合可再生能源，实现空间形式、建筑技术与能耗性能的最佳匹配。采用共计 40 余项低碳节能技术，其中引领技术 9 项、示范技术 24 项，打造了成都市首个"近零碳建筑"。2023 年实测运行能耗强度为 41kW·h/（m²·a），仅为普通办公楼能耗的 30%。该项目已经获得绿建三星设计标识、近零能耗建筑标识、Active House Award 2022 年度总冠军。

图 5-10　中建滨湖设计总部鸟瞰

该项目采用的主要建筑降碳创新技术如下：

（1）气候适应的高性能围护体系（图5-11、图5-12）。创新提出"通风季节"和"通风时段"理念，通过气象追踪自控天窗及预冷通风系统，大幅减少过渡季节的空调能耗。与厂家共同研发三银高透双中空隔热玻璃，解决了玻璃透光不透热的难题，结合水平遮阳及垂直绿化系统，共同形成新型超低能耗围护体系，综合得热系数仅为0.18，较传统围护结构降低空调能耗约35%。

图5-11　高性能围护结构

（2）新型低碳结构体系。项目采用了装配式铰接屈曲约束支撑结构，在中国属首创，其具有安装快捷、刚度可控、耗能作用显著，且地震后可更换、修复的优点。楼板采用自主专利设计的混凝土空心叠合板，能适应大跨度楼盖，避免主次梁连接，施工可取消或者减少临时支撑，降低建造碳排放，具有极高的推广价值。

（3）光储直柔示范应用（图5-13）。项目也是西部地区首个建成的光储直柔技术示范项目，屋面设置800余 m² 的单晶硅光伏板，装机容量163.2kW，年发电量可达12.9万 kW·h，直流电进入

图5-12　大厅顶部气象追踪自控天窗

图 5-13 光储直柔 – 屋面单晶硅光伏组件部分

储能机房,再以直流电的方式供给零碳示范区、地下室照明、充电桩等使用。结合 IoT 大数据平台和软件,为后期运维提供支撑。

(4)智慧运维下的人文关怀。空调系统采用分区运行的 VRV 空调模块机组,以温湿度独立控制为设计原则,可根据人员活动情况精准控制温湿度,相比传统空调形式节能约 30%。办公采用"工位送风系统",减少用能空间,提高使用人员舒适度。室内人工照明使用"工位照明 DALI 控制系统"的感应模块,可感应区域人员活动情况,自动调节灯具的开关和亮度,减少照明的电力消耗。

中建滨湖设计总部低碳技术路径概览如图 5-14 所示。

图 5-14 中建滨湖设计总部低碳技术路径概览

5.1.6.3 北京建院 C 座科研楼近零能耗改造案例

北京市建筑设计研究院股份有限公司（以下简称"北京建院"）是与共和国同龄的大型国有建筑设计咨询机构。北京建院 C 座科研楼改造项目为国内首个既有建筑近零能耗改造项目，探索既有建筑近零能耗技术改造与实施。通过被动式和主动式节能措施提升节能效果，项目综合节能率达到 61%，获近零能耗建筑、绿色建筑三星级、绿色建筑 LEED 铂金级及健康建筑 WELL 铂金级等多项国内外权威认证。项目的成功为既有建筑改造提供了新技术路线和方向，为建筑节能和绿色化改造领域树立了新标杆，具有重要示范和推广价值。

该项目应用的主要既有建筑近零能耗改造技术如下：

（1）智慧建筑管理系统。智慧建筑管理系统是本项目节能的核心技术。系统通过物联网架构，实现了对建筑内所有能源使用设备的实时监控和管理，并能够根据室内外环境变化，人员使用情况自动调节空调、照明等设备的运行状态，优化能源分配，减少浪费。

（2）结构加固。原建筑为装配整体式预应力板柱体系，无法直接加固，通过自主知识产权的小型 BRB 结构进行抗震加固（图 5-15），延长建筑使用寿命约 30 年。结合建筑改造方案，对项目核心筒剪力墙进行改造，扩大井道，增加电梯吨位，提高使用效率。结合建筑现状高差通过局部拔柱打造阶梯式报告厅，提供多种办公配套功能。

（3）绿色材料。项目在材料选择上，优先采用环保、可再生的绿色材料。建筑外立面采用高性能保温材料，有效降低建筑物的热损失，提高能源利用效率。同时，室内装修和家具配置也严格选用低挥发性有机化合物的材料，减少室内污染，提升室内空气质量。参见图 5-16~ 图 5-18。

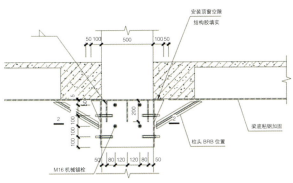

图 5-15 小型 BRB 防屈曲约束支撑结构

图 5-16 北京建院 C 座科研改造楼室外效果　　图 5-17 北京建院 C 座科研楼改造室内效果

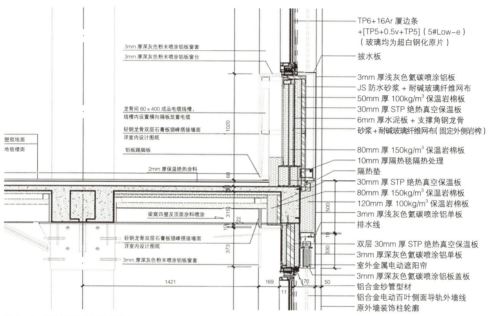

图 5-18　围护结构保温构造节点

（4）节能技术的集成与可再生能源利用。项目集成了高效新风热回收、智能照明及高性能空调系统，提升了能源使用效率，实现能源精细化管理。同时，项目积极利用可再生能源，如光伏发电和空气源热泵。光伏发电板全年发电量满足大楼部分用电需求，减少对传统能源依赖。空气源热泵系统则利用空气能提供供暖和制冷，提升能源自给自足能力。

绿色低碳技术的集成应用，实现了显著的节能降碳效果。其中空调系统的节能率 57%，照明系统的节能率 75%，综合节能率 61%，充分证明了项目在节能降碳方面的实际效果。参见图 5-19。

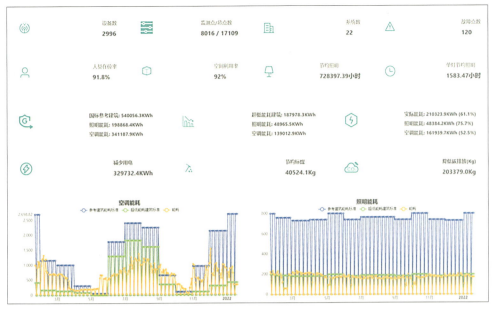

图 5-19 系统节能实时数据表

5.1.6.4 北湖污水处理厂附属工程绿色低碳案例

北湖污水处理厂是国内一次性建成规模最大的污水处理厂，采用先进的污水处理工艺，是国家"长江大保护"和武汉市"四水共治"关键工程，是武汉市主城区首个开展分布式光伏项目的污水处理厂，旨在打造"光伏+污水处理厂"示范样板。北湖污水处理厂附属工程项目 2020 年获得三星级绿色建筑设计标识证书，2022 年获得三星级绿色建筑标识证书，是国内污水处理厂类项目中少有获得"双三星"的绿色建筑（图 5-20），项目入选 2023 中国绿色低碳公共建筑第一名。

该项目采用的主要绿色低碳技术如下：

（1）按照绿色建筑三星级进行创建。项目拥有丰富的非传统水源，利用污水处理厂尾水作为景观水体水源，构建景观水生态工程，景观水系两侧种植再力花、美人蕉等水生植物进行水质改善，投放螺、蚌、锦鲤等动物，净化水体、维护水体生态平衡（图 5-21）。绿化浇洒及道路采用污水处理厂尾水，非传统水源利用率为 46.86%。采用乔、灌、草结合的复层绿化，并设置屋顶绿化（图 5-22），屋顶绿化面积占屋顶可绿化面积比例为 38.61%，显著降低热岛效应。厂区整体进行海绵城市专项设计，场地内设置有下凹式绿地、透水铺装等多种海绵设施，场地年径流总量控制率为 75%。项目空调采用高效的多联式室内机+新风系统形式，新风系统采用全热交换器，供暖空调系统能耗降低幅度达 40% 以上，并设

图 5-20　三星级绿色建筑设计标识证书（左）与三星级绿色建筑标识证书（右）

图 5-21　生态景观水体

图 5-22　屋顶绿化

置能耗分项计量系统和高效节能的照明系统。施工大量使用高强钢、可再利用和再循环材料，室内装饰装修材料采用陶瓷砖等材料，耐久性好、易维护。物业管理公司编制了设备设施管理与维护工作手册，制定了应急预案和绿化养护计划。办公楼内设有治水科技馆展厅（图5-23），定期开展各类绿色环保低碳、污水处理等绿色教育宣传活动。

（2）建立全国最大的污水处理厂分布式光伏发电站（图5-24）。项目充分发挥了"水务+光伏"的天然优势，实现土地及空间资源的二次开发利用，降低污水处理厂用电成本。采用池顶大跨度预应力柔性支架光伏和屋面光伏两种建设形式，预应力柔性支架光伏装机容量23.13MW，屋面光伏装机容量0.60MW。光伏电站采用"自发自用，余电上网"模式。据测算，在25年运营期内，每年可提供约2200万kW·h的绿色清洁电能，折算减少CO_2排放量约1.16万t。

图5-23 治水科技馆展厅

图5-24 光伏发电站鸟瞰实景

5.2 中国城市住宅发展现状与趋势研究（1978年至今）

本热点问题的分析根据中国建筑设计研究院有限公司承担的中国土木工程学会课题《中国城市住宅发展现状与趋势研究（1978年至今）》的研究成果归纳形成。

5.2.1 绪论与背景

5.2.1.1 研究背景

1978年以来，我国经济社会发生了翻天覆地的变化，城市住宅发展尤为显著。在政策制度方面，实施住房分配制度改革，逐步取消福利分房，实行住房分配货币化、住房供应商品化，并不断深化改革，优化住房供应结构，满足不同收入群体的住房需求；在住宅设计与建设方面，从功能性导向转向以人为本、绿色可持续，新材料、新技术、新产品层出不穷，实现了飞跃式发展，住宅水平逐步迈向现代化、国际化；在住宅消费方面，人民需求从"有房住"逐步转向"住好房"，更加关注舒适、健康、环保等方面，而且消费观念逐渐理性，消费模式更加多元化。

2023年，住房和城乡建设部倪虹部长提出，"要牢牢抓住让人民群众'安居'这个基点，以让人民群众住上更好的房子为目标，从好房子到好小区，从好小区到好社区，从好社区到好城区，进而把城市规划好、建设好、管理好，打造宜居、韧性、智慧的城市，努力为人民群众创造高品质生活空间"。

随着我国城镇化进入下半场，大规模的增量城市建设已成为历史，取而代之的是存量提质和内涵提升。城市更新背景下的"好房子"建设是一项系统性、复杂性极强的工作。为了引导住宅建设可持续健康发展，描绘"新一代好房子蓝图"，助力人民美好生活，要求技术从业者回顾过去、总结经验、发挥优势。

因此，本课题基于倪虹部长在《中国土木工程学会关于推动住宅建科科技进步的工作汇报》的批示要求，系统回顾1978年以来我国住宅政策制度与标准规范发展历程，研究不同时期住宅领域的重点工作实践与典型案例，分析规划设计、建筑设计、景观设计、施工建造、科技应用等方面的好技术、好经验、好做法，并进一步结合不同时期国家要求与人民需求，分别总结城市住房建设转型起步阶段、探索开拓阶段、蓬勃发展阶段、全面提质阶段的"好房子"主要特征，展望未来"好房子"建设方向。

5.2.1.2 住宅政策与标准发展概述

中华人民共和国成立初期，住宅建设以解决劳动人民的基本居住需求为主，通过建造公有住房缓解"房荒"。直至改革开放以后，随着经济体制改革的推进，开始尝试住房商品化，经历了全价出售、"三三制"补贴售房等多种尝试，并开始编制专门针对住宅的国家标准。1986年，我国第一部专门针对住宅的国家标准《住宅建筑设计规范》GBJ 96-1986发布，为后续标准体系的建立奠定了基础。

1988年，住房福利制度改革正式纳入改革开放大规划，标志着改革步入整体方案设计和全面试点阶段。随后，各地开始大规模增加住宅建设、改善人民居住条件，住宅标准也逐渐从住宅建筑扩展到住区。1993年7月发布《城市居住区规划设计规范》GB 50180-1993，确保居民基本的居住生活环境，提高居住区的规划设计质量。

1998年,国务院要求停止住房实物分配,标志着中国住房制度进入全面市场化时代。1999年,强制性国家标准《住宅设计规范》GB 50096-1999替代《住宅建筑设计规范》GBJ 96-1986,更加强调"以人为核心",从适用、安全、环保等方面,形成了较完整系统的技术文件。

2003年,房地产业被确立为支柱产业,推动了住宅行业快速发展。为与国际接轨,体现我国在先进技术方面的探索,全文强制性规范《住宅建筑规范》GB 50368-2005编制发布,使我国标准体系进一步完善。随后,为应对房价快速上涨,政府开始实施一系列调控政策,住宅标准也不断优化,涵盖了安全性、节能性、环保性等多个方面。

2010年后,政府在保障居民基本住房需求方面开始发力,保障性住房、棚户区改造等政策得到快速推进。2016年后,"房住不炒""租购并举"等理念逐渐成为主导,住房政策向更加均衡、可持续的方向发展。智能化、绿色低碳、全龄友好、更新改造等领域成为住宅发展新方向,相关标准也随之不断更新和完善。

总的来说,中国住宅经历40余年的发展,政府角色逐步从直接提供者转变为市场调节者和保障提供者。住房政策和标准的演变,反映了国家对改善人民居住条件的持续关注和努力,以及对城市住宅建设的不断探索和创新。

5.2.2 城市住宅建设转型起步阶段(1978~1985年)

5.2.2.1 发展背景

中华人民共和国成立后,国家为城镇居民修建了大量新房,但在优先发展重工业、先生产后生活的方针指导下,住房投资长期严重不足,极大地影响了城镇住宅建设。据统计,从1949年到1978年,城市住房投资占基本建设投资的比重高于10%的仅有3年,多数年份仅占7%左右。

在人口日益增长和城镇不断膨胀的社会背景下,我国住房供需矛盾日益凸显,严重影响职工的正常工作、学习、生活和休息,影响生产和安定团结。1978年,中国城镇居民人均居住面积仅有3.6m^2,比新中国成立初期的4.5m^2下降0.9m^2,缺房户达869万,占城市总户数的47.5%。同时,住宅失修失养问题严重,广州市有3000多户"水上居民"没有上岸,哈尔滨的"三十六棚""十八拐",青岛的"菜市场"，西安的"豫民巷"，北京的"南营房""北营房"等地居住条件恶劣。

为了尽快实现"住房翻身"，解决广大人民群众的居住难题，国家逐步开展"城镇住房制度改革工作"。邓小平同志在1978年的讲话中提出了解决住房问题的新思路，包括允许私人建房、私建公助、分期付款等，为后续的住房制度改革奠定了基础。同年，国家建设委员会召开了第一次全国城市住宅建设工作会议，制定了七年（1979~1985）城市住宅建设规划，提出"今后七年间用于建设全国城市住宅的投资总额相当于中华人民共和国成立后28年建设住宅投资的总和；1979年和1980年集中解决无房户和住房严重拥挤户的问题"。1980年，国务院发布了《关于鼓励私人建房的意见》，允许私人建房和买卖房产，这标志着中国住房市场化改革的开端。1983年，发布《城市私有房屋管理条例》，提出"国家会依法保护城市公民私有房屋的所有权"，这表明住房已经成为居民财产的一部分，标志着城镇住房制度改革逐步向正规化、法治化迈进。为尽快推进住房制度改革，1985年建设银行率先在全国开办土地开发和商品房开发贷款，由此拉开了银行向房地产开发贷款的序幕。

同时，随着经济体制的改革和市场经济的逐步引入，传统的集体生活方式逐渐向家庭独立生活转变，人民对住房面积的需求显著增加，迫切希望改变"无房住""分配不公"以及住宅空间狭小拥挤、设施简陋匮乏、卫生条件差、安全隐患多等问题。

5.2.2.2 主要工作实践

在住房制度改革初期，我国住宅建设工作面临一系列复杂的挑战，发展模式、技术方向、实施路径等均不清晰，国家从多个方面进行了探索与实践，包括开展试点工作、技术研究工作、方案征集工作等，为下一阶段城镇住宅建设提供了宝贵的经验借鉴。

（1）开展住房制度改革试验。国家从1979年开始对住房制度开始了带有摸索试验性的改革，即以"公建民助、民建公助"为特征，国家提供优惠条件，企业投入部分资金，居民个人支付相当比例费用便拥有住宅使用权。这种做法虽然保留较大成分的福利性，但在住房制度改革道路上迈出了艰难的第一步。1979年，国家城市建设总局从国家补助的住宅建设投资中，分别拨给陕西、广西一部分资金，在西安、南宁、柳州、桂林、梧州等市进行建房出售给私人的试点。1982

年 4 月 17 日，国务院正式批准常州、郑州、沙市、四平 4 城市试行补贴出售公有住宅。1984 年 10 月 11 日，国务院决定批准在全国扩大城市公有住宅补贴出售试点，到 1984 年底，全国 27 个省区的 120 多个城市、240 多个县镇进行了住房制度改革的试验。到 1985 年底，全国已有 27 个省区的 160 多个城市、300 多个县镇开展了住房出售工作。1985 年出售了 249 万 m^2，回收资金 622 亿元。

（2）开展住宅标准研究。1981 年起，根据原国家基本建设委员会（81）建发设字第 546 号文要求，开始编制《住宅建筑设计规范》《住宅模数协调标准》《建筑设计防火规范》《民用建筑隔声设计规范》等规范，为中国住宅标准体系建立奠定了基础。在标准编制过程，编制组深入了解了国内外住宅建筑的发展动态，分析了我国住宅建筑在规划、设计、施工、使用等各个环节存在的问题，并在此基础上提出了针对性的解决方案。

（3）开展住宅设计竞赛。为了聚集全国的设计力量，探索住房福利制向市场化转型时的技术发展方向与问题应对措施，国家在此阶段举办了 2 次全国住宅设计竞赛。1979 年，原国家建委建筑科学技术局发起了"全国城市住宅设计方案竞赛"，共征集 7000 多个方案。该竞赛探索了装配式大板、大模板、砌框架轻板、砖混等多种预制装配式结构体系做法，推动住宅工业化的发展；提出"住得下、分得开、又能有较长的稳定年限"的设计理念，出现了具有综合交通功能的"小厅"，并通过标准化的设计体现福利房公平分配的户型"均好"要求，对今后住宅套内布局产生了较大影响。1984 年，中国建筑标准设计所发起了"全国砖混住宅新设想方案竞赛"。在当时已引进大板、大模、框架轻墙等多种新结构体系，但实际建造 90% 以上仍为砖混和砌块住宅的背景下，首次要求提高砖混住宅的工业化水平，规定采用 3Mo 模数以及双轴线绘图法；首次以"套"作为设计计量单位，摒弃长期以来采用建筑平面系数为衡量标准的不合理束缚，出现了以基本间定型的套型系列与单元系列平面，"大厅小卧"的平面模式开始得到发扬，并出现了花园退台型、庭院型、街坊型等低层高密度的建筑，体现了标准化与多样化的统一。

5.2.2.3 "好房子"的主要特征

在 1978 年之前，由于国家经济建设的困难时期和"先生产后生活"的政策导向，住房建设投入不足，导致住房供给严重不足。这一时期人均住房面积极低，有些地方甚至是"三代同房""三代同床"。人们对居寝分离且具备隐私保护、厨房及卫生间独立使用等基本居住功能有较大需求。该时期"好房子"的主要特征如下：

（1）住得下。由于城镇住宅分配制度紧张，物资缺乏，人均住宅不足0.1套，"拥挤"成为当时的典型居住特征。人们不仅希望"有得住"，还希望"住得下"，解决"三代同居一室""异性成年子女同居一室"等问题。为了缓解城市建设用地紧张问题，中央提出保护耕地、城市建设向空中发展的方针。新建住宅中的高层比例不断上升，一般居住区、小区内的高层比例从25%~30%增加到50%多，有的已超过60%。高层住宅的层数已从10~12层发展到16层、18层、20层，甚至更高。同时，为了满足人们基本居住需求，"套"的概念逐渐被人们熟知，住宅套型面积和功能空间数量较以往均有所增加，提高了二室、三室套型的比例，主要以两室套型居多。在此时期，具有更高灵活性和可变性、可以满足不同家庭结构"住得下"需求的房子成为一大创新。1984年，东南大学鲍家声教授设计的无锡支撑体住宅是SAR理论在国内的首次实践。基于Open House理论，将住宅分为支撑体与可分体两部分。设计步骤包括：首先设计、建造支撑体——"壳"，住户在选定的支撑体中按照自己的意愿设计可分体、安装可分体，从而建成适用、完善的住宅。该工程荣获我国首届住宅设计创作奖和联合国人居中心荣誉奖，相关技术应用在国内的住宅设计中，如大开间住宅、菜单式住宅、灵活住宅等。

（2）分得开。随着人们对生活便捷性以及隐私性的重视度逐渐增强，多户共用一个厨房和卫生间、客人来访直接进卧室、家人生活互相干扰等居住现状与现代生活方式相冲突。人们更加希望与邻居、与家人在生活空间上适度划分。在户型设计方面，需要实现独门独户，家庭中有独立厨房、卫生间。在功能分区方面，需要避免餐厅、卧室、厨房等空间相互混杂，提升生活秩序感。该时期，最引人注目的变化莫过于"厅"这一空间的引入。从过去的"走道式门厅"到后来的"小方厅"，这一变化不仅使得住宅的入口区域更加宽敞明亮，更重要的是，它为家庭成员提供了一个共享的公共空间。在这个空间里，家人可以聚集在一起，共享天伦之乐；同时，它也成为一个过渡区域，将卧室等私密空间与厨房、餐厅等公共区域有效分隔开来，初步实现了"餐寝分离"的居住模式。

（3）住得稳。20世纪70年代末，部分住宅质量不高，存在抗震与防洪能力较弱、隔声差、易漏雨、墙体存在裂缝等问题。为了保证人们"住得稳"，需要住宅具有相对良好的质量。尤其在1976年河北唐山大地震后，人们更加关注住宅的安全性能，希望住宅具有较长的稳定年限。1978年，国家基本建设委员会对发布了《工业与民用建筑设计规范》TJ 11-78，将房屋建筑的设计烈度比地震烈度降低一度的规定提高为按基本烈度采用。因此，按 8 度设防要求，设计了"76 住 1 改"住宅通用图。采用五层四单元砖混结构标准设计，层高 2.9m，在结构上纵墙拉通，每层设圈梁，内墙圈梁在楼板底，外墙圈梁与楼板平，按抗震构造要求，设有现浇钢筋混凝土组合柱。

5.2.3　城市住宅建设探索开拓阶段（1986~2003 年）

5.2.3.1　发展背景

在 20 世纪 80 年代初期住房制度改革相关理论与试点实践的基础上，"住宅可以成为私有财产，可以买卖"逐渐成为共识。为了进一步加快住房制度改革步伐，国务院于 1986 年成立了住房制度改革领导小组，并于 1988 年召开了"第一次全国住房制度改革工作会议"，印发了中国第一个关于房改的法规性文件——《关于在全国城镇分期分批推行住房制度改革的实施方案》，动摇了福利分房的基础。同时，中国开始出现私营房地产商，慢慢增加了房子供给。

1992 年邓小平视察南方谈话以后，全国房地产价格逐步放开，商品房销售额达 426.59 亿元，比上年增长了 80%。1994 年 7 月，国务院颁布了《国务院关于深化城镇住房制度改革的决定》，提出"建立与社会主义市场经济体制相适应的新的城镇住房制度，实现住房商品化、社会化；加快住房建设，改善居住条件，满足城镇居民不断增长的住房需求。"但是由于当时社会心理基础不足、人民缺乏购买力、商品房保障制度尚不健全等原因，住房制度改革进程相对缓慢，1994~1997 年的住宅平均销售面积增长率在 10% 以下，个人购买比重也基本保持在 50% 左右，没有更大突破，住宅商品化的发展进入到瓶颈阶段。

为了应对 1997 年亚洲金融危机，扩大内需，中央政府计划将房地产业培育成为新的经济增长点。1998 年，国务院发布《关于进一步深化城镇住房制度改革加快住房建设的通知》，要求彻底停止住房实物分配，中国住房制度改革取得具有决定意义的突破。城镇住宅建设面积得到飞速发展，1986 年城镇新建住宅 1.8 亿 m^2，1997 年增长至 3.8 亿 m^2，然而仅用了两年时间（1999 年）就突破到 5 亿 m^2。

2003 年，中国 35 个大中城市的二级市场全部放开，房地产开发投资额首次突破万亿大关，城镇人均住宅建筑面积由 1997 年的 17.6m^2 提高至 23.7m^2，同年国务院发布《关于促进房地产市场持续健康发展》，首次明确了房地产的国民经济支柱地位，并提出"坚持加强宏观调控，努力实现房地产市场总量基本平衡，结构基本合理，价格基本稳定"。

5.2.3.2 主要工作实践

为了探索一条符合国情的多、快、好、省的城市住宅建设路子、改善城市人民的居住条件，推动全国住宅建设上水平、上台阶，国家采取了一系列重要措施，包括开展住宅功能和质量研究、举行全国性住宅设计方案竞赛、建设与评选示范试点项目等，使我国城市住宅建设达到了一个新高度。其中，住宅试点小区与小康住宅建设是我国住宅建设领域具有里程碑意义的两项工作，共同推动了中国城市住宅现代化、产业化进程。

（1）住宅试点小区。为了带动全国城镇住宅小区事业的发展，推动住宅建设从单纯追求数量向追求数量和质量并重转变，建设部从1986年开始抓城市住宅试点小区建设工作，要求做到"造价不高水平高，标准不高质量高，面积不大功能全，占地不多环境美"。截至2001年共实施5批、108个试点小区，分布在全国26个省、自治区、直辖市的70多个城市，总面积为2000余万平方米，最终通过验收的有66个。住宅试点小区的成功经验，在全国引起了很大的反响，成为各地学习和模仿的样板，"精心规划、精心设计、精心施工、综合开发、配套建设"的建设理念得到广泛传播。同时，已通过验收的试点小区也成为展示城市风貌的重要窗口。其中，湖州市的东白鱼潭小区还荣获联合国人居大奖，也是我国第一个获联合国奖项的住宅小区。

（2）小康住宅。早在1985年，"小康居住水平"就被编入《中国技术政策蓝皮书》中，提出了"20世纪末达到小康居住水平为住房建设"的总目标，同年建设部开展"七五"重点科研项目《改善城市住宅建筑的功能与质量》，对"小康住宅"进行了为期3年的全国调研与科学认证。1990年，中日两国在住宅建设领域首次进行合作研究，完成了《中国城市小康住宅研究》，并于1993年编制出《中国城市小康住宅通用体系（WHOS）设计通则》，将小康住宅的居住标准分成了最低、一般和理想三个档次。1994年，《2000年小康型城乡住宅科技产业工程城市示范小区规划设计导则》出台，并在该文件指导下启动国家重大科技产业工程项目《2000年城乡小康型住宅综合示范工程》，形成了一批具有引导性和适度超前性的小康示范小区。

5.2.3.3 "好房子"的主要特征

1986 至 2003 年间，人们的生活方式和观念发生了巨大改变，对住宅形式与功能的需求更为多样。面对小区布局呆板单调、居住环境不见绿色、房屋面积小甚至存在"渗漏堵冒"等问题，人们的居住需求由"居者有其屋"逐渐转向"居者有好屋"，这要求住宅建设"质"与"量"的双提高。该时期"好房子"的主要特征如下：

（1）造价不高水平高。在 20 世纪 80 年代末、90 年代初，绝大多数职工属于工薪阶层、低收入者，住宅购买能力普遍偏低。随着家庭经济情况好转，人们对居住环境的要求提高，希望在不增加过多经济负担的情况下，获得更好的居住体验。因此，该时期的"好房子"需要具备良好的经济性与实用性，即通过精心规划、精心设计以及在材料选择、施工工艺上精打细算，在不过多增加造价的前提下，实现整体居住环境水平的提高。引进新的规划设计理论和方法，节约建设用地，降低造价。比如，北京市恩济里小区在满足功能、日照、通风的前提下，采取缩小面宽、加大进深、坡屋顶、错落、退台和适当安排东西向住宅等规划手法以及建设多层高密度住宅的节地措施，提高了出房率。积极推广应用科技含量较高的新技术和新设备，开展"四新"的开发与应用，实现节约土建费用与节能减排。比如，宁波市联丰新村一期南区采用新一代先进的配电设备 KYN-10 金属铠装高压手车柜，HK-102 真空环网柜和 ZNI7-10 真空断路器，不但使其高压电器向无油化发展，大大提高供电质量，而且配电设备的体积大大缩小，节约土建费用一半以上；昆明市西华小区通过研究，使多层住宅太阳能热水供应从单项技术走向系统技术，每年可少用煤气 38 万 m^3，每户每年可节约 150 元。改革施工工艺，加快施工速度。比如，株洲市河西滨江一村采用粉喷桩加固软土地基新技术，与混凝土灌注桩相比可节约造价 30%~35%，实际桩长也比其他种类桩的长度短三分之一以上，完成一根桩的全部操作程序仅需 15~20min。

（2）标准不高质量高。为了能够以相同数量的住宅建设投资，适当解决较多群众的住房问题，国家制定了相对较低的城镇住房标准。因此，在不突破住宅标准的前提下，发扬"粗粮细做"精神，造出高质量的住宅区。依靠科技进步和加强管理，消除质量通病。推广应用"四新"成果，如采用塑料下水管、塑料门窗、新型墙体材料、地基处理、小区减噪、建筑节能与新能源利用等；通过实行工程质量保证体系，优选施工队伍、科学管理、严把材料设备关，以及根治屋面漏雨、门窗漏风、厨卫地面漏水、外墙渗漏、墙面地面粉刷起壳与装修和安装粗糙等常见工程质量通病。采取科学手段，保证室内环境质量。遵守当地的最小日照间距，保证有效的日照时数与良好的自然通风条件；以质量较重的分户墙和楼板来保证隔声效果；厨房、卫生间和起居厅均有直接采光，且卧室朝向良好；在注意节能的同时，采取改进外围护结构构造、增加门窗的密闭性、选择合理的窗墙面积比等措施，使非供暖地区的住宅室内热环境得以改善。

（3）面积不大功能全。按照国家要求，全国城镇住宅均应以中小型户（一至二居室一套）为主，平均每套建筑面积应控制在 50m² 以内。随着人们经济物质水平提升、业余活动增多以及家用电器普及，居住者不仅需要相对大的居住空间以及成套的住宅形态，还需要合理的空间组织方式以适应多样化的居住行为内容。结合小康住宅建设标准，总结该时期"好房子"的主要功能特点如下：①套型面积稍大、配置合理，有较大的起居、炊事、卫生和贮藏空间。②平面布局合理，体现公私分离、食寝分离、居寝分离的原则，并为住户留有装修改造余地。③根据炊事行为合理配置成套厨房设备，改善通风效果，冰箱入厨。④合理分隔卫生空间，减少便溺、洗浴、洗衣和化妆洗面的相互干扰。⑤管道集中隐蔽，水、电、燃气三表出户，增加电器插座，扩大电表容量；增设保安措施，配置电话、空调、电视专用线路。⑥设置门斗，方便更衣换鞋；展宽阳台，提供室外休憩场所；合理设置室内外过渡空间。

（4）占地不多环境美。我国大部分地区人多地少，需要合理提高容积率，容易造成小区户外空间比较拥挤的问题。为了满足广大居民休闲娱乐、亲近自然需求，需要住宅小区具备"占地不多环境美"特征。运用有效手法，从视觉上增加院落、组园和小区中心等空间的开阔感，尤其要合理处理如变电、加压、垃圾转运等站、所之类配套设施的位置和建筑物、构筑物的体量，也不应当建造体量较大的建筑小品，以免挤占绿化空间，增加公共空间的拥挤感；先地下后地上，将水、电、燃气、排污、通信等管线一次性预埋地下，避免了对自然景观的破坏；提高绿地率，在房前屋后道旁植树种草、设置中心绿地或中心花园，还可以采取园林艺术中的"借景"手法，使远山近水等自然景色与小区内的建筑相映成趣；合理组织道路交通，使自行车就近入库，并预留汽车停车位。

5.2.4 城市住房建设蓬勃发展阶段（2004~2015年）

5.2.4.1 发展背景

这一阶段是我国全面建设小康社会的关键时期，是改革开放以来城乡居民收入增长最快的时期之一。不断提升城镇化质量和水平，提高住房保障水平，实现广大群众住有所居是这一时期的发展目标。

2004年，建设部、国家发展改革委、国土资源部和人民银行联合颁布《经济适用住房价格管理办法》，促进中低收入家庭购买住房。2007年，国务院印发《关于解决城市低收入家庭住房困难的若干意见》，提出多渠道解决城市低收入家庭住房困难的政策体系，全国开始大规模建设保障住房。为了房地产市场的持续健康发展，密集出台了"国八条""国六条"等房地产调控政策。2006年开始的"9070"政策引导了一大批中小套型住宅的建设。同时，2008年国务院《民用建筑节能条例》施行，在新建/既有建筑节能、建筑用能节能方面明确了一系列法规制度。

为了落实以上政策要求，第一部以功能和性能要求为主的全文强制规范《住宅建筑规范》GB 50368-2005颁布实施，突出了住宅建筑的安全、健康、环保、节能和合理利用资源的要求，并配套《住宅性能评定技术标准》GB/T 50362-2005。随着我国住房商品化改革不断深化以及保障性住房政策的实施，《住宅设计规范》GB 50096-2011取消了套型分类，对空间尺度做出相应减小，住宅精细化设计理念成为时代要求。

根据国家统计局数据，2004年全年商品房累计销售3.8亿m^2，2014年商品房销售面积12.85亿m^2，基本改变了我国住房严重短缺的状况。城镇人均住房面积从2004年的26.11m^2提高到2015年的35.81m^2。居住区规划布局趋于合理，新建住房质量明显提高，住房功能逐渐完善，内外部配套设施日趋完善。人民开始追求住房功能的多样化、健康化、绿色化及配套设施系统化。

5.2.4.2 主要工作实践

2004年，建设部政策研究中心发布了《2020年全面建设小康社会居住目标》，明确"到2020年，居住数量与质量全面提高，彻底解决建筑质量通病，居住区规划布局合理、文化特色突出，配套设施齐全、现代，居住条件舒适、方便、安全，居住区内外环境清洁、优美、安静，住区服务质量优异，社区公共服务便利，实现以人为本、充分满足发展需要的小康居住目标"。

该目标的指标体系共包括住宅数量、质量与品质、配套设施、环境与服务、消费支出5个方面18项指标，全面系统地反映了广大居住者的现代化居住需求，为该时期"好房子"的建设目标指明了方向。具体涉及城镇住宅的指标如下：

在规划方面提出：①社区居民能方便快捷地享受到健身锻炼设施、医疗卫生设施、文化娱乐设施、金融、邮政服务设施等，特别是拥有足够的便民利民服务网点，服务于居民的日常生活。②公共交通发达，公交车辆的设施舒适安全，居民出行方便，居住小区距离公交车站的距离最远不超过500m，等候时间不超过20min。

在建筑方面提出：①城镇人均居住建筑面积35m^2。②城镇最低收入家庭人均住房建筑面积大于20m^2。③城镇住宅成套率达到95%。④2010年新建住宅基本消除"跑冒滴漏"现象，旧住宅以改造为主，2020年全社会范围基本消除"跑冒滴漏"现象；北方地区供暖覆盖率达到98%以上，南方部分冬季寒冷地区的大部分家庭拥有冬季取暖设施；住宅功能完备、配套齐全、方便安全、拥有智能化、现代化的设施条件；居住区规划设计水平体现不同地区文化传统与风格特点。

在景观方面提出：城市人均公共绿地面积8m^2。

在科技方面提出：①城镇先进住宅节能发展超过80%。②城镇先进住宅安保智能化率为60%、网络信息化率达到75%。③城市供水普及率95%。④城镇用气普及率85%。⑤城镇污水处理率75%。⑥城镇生活垃圾无害化处理率55%。

在其他方面：①到2020年新建住宅中物业管理的覆盖率达到95%以上，居民对物业管理服务的满意度达到80%以上。②居住消费支出比率25%。

5.2.4.3 "好房子"的主要特征

在21世纪，人们生活水平有了显著提升，开始追求更加人性化、精细化、品质化的居住空间。此时期，人们心目中的"好房子"由"好户型、好质量"转变成为集"好规划、好建筑、好景观、好科技、好施工、好服务"于一体的综合体现。该时期"好房子"的主要特征如下：

（1）位置优越规划合理。为了保持房产价值或者获得优质的教育资源、医疗资源、交通资源、自然资源等，住宅区位越来越受到人们的关注，更加重视周边的配套设施和整体氛围。同时，随着人们对健康生活、社会交往、儿童和老年人室外活动空间等需求日益旺盛，"好小区"的目标已不仅仅是满足容积率、绿地率等指标，更偏重小区整体环境的功能性、安全性和可共享性，因此需要更加科学合理的规划设计。规划技术上继续实施"居住区－居住小区－居住组团"三级结构，采用复合型、开放型等规划模式，以便促进居民交融，并且便于人们更便捷地享受公共资源。其中，"复合型"是指改变单一居住功能的模式，以居住为主，将住宅、产业（多种经营）、办公、文化等建筑混合建在同一地块上，从而实现集约利用土地，就近解决就业，缩短交通距离，方便日常生活与丰富文化生活等；"开放型"是指改变大院封闭的格局，将居住区管理单元缩小，主路面向城市开放，居住区配套公建和公共绿地可与市民共享，城市交通避免被长距离、大范围封闭居住区所阻隔，减少城市交通压力，缩短居民出行距离与时间。小区包含更加多样的住宅产品和商业服务业态，更加完善的基础设施（包含供水管网、燃气管网、污水处理系统、垃圾处理系统等），以便满足人们多元化的消费需求与生活需求。其中，大型商业服务中心宜布置在住区外围邻近城市街道或主要出入口处，发挥集聚规模效应，而小型便民网点宜在住区内部分散布置，发挥机动灵活、方便居民的优势。注重居住区内的道路网络有利于保持区内安全、宁静与通达，避免与人行的交叉，尽可能做到人车分流。当人车混行时，应设置人行便道，提供休闲、健身条件，并保证其连续性。停车可采用多种方式，应做到存取方便，建造经济和节约用地。此外，还强调打造丰富多彩的室外活动场地、传承地域文化与营造温馨的生活氛围等。

（2）功能完善性能良好。在此阶段，人们对住宅的认识已从"面积越大越好""房间越多越好"转向对住宅功能、性能和品位的追求，主要涉及套型面积与室内层高适当、平面布置合理、空间尺度适宜、设备设施齐全、室内装修美观等方面。在性能质量方面，保证结构安全，具有防盗、防火、抗震和抗御自然灾害的能力，并且无"跑、冒、滴、漏"现象；满足更多的通风、采光、景观视野要求；室内物理环境符合健康标准，如声环境要求居住环境保证达到室内允许噪声值，分户墙和楼板空气隔声及楼板撞击声达到规定等级值，光环境要求有足够的采光面积，使居住者享受日光的温暖和光照的明亮；围护结构热工性能良好，并采用高效的供热和制冷系统；组织顺畅的自然通风，在厨卫空间增加机械通风，保证室内空气环境。在空间设计方面，户型多样、大小适宜，以方正为佳，尽可能满足"一人一间房"的要求；功能分区清晰，即室内公私分区、动静分区、洁污分区明确；根据使用功能的需要，设置了功能空间，比如独立餐厅、学习室、家务室、可入式衣帽间、多个卫生间等，洗衣机和冰箱也有了固定位置；交通路线便捷，户内活动不穿行他室，没有交叉；除必要的分户、承重墙体外，尽量采用轻墙分隔，使空间具备一定灵活性，以便根据家庭生命周期内的家庭结构、生活形式、职业变化等情况的变化，进行灵活再分隔，做到内部空间的适应性；避免宾馆化装修风格，采用环保型装修材料。在设备设施与产品方面，在厨卫空间设置管道井、管道墙或盒子间，使空间利用最大化，使设施集成合理化；配置智能化、现代化的设施条件，比如安装电话线与网线，在厨房配置抽油烟机、微波炉，在卫生间配置便器、洗浴器（浴缸或喷淋）、洗面器等至少三件卫生洁具等；采用诸如落地门窗、低窗台凸型窗、新型塑钢门窗、多功能户门等部件，改进住宅使用状况，提高室内观感和趣味性。

（3）节能环保施工精湛。在国家引导下，越来越多的人开始重视节能环保的生活方式，而房屋作为日常生活的中心，自然成为实现这一目标的关键。人们希望采用高效节能技术和材料，如太阳能热水器、LED灯具、节能空调等，这些设备和材料能够显著降低能源消耗，从而减少居住者的能源费用支出。同时，节能环保型住宅会充分考虑保温、隔热、通风等因素，以提供更加舒适、健康的居住环境。例如，采用保温材料和合理的窗户设计，可以减少室内外温差，提高居住舒适度。在施工方面，20世纪90年代的建筑施工技术相对简单，住宅隔热、隔声等性能未能达到后来的严格标准。随着人们质量意识和审美水平提高，对住宅的需求从"够用"逐渐过渡到"好用、美观、耐用"，更注重装修质量细节与美观度，并愿意为施工质量高、设计感强的住宅支付溢价。

（4）环境宜人服务贴心。在城市化进程不断加快、城市人口密度迅速增加的背景下，人们对自然和宁静的渴望更加强烈，希望在小区具有缓解城市压力、便于休闲活动的场所。同时，2004年"雾霾"的概念出现在大众视野，空气质量问题成为严重的公共健康问题，人们深刻意识到良好的室外环境对身心健康的重要性，绿色植被、清新空气和充足的阳光成为"好小区"的基本特征，雨水收集与利用系统、生态景观、季节性景观营造等技术得到广泛认可。除了环境宜人，贴心的服务也逐渐成为"好房子"的重要特征。早期的物业形象是负责维护社区治安和卫生环境，但随着人们对生活要求的提高，对物业服务的要求也是日趋成熟和完善。这包括了物业管理、社区服务，以及对居住者需求的快速响应；能够及时解决居住者的问题，提供便捷的生活服务，以及维护社区的安全和秩序；能够感受到社区的温暖和关怀，增强对社区的归属感和满意度。

5.2.5 城市住宅全面提质阶段（2016 年及以后）

5.2.5.1 发展背景

2016 年是我国全面建成小康社会决胜阶段的开局之年，也是推进供给侧结构性改革的攻坚之年。2016 年我国 GDP 同比增长 6.7%，到 2023 年我国 GDP 同比增长 5.2%，我国经济从高速增长逐步转变为中高速增长。2016~2023 年全国房地产开发住宅投资增长平均增速为 4.79%，住房市场的发展态势趋于平稳。数据显示，城镇居民人均住房建筑面积由 2016 年的 36.6m^2 增加至 2023 年的 40m^2，增速逐渐放缓，逐步进入住房存量期。

根据"七普"数据，在 2020 年，全国家庭户住房建筑面积总量超过了 500 亿 m^2。我国住房发展已从总量短缺转为结构性供给不足，进入结构优化和品质提升的发展时期，人民群众对住房的要求从"有没有"转向"好不好"，住房建设由"高数量"向"高质量"转型，实现"住有所居"向"住有宜居"迈进。

我国政府陆续发布了《关于加快发展保障性租赁住房的意见》《关于规划建设保障性住房的指导意见》等政策，推动保障性住房建设，扩大市场供应，缓解不同住房人群的居住困难问题；发布《关于加快培育和发展住房租赁市场的若干意见》《关于进一步做好房地产市场调控工作有关问题的通知》等政策，实施房地产市场调控，确保市场平稳发展；发布《关于全面推进城镇老旧小区改造工作的指导意见》《住房城乡建设部关于扎实有序推进城市更新工作的通知》等政策，推动城市更新，改善居住环境；结合《"十四五"建筑业发展规划》《关于推动智能建造与建筑工业化协同发展的指导意见》等政策，促进建筑业向绿色、节能、智能化等方向转型升级，提升建筑质量和效率，实现住房建设可持续发展。

为适应上述住房高质量发展趋势，该阶段针对《住宅设计规范》GB 50096、《住宅性能评定技术标准》GB/T 50362 等国家标准实施集中修订，着重细化住宅评定指标及性能要求，并围绕全龄友好、绿色低碳、智慧家居等领域增设技术规定、大幅提升了住房建设的可操作性与可持续性。

综上，2016 年至今的"好房子"建设发展是在经济增速持续放缓的大背景下，重点聚焦建设质量和居住效益，在解决居住困难、确保市场平稳发展的同时，达成了绿色、低碳、智能、安全等领域的技术升级，实现了城市住房的存量优化、功能完善与品质提升。

5.2.5.2 主要工作实践

2016年年底,中央政治局会议提出2017年要加快研究建立符合国情、适应市场规律的房地产平稳健康发展长效机制。随后中央经济工作会议首次提出"房住不炒"的定位。同时,"租购并举"悄然若揭,2017年7月24日住房和城乡建设部等九部委联合印发了《关于在人口净流入的大中城市加快发展住房租赁市场的通知》要求加快发展住房租赁市场,在广州、深圳、南京等11个城市陆续展开住房租赁试点。2018年5月,住房和城乡建设部印发《关于进一步做好房地产市场调控工作有关问题的通知》明确指出,要大幅增加租赁住房、共有产权住房用地供应,确保公租房用地供应。2019年底,住房和城乡建设部提出了政策性租赁住房的概念,选取沈阳、南京、杭州等13个城市,进行完善住房保障体系试点,重点是发展政策性租赁住房。截至2020年年底,全国已有30个省、自治区、直辖市出台培育和发展住房租赁市场政策文件。"租购并举"住房制度的构建加速推进。

在政策引导下,行业学协会开展了具有重要影响力的住宅项目评奖工作,反映当前中国优质住宅小区的建设水平,促进了我国居住建筑建设水平与整体质量的进一步提高。本研究以中国土木工程詹天佑奖优秀住宅小区金奖为例,聚焦2015~2023年的获奖项目,梳理住宅建设的前沿动态。该奖项作为中国土木工程詹天佑奖下的一个子奖项,由中国土木工程学会于2003年增设,并自2004年起正式设立。优秀住宅小区金奖的评选旨在表彰在科技创新与新技术应用中成绩显著的住宅小区工程项目,要求获奖项目不仅要有较高的综合质量,而且要能够代表中国居住建筑建设的先进水平。近年来,住宅建设领域经历了前所未有的技术革新和理念更迭,尤其是在绿色建筑、智能家居、新型建材和建造工艺等方面的进步尤为显著。

5.2.5.3 "好房子"的主要特征

2016年以来,人们将关注点从房价投资回报逐渐转向住房本身的舒适度提升,更加注重住宅空间设计感、设备设施先进性以及健康、绿色、智慧等方面。该时期"好房子"的主要特征如下:

(1)全龄友好可持续。全龄友好理念的引入响应了人口老龄化的社会现实和多代共居需求,旨在创造一个适合各年龄段居民的生活环境,北京、江苏和山东成为全龄友好小区设计先行地区。在建筑设计技术方面，建筑户型空间的多元化和可变性设计注重创造能够满足不同生活方式和家庭结构需求的空间解决方案，同时为未来预留可能性。通过使用可移动隔断、模块化设计、预留管线等技术手法，使居住者能够根据需求灵活调整空间布局，不仅能适应家庭生命周期变化，还能满足后疫情时代对居家办公、远程教育等多功能空间需求。同时，建筑空间适老化设计技术发展反映了国家应对快速老龄化社会的战略调整，从基础的无障碍改造逐步向全面性和系统性转变，在材料方面，防滑、抗菌、轻质等特殊功能材料的广泛应用，大大提升了适老空间安全性和舒适度。图 5-25、图 5-26 分别给出了采用全龄友好相关理念的小区数量变化与分布情况和住宅套型可变性和适老化设计应用小区数量变化。

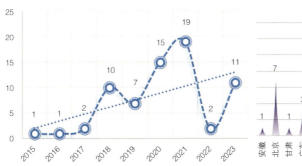

图 5-25 采用全龄友好相关理念的小区数量变化与分布情况

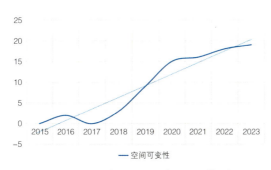
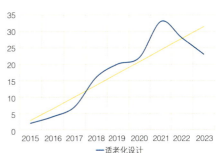

图 5-26 住宅套型可变性和适老化设计应用小区数量变化

（2）智能健康更宜居。随着物联网、大数据、云计算等信息技术的飞速发展，为房屋赋予了"思考"与"行动"的能力，使其能够根据居住者的需求和环境变化自动调整与管理，提升人们居住的安全性、便捷性与舒适性成为趋势。住宅环境智能化技术发展呈现出"感知-调控-智能-融合"的发展趋势，从单一功能向综合性系统进展。2019年之后，智能化的温湿度控制系统开始出现并普及，能够根据室外气候和室内活动自动调节，融合人工智能的系统不仅可以预测温湿度变化，还能根据居住者的生理特征和偏好进行个性化调节，同时，其与新风系统和智慧家居形成有机整体，能够根据室内外环境和居住者活动状态自动调节，以达到最优健康效果和能源效率。图5-27给出了健康环境装备与智慧化手段方面金奖小区数量变化。

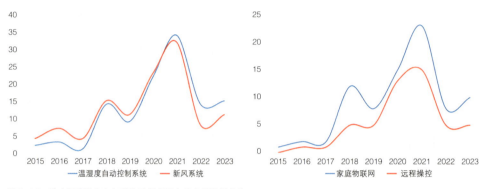

图5-27　健康环境装备与智慧化手段方面金奖小区数量变化

（3）绿色环保效率高。绿色环保已成为全球共识，我国城市住宅绿色设计技术经历了从单点应用到系统化、集成化解决方案的发展，呈现出"节能、节水、减排、增效"的多维度协同推进态势。不断探索与实践将节能材料、高效设备、智能控制系统等绿色环保手段融入住宅建设之中。海绵社区系统整合中水回收系统、雨水收集系统、雨水花园和透水铺装等技术，构建了一个集水资源循环利用、生态环境修复与城市防灾减灾于一体的综合体系。同时，光伏发电系统的广泛应用，使得住宅能够直接利用太阳能产生电力，满足日常用电需求，甚至实现电力自给自足；热泵技术则通过高效利用地热、空气能等自然资源，为住宅提供舒适的供暖与制冷服务，降低了对传统能源的依赖，大大减少了资源消耗和环境负荷。图5-28给出了绿色设计技术应用小区数量变化。

（4）环域融合有美感。随着生活水平的提高，住宅不仅承担居住功能，更是展现生活态度和审美情趣的重要载体。在住宅立面设计方面，新中式设计风格兴起反映了对传统文化的重新审视和文化自信的提升，通过现代材料和工艺进行重构与创新，使其既保留了传统文化的韵味，又不失现代感与时尚气息；同时，住宅立面公建化趋势愈发明显，模糊了住宅与公共建筑之间的界限，使得住宅立

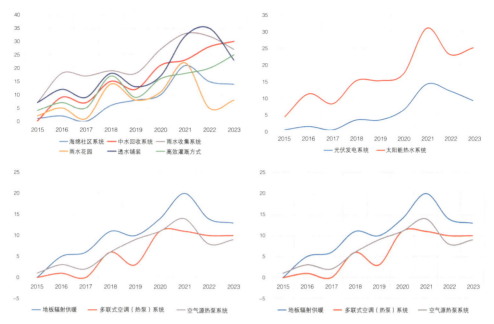

图 5-28　绿色设计技术应用小区数量变化

面在视觉上更加简约、大气，营造出一种现代、高端的居住氛围。在室外环境营造方面，越来越注重景观环境的规划与建设，通过精心设计的绿化带、水系、小品雕塑等元素，打造出一个个既美观又实用的生活空间，注重植物的季相变化、色彩搭配和层次感，在享受自然美景的同时，也能感受到身心的放松与愉悦。图 5-29 给出了新中式风格与外国风格的发展走势。

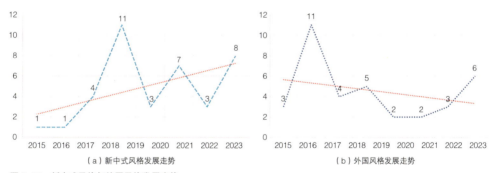

（a）新中式风格发展走势　　　　　　（b）外国风格发展走势

图 5-29　新中式风格与外国风格发展走势

5.3 "双碳"背景下智慧社区新技术体系及典型应用案例

本热点问题的分析根据亚太建设科技信息研究院有限公司、中国土木工程学会住宅工程指导工作委员会等单位承担的中国土木工程学会课题《"双碳"背景下智慧社区新技术发展研究》的研究成果归纳形成。

在"双碳"背景下，智慧社区是对未来生活方式的一次深刻变革，依赖基于智慧社区管理平台模式下一系列新技术、新材料、新设备和新管理与服务理念的创新应用。这些新技术在服务端满足政府主管部门、社区商业服务企业、社区服务部门、物业服务部门以及社区业主等不同社区参与主体的需求，对内承担感知层信息采集、转换、处理与存储，并与相关联络单元形成连接与融合，实现社区的智慧化管理和智慧化应用。

5.3.1 智慧社区系统搭建原则

基于物联网、云计算、大数据等新技术的智慧社区是智慧城市的基本单元，是一个以人为本的智能管理系统。智慧社区系统为建设智慧城市奠定基础，在以社区为单元的角度对城市发展作出贡献，通过管理优化资源的投入与使用，为居民提供更加便捷、舒适、高效的工作和生活环境。智慧社区系统通过集成各业务系统实现其综合功能，搭建智慧社区系统应遵循如下原则。

（1）规范性。智慧社区系统应支持各种开放的标准，无论操作系统、数据库管理系统、开发工具、应用开发平台等系统软件，还是工作站、服务器、网络、采集设备等硬件都要符合当前国家和行业标准，形成规范性的框架。

（2）先进性。智慧社区系统的搭建应立足当前，兼顾未来。在系统构建过程中利用成熟技术，兼顾先进技术的接口，为未来升级提供可行性和便捷性，并使系统具有更强的生命力。

（3）可扩展性。智慧社区系统规划设计时，在可控的经济预算前提下，应在充分考虑与现有系统和需求无缝对接的基础上，预留未来系统应用范围拓展和系统应用集成的接口，兼顾未来新技术的发展对平台的影响，保证平台改造与升级的便利性，以适应新的技术与新的应用功能的要求。

（4）开放性。智慧社区平台除应面对社区内部管理与服务外，应充分考虑与外界系统之间的信息交换，设计成为一个开放的系统，需要通过通用的接口与外界的其他平台或系统相融、相连。

（5）安全可靠性。智慧社区系统的业务系统是直接面向广大用户，不仅包括物业部门和业主，还包括政府主管部门、相关社区商务提供商和访客等。在智慧社区业务系统上传输的信息直接关系到用户的经济利益甚至人身安全，并且这些系统数据可存储、可共享，因此要保证信息传输的安全性，保障用户的安全与利益。

（6）合作性。智慧社区系统需要整合不同部门的信息和需求，需要政府、企业和信息系统开发商等多方共同参与系统的开发、维护和使用，要求参与各方统一规则、通力合作、积极参与。

5.3.2 智慧社区管理平台

5.3.2.1 总体技术路线

智慧社区服务系统的用户除了政府部门、物业公司、社区居民外，还包括相关服务提供商、快递公司等，不同种类的用户因其服务需求的不同享有不同的使用权限。智慧社区服务系统建设总体框架的设计，基于相关的技术支持，主要包括以政务职能部门为核心服务对象的社区电子政务系统，以物业公司为核心服务对象的社区物业与综合监管系统，以及以社区居民为核心服务对象的业务系统功能，智慧社区系统建设总体技术路线如图5-30所示。

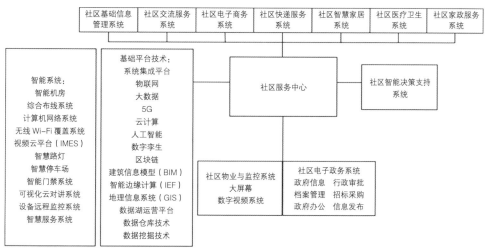

图5-30 智慧社区系统建设总体技术路线

由图 5-30 可见，智慧社区服务系统中以居民为核心服务对象的功能业务系统包括社区基础信息管理系统、社区交流服务系统、社区电子商务系统、社区快递服务系统、社区智慧家居系统、社区医疗卫生系统、社区家政服务系统七大系统；以物业公司为核心服务对象系统的社区物业与监控系统，主要功能为对社区进行综合管理；社区电子政务系统是以政府职能部门为核心，提供社区居民相关政府信息、网上政务办理等服务内容；社区智能决策支持系统基于各系统的数据共享与交换，为社区的管理提供决策支持服务。此外，系统的构架还需要相关技术支持，包括 IoT 系统、GIS 系统、GPS 系统、射频码数据采集管理系统，以及处理器、设备终端等软硬件设施。

5.3.2.2 系统架构

智慧社区系统的设计主要包含四个维度：①以社区居民为核心用户进行的基于业务功能的系统；②以物业公司为核心用户设计的社区物业与监控系统；③以政府职能部门为核心用户的社区电子政务系统；④基于系统集成技术的社区智能决策支持系统。

智慧社区系统的总体规划与设计基于云计算技术、物联网技术、系统集成、人工智能技术等，为实现社区居民生活和社区综合管理的智能化进行构思与设计。智慧社区服务系统以基础设施（包括各类传感器、射频标签等）为社区的神经末梢，把人、地、物、网络等互联互通，通过云计算平台、交互平台等形成有序网络，为智慧社区的管理与服务提供有力支持，并实现面向政府、企业、公众等社区活动的智能化。智慧社区系统架构如图 5-31 所示。

（1）基础设施层。基础设施层是智慧社区建设的核心内容，主要包括智慧社区系统的基础应用条件，一方面是支持电子政务功能的政府机构，能够体验、支持智慧社区运作的智慧人群，具备自动化功能的楼宇建筑及家庭中能够与系统对接的智慧家居；另一方面，智慧社区服务系统又通过芯片、摄像装置、传感器来接收处理相关信息，两部分共同构成了智慧社区的基础设施层。

（2）基础环境层。基础环境层是智慧社区信息采集、处理和交互传输中心，是最核心的组成部分，包括：①平台支撑环境层。基于物联网的技术架构，平台支撑环境层包括系统的运营环境、操作系统环境、数据库及数据仓库环境。它们为物流系统运行、开发工具的使用、Web Service 服务和大规模数据采集与存储等提供了环境支撑，保障了整个平台架构的运营环境完整性；②网络平

图 5-31 智慧社区系统架构

台层。主要提供平台运行的网络设施，包括物联网承载网络、广义互联网、局域网、移动通信网和行业专网。网络层与相关系统接口可为 Web Service 信息服务、资源寻址服务等提供服务基础，用于支持社区外进行相关业务的信息传输。

（3）感知层。感知层是实现信息采集功能的核心组成，通过感知工具的相关信息处理模块和数据集成处理模块，实现消息队列服务、信息管理，对数据管理中心、数据交换和应用集成所需的数据格式定义进行统一管理等。

（4）应用支撑层。包括技术支撑平台和外部支撑平台。技术支撑平台一方面通过服务引擎与资源、数据访问服务与感知技术相关功能有机结合，以安全认证服务、调度引擎、工作流引擎、规则引擎、异常处理机制、元数据服务等关键功能为基础，实现感知系统的数据管理、业务过程执行引擎功能等。另一方面通过云计算平台、数据交换平台、数据字典等对感知数据在业务应用方面提供传输、处理、转换等功能支持。此外，技术支撑平台还引入了相关开发工具集，为各种复杂的社区应用系统提供专业、安全、高效、可靠的开发、部署和运行物流管理应用软件的开发工具平台；外部支撑平台主要包括企业完成各项业务所需的外部接口，智慧社区信息平台通过电子商务、客户端、电子政务、家政服务、医疗信息服务等接口与社区外客户、政府机构、服务机构等的信息系统对接，从而实现社区内外各部门间的协同工作与服务，以及动态联盟间有效的信息协同和信息共享。

（5）业务应用层。业务应用层是智慧社区最关键的部分，强大的基础信息平台只有通过业务应用层的各个模块才能将信息优势转化为应用优势，最终服务于社区居民。社区业务应用系统主要包括社区基础信息管理系统、社区交流服务系统、社区电子商务系统、社区快递服务系统、社区物业服务系统、社区电子政务系统、社区智慧家居系统、社区医疗卫生系统、社区家政服务系统和社区智能决策支持系统。

（6）呈现层。运用感知层中的应用技术将采集到的数据信息通过数据库技术、数据挖掘工具等与物联网技术相结合，通过业务应用系统的处理利用后，根据业主的不同需求，将所需信息呈现在相关设备上，自动推送给业主。

5.3.3 新型信息技术应用

当前，智慧社区建设已经形成了在基础平台基础上叠加 5G、区块链、互联网、大数据、人工智能、数字孪生和物联网等新型信息通信技术应用的模式，新型信息技术如图 5-32 所示。

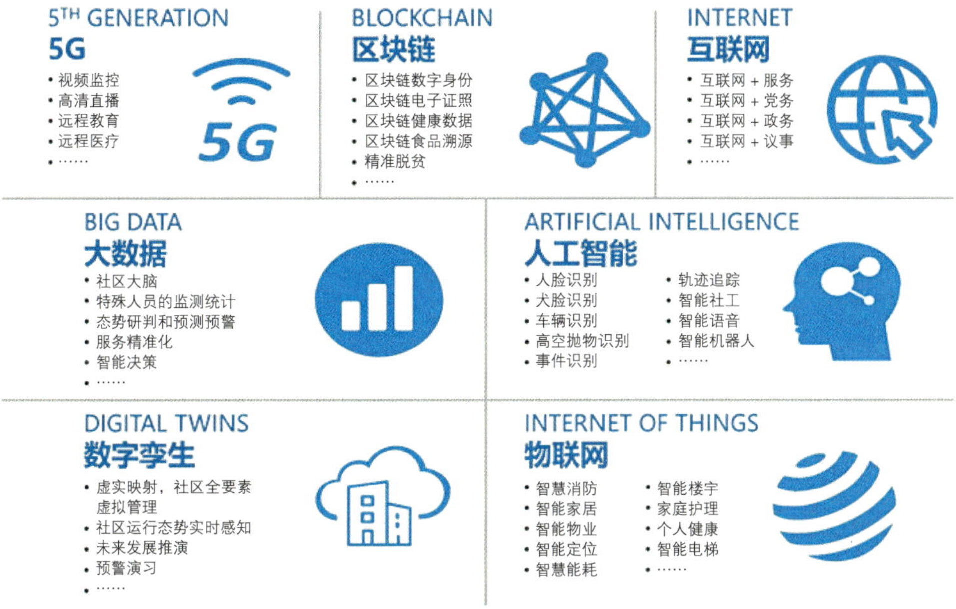

图 5-32 新型信息技术应用

5.3.3.1 基础集成平台

智慧社区基础集成平台的建设对于实现社区的低碳可持续发展具有至关重要的作用。智慧社区基础集成平台利用先进的信息技术，实现社区内各类资源的高效管理和服务的基础设施，其可在以下方面发挥重要作用：

（1）数据集成与分析。智慧社区基础集成平台通过集成各类数据，包括环境监测、能源消耗、交通流量、社区交通、社区商业及社区人员活动等数据，为社区管理提供决策支持，帮助优化资源配置，降低能源消耗。

（2）能效管理。平台可以实时监控社区的能源使用情况，通过智能调度和优化，提高能源使用效率，减少碳排放，并可兼容社区范围的碳排放数据核查、区域碳减排措施规划、区域绿色能源设施建设、区域运营智慧化节能降碳及区域碳资产系统化管理等功能系统。

（3）环境监控。通过部署各种传感器，智慧社区基础集成平台能够实现空气质量、噪声、温湿度等环境指标的监测，及时响应环境变化，保障居民健康。

（4）居民服务。基础集成平台兼容提供个性化服务，如智能家居控制、远程医疗、在线教育、邻里社交等功能服务，提升居民生活质量，同时减少因交通等原因造成的碳排放。

（5）应急响应。在自然灾害或其他紧急情况下，平台能够快速响应，调配资源，减少灾害对社区的影响，保障居民安全。

当前，智慧社区基础集成平台的建设在全球范围内正快速推进。许多城市已经开始实施相关的建设项目，如智能照明系统、智能停车管理、智能垃圾处理等。5G 技术的商用化，为智慧社区提供了更高速、低延迟的网络连接，促进了物联网设备的广泛应用。在"双碳"目标的推动下，许多社区开始重视绿色能源的接入，如太阳能、风能等可再生能源的利用。同时，通过智能化的能源管理系统，实现能源的精细化管理。

5.3.3.2 物联网

智慧社区的物联网架构，主要由采集控制系统与通信系统两部分组成，并通过网络将采集数据上传至智慧运维系统，实现对现场设备仪表的远程数据采集、控制。北京住总零碳示范楼（光熙门北里 29 号楼）采用了基于物联网的智慧社区管理技术，其物联网架构方案如图 5-33 所示。

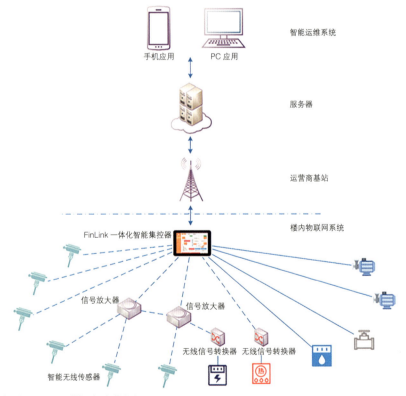

图 5-33　光熙门北里 29 号楼物联网架构方案

通过该物联网架构可实现如下功能：

（1）物联感知接入。各类传感器数据接入、获取、解析、存储与共享。

（2）物联感知运维。设备管理、监测指标管理、应用配置、数据查询等。

（3）物联感知综合展示。包括基本信息、总体态势、详细态势、数据质量统计等。

（4）应用支撑。提高平台可靠度，包括统一身份认证、GIS 展示、图表工具等。

（5）数据中心。数据集中采集、集中存储、集中管理、集中使用。

5.3.3.3 大数据

在智慧社区建设中，大数据技术发挥着至关重要的作用：

（1）社区管理与服务优化。通过收集和分析社区内的人口结构、居住习惯、消费模式等数据，为社区管理者提供科学的决策支持，优化社区资源配置和服务供给。

（2）利用大数据分析预测社区内可能出现的问题和隐患，提前采取措施进行预防和干预，提高社区治理的精准度和效率。

（3）居民生活便捷化。通过社区 APP、微信小程序等渠道，为居民提供便捷的社区服务，如在线缴费、报修、预约等，提高居民的生活便利度。利用大数据分析居民的生活需求和习惯，为居民提供个性化的服务推荐和定制化的服务体验。

（4）社区安全与监控。通过智能监控系统和大数据分析技术，对社区内的安全事件进行实时监测和预警，提高社区的安全防范能力。对社区内的异常行为进行识别和分析，及时发现并处理潜在的安全隐患。

（5）环境保护与能源管理。利用大数据分析社区内的能源消耗和排放情况，为节能减排和环境保护提供科学依据。通过智能化能源管理系统，对社区内的能源使用进行优化调控，提高能源利用效率。

（6）社区互动与参与。通过大数据分析居民的兴趣爱好和社交需求，为居民提供多样化的社区活动和互动平台。鼓励居民参与社区治理和服务，增强居民的归属感和责任感。

（7）在公共服务方面，大数据有助于使政府改变传统的指令导向的公共管理模式和供给导向的公共服务模式，开启人本导向、需求导向的公共管理与服务新模式，为公众提供更优质、高效、个性化的公共服务。

（8）在商业服务方面，大数据提升社区商业数据的准确性和及时性，降低社区企业的交易摩擦成本，大数据能够帮助企业分析大量数据而进一步挖掘细分市场的机会，从庞大的社区居民数据中，可以分析出不同类型居民的行为习惯和消费喜好，利用大数据实现精确化营销和精细化运营，主动推送服务和商品。

5.3.3.4　5G 技术

5G 技术具有大带宽、高速率、低时延、大连接四大特性，能够支持增强型移动宽带、超可靠低时延、海量大连接三大场景。5G 作为新一代信息基础设施为各项疫情防控工作的顺利开展"保驾护航"，在远程会议、远程医疗、远程教育、远程监控、医学影像数据的高速传输共享以及新闻高清视频直播等方面，充分诠释了大带宽、低延时、高可靠的"深厚内功"。

5G 技术在智慧社区中的应用场景主要包括以下几个方面：

（1）智能安防。5G 与高清摄像头的结合，实现了更快速、更精准的监控。高清视频的传输使得监控画面更加清晰，细节更加丰富，有助于提升社区的安全水平。5G 的低时延特性使得监控系统能够实时响应，提高了对紧急事件的处理效率。结合人脸识别、行为分析等技术，可以实现对社区内人员的智能识别和监控，提升社区的安全防范能力。

（2）社区管理。居民可以通过手机 APP 随时随地查询社区公告、缴费信息等，实现信息的高效流通。物业系统通过 5G 网络实现设备的远程监控与管理，提高了管理效率。利用 5G 网络的大连接特性，可以连接社区内的各种智能设备，实现设备的统一管理和控制。

（3）健康医疗。5G 技术支持远程医疗和智能健康监测等应用，通过 5G 网络实现医疗资源的高效利用，提升了居民的就医体验。在社区内设置远程医疗点，居民可以通过 5G 网络接受专业医生的远程诊疗服务。

（4）智能交通。5G 技术使得智慧社区内部与社区间的交通系统更加智能化，包括智能停车管理、无人驾驶车辆的集成以及交通流量的实时监控等。通过 5G 网络实现车辆与道路基础设施之间的实时通信，提高交通系统的安全性和效率。

（5）智慧生活。5G 技术为居民提供了更加便捷、智能的生活方式。例如，通过智能家居系统，居民可以远程控制家中的电器设备；通过智能音箱等设备，实现语音交互和智能家居控制等。

5.3.3.5 云计算

云计算是一种基于互联网的计算新方式，通过互联网上异构、自治的服务为个人和企业用户提供按需即取的计算资源和服务。

云计算在智慧社区中的应用场景包括：

（1）智慧家居控制系统。通过将家居设备与云端平台相连接，居民可以通过手机等终端设备实现对家居设备的远程控制，如开关控制、温度调节、安防监控等；提供了便利性和安全性，增强了居民对家庭环境的掌控能力。

（2）社区管理系统。将社区的各项管理服务与云端平台相连接，社区管理人员可以实时监控物业设备的运行状态、居民的生活习惯和需求。居民可以通过云端平台提交维修请求、查询社区活动信息等，实现社区管理服务的全面优化和个性化定制。

（3）数据共享与交流。云计算技术促进了社区内数据的共享与交流。居民之间的数据被收集和处理整合到云端平台中，方便居民之间的交流和资源共享。包括社区新闻资讯、购物推荐、求助服务等的共享，提高了社区资源的利用效率。

（4）提升服务响应速度和处理效率。通过云端平台，社区管理人员可以实时了解社区居民的需求和问题，并快速做出回应和解决方案。居民也能够快速获取社区服务的相关信息和资源，避免了传统方式中的信息滞后和繁琐流程。

5.3.3.6 人工智能

人工智能（Artificial Intelligence，AI）是研究、开发用于模拟、延伸和扩展人的智能的理论、方法、技术及应用系统的新技术科学。AI 旨在生产出一种能以人类智能相似的方式做出反应的智能机器，涵盖了语音识别、图像处理、自然语言处理、决策制定等多个领域。AI 系统能够学习和不断改进，以应对不同情境的挑战。

人工智能在智慧社区中的应用场景包括：

（1）智能安防。采用基于 AI 技术的智能摄像头、智能门禁，并可进行高空抛物检测与报警。

（2）智能管理。应用于智慧广告系统、智能物业呼叫系统和智能停车管理，提高管理效率。

（3）智能服务。进行如智能垃圾分类、智能无人配送、智能环境监控与智慧能源管理等。

随着技术的不断进步，人工智能在智慧社区中的应用将更加广泛和深入。通过 AI 人脸识别技术，无论业主、访客或其他特定人员在社区的活动轨迹都可以被精确跟踪、回溯；智能视频监控对社区周界安防开展自动化实时监测和预警。

5.3.3.7 数字孪生

数字孪生是物理空间与虚拟空间之间虚实交融、智能操控的映射关系，通过在实体世界以及数字虚拟空间中记录、仿真、预测对象全生命周期的运行轨迹，实现系统内信息资源、物质资源的最优化配置。数字孪生社区既可以理解为实体社区在虚拟空间的映射状态，也可以视为支撑智慧社区建设的复杂综合技术体系，它支撑并推进社区规划、建设、服务，确保社区安全、有序运行。通过数字孪生技术，社区治理手段正向泛在感知数字化升级，以感知、连接和计算三大能力为主线，推动基础设施智能化升级，丰富城市治理手段。

依托数字孪生技术，社区的规划布局、道路建设、交通优化、关系百姓民生的各类政策出台均可通过数字化模拟，达到效果验证、成效体验等能力实现，为科学决策和精准治理奠定基础，避免规划冲突、资源分配不均衡等现象。如通过模拟仿真、动态评估、深度学习社区规划方案效果，实现规划不再走弯路；三维呈现水势、空气动力、雾霾变化等，为治理决策提前部署提供依据；通过深度学习民众出行、生活、消费等习惯，制定个人出行路线；通过交通流量预测，智能疏导和优化信号灯时长。

通过将社区各类智能终端进行空间关联映射和有序管理控制，全面释放大数据资源价值，尤其是实时感知数据。根据社区部署的智能路灯、泊车、烟感传感器、井盖、管线压力计、高空无人机、空气传感器、水体监测器等感知载体，通过 5G 网络实时传输至云端，利用 AI 技术实现市政交通、公共安全、空气质量、水体安全、灾害预警等信息实时监测和通报。

5.3.3.8 区块链

区块链能为数据透明和信任建立提供技术支撑，区块链技术具有分布式、难篡改、可溯源三大特点，可实现跨地域、跨机构的信任协同，打破信息孤岛，开辟一条信息公开透明、真实可靠、互通高效的数据大道,降低数据共享的安全风险。在智慧社区建设过程中,区块链技术在身份认证、医疗卫生、房产中介、社会救援、健康档案管理等领域应用,实现真实的数据互通共享。在智慧社区应用区块链技术,对于政府、物业和居民各方面都有重要的意义。

5.3.3.9 建筑信息模型(BIM)

建筑信息模型(Building Information Modeling,BIM)技术是应用于工程设计、建造、管理的数据化工具,通过对建筑的数据化、信息化模型整合,在项目策划、运行和维护的全生命周期过程中进行共享和传递。

BIM技术在智慧社区中的应用场景主要包括:

(1)设施设备管理。BIM技术能够实现对社区内所有设备设施的实时监控和管理,包括隐蔽工程如管线等。通过实时数据采集,可以对设施设备的运行状态进行预警和报警监控,并自动提示维护维保计划,从而提高设施的运行效率和可靠性,确保居民的日常生活不受影响。

(2)资产运营管理。BIM技术可以优化管理方案,通过节能降耗和对资产寿命的预判,科学管理备品备件,实现资产的安全和高效管理。这有助于减少社区内的能源浪费,降低居民的生活成本。

(3)空间管理与分析。BIM技术能够清晰地展示车辆和车位的空间状态,记录空间使用、出租、退租、变更等情况,提高空间利用效率,为居民提供更便捷的停车体验。

(4)安防管理。通过设定虚拟摄像头,BIM技术可以将现实中视频监控所拍摄的画面与虚拟摄像头拍摄到的BIM模型一一对应,实现虚拟模型与现实场所情况的对比,增强社区的安全性。

(5)能源管理。BIM技术可以接入或打通水电能耗等相关数据,采取实时或者统计数据展示,通过监测传感设备的详情查看实时及历史数据,统计不同的能耗项目或者不同的系统数据,进行同比或者环比分析,帮助社区进行能源管理规划和预警。

(6)实时监控。BIM技术可以完整在线显示各类设施设备在线运行状态、能耗及压力、温湿度、PM2.5、二氧化碳等数据,视频屏幕滚动播放,为居民提供实时的环境信息。

5.3.3.10 智能边缘计算（IEF）

智能边缘计算是一种分布式计算架构，它将数据处理、存储和服务功能移近数据产生的边缘位置，即接近数据源和用户的位置，而不是依赖中心化的数据中心或云计算平台。其核心思想是在靠近终端设备的位置进行数据处理，以降低延迟、减少带宽需求、提升数据隐私和增强实时性。智能边缘计算具有低延迟、带宽优化、增强数据隐私和安全及更加自治性的特点。

智能边缘计算在智慧社区中的应用场景主要包括：

（1）智能安防。通过在摄像头、报警器等设备中集成边缘计算模块，实现实时监测和分析。例如，边缘计算模块可以识别陌生人、报警触发、人脸识别等，并对这些数据进行分析和存储，实现安防数据的可追溯性。

（2）智能交通。在交通信号灯、车辆检测器等设备中集成边缘计算模块，实现交通数据的实时采集和分析。

（3）智能照明。通过在路灯上安装边缘计算模块，实现路灯的智能控制和监测。

（4）智能环境监测。利用边缘计算设备对社区内的环境参数（如空气质量、噪声水平等）进行实时监测和分析，为居民提供健康的生活环境。

（5）智能家居互联。边缘计算可以管理家庭内的多个智能设备，实现设备间的数据共享和协同工作，提供个性化的智能家居服务。

5.3.3.11 地理信息系统（GIS）

GIS 是一种用于捕捉、存储、分析和管理地理空间数据的计算机系统。它通过地理空间分析、地图创建和数据可视化等功能，帮助用户理解地理分布、模式和趋势。GIS 系统是一个二三维一体化的 GIS 服务平台，实现对社区空间静态数据的采集、储存、管理、运算、分析、显示，并支持与位置服务系统集成，实现室内的人员定位与导航基本功能，供上层应用如 IOC 等应用集成，实现统一视图的可视化的社区管理。突破以人工管理为主的常规社区管理模式，解决传统模式中信息孤立、流通不畅、缺乏综合分析、难以共享、应对突发事件反应迟缓、安全隐患较大等问题，实现物联网时代全面感知社区各种信息，让社区管理更加智能和便捷。

GIS 技术在智慧社区中的应用场景主要包括：

（1）社区规划与管理。通过地理信息数据解决地理空间上的数字模型问题，如社区地下管线、地形图等，以及物业管理，将传统数据信息放置在 GIS 地图上，实现空间信息、属性信息一体化。

（2）智慧物业管理。集成物业管理的相关系统，例如停车场管理、闭路监控管理、门禁系统、智能消费、电梯管理等，实现社区各独立应用子系统的融合，进行集中运营管理。

（3）环境监测与保护。GIS 技术可以用于环境监测和评估，分析地理空间数据来预测和评估环境影响，帮助制定环境保护措施。

（4）公共安全与灾害管理。GIS 可以用于灾害管理、应急响应规划和犯罪分析，提供实时数据支持，帮助城市管理者快速做出决策。

（5）交通管理。GIS 在交通管理中用于交通流量分析、交通规划和优化，以及物流配送路线的规划。

（6）支撑数字孪生技术。数字孪生结合 GIS 为智慧社区带来了根本性的改变，通过精确建模和模拟能力，为智慧社区的规划和设计提供了强大的支持，实现实时数据采集和更新，优化城市空间，提供三维可视化展示，以及深度数据挖掘和分析。

5.3.3.12 数据湖运营平台

数据湖运营平台是一种综合性的数据管理平台，它提供数据全生命周期的管理，包括数据集成、规范设计、数据开发、数据质量监控、数据资产管理、数据服务等功能。这些平台支持行业知识库的智能化建设，并与大数据存储、计算分析引擎等数字底座相兼容，帮助企业快速构建从数据接入到数据分析的端到端智能数据系统，实现数据资产化、分析模型化和服务定制化。

在智慧社区的应用场景中，数据湖运营平台可以整合社区内的各种数据源，如监控摄像头、传感器、居民信息、物业数据等，通过数据湖的强大处理和分析能力，为社区管理提供支持。例如，可以实现实时监控和安全预警、能源管理、环境监测、居民行为分析等功能，从而提高社区的智能化管理水平和居民的生活质量。

5.3.3.13 数据仓库技术

数据仓库是一个面向主题的、集成的、相对稳定的、随时间不断变化的数据集合，用于支持管理决策。

智慧社区服务系统业务涉及个人信息、数据监控信息、商业信息、政务信息、物流信息、医疗信息等复杂多样的信息种类，现有的信息系统结构也截然不同，每个系统都拥有多个数据库。在如此众多的数据库上直接进行共享检索和查询是难以实现的，这需要去了解众多数据库的结构，而且还要面对这些数据库随时可能发生的结构变化，以及随时可能出现新数据库的情况。同时，要得到决策支持信息就必须使用大量的历史数据，因此在已有的各个数据系统的基础上建立用于决策的数据仓库，将数据仓库技术应用于智慧社区服务系统信息管理，可以辅助管理者的决策。

5.3.3.14 数据挖掘技术

数据挖掘是从大量的、不完全的、有噪声的、模糊的、随机的实际应用数据中，提取隐含在其中的、事先不知道的但又是潜在有用的信息和知识的过程。

基于数据挖掘技术信息平台的应用可以从智慧社区服务系统中提取具有决策价值的信息，从社区基础信息、社区交流服务、社区电子商务、社区物流服务、社区物业与综合监管、社区电子政务、社区智慧家居、社区医疗卫生、社区家政服务等系统数据库中提取出有效信息，主要用于社区决策支持系统的使用。

5.3.4 智能系统

5.3.4.1 智能机房

社区 IDC 机房是在社区范围内建立的互联网数据中心，它为社区内的居民和企业提供服务器托管、空间租用、网络带宽批发等服务。这种机房的建设和运营需要考虑多个方面，包括机房的选址、电力供应、温湿度控制、安全防护，以及数据备份等。

在智慧社区中，IDC 机房的应用场景主要包括：

（1）数据存储与处理。为社区居民和企业提供数据存储和处理服务，保障社区内各种智能设备和系统的数据安全和高效运行。

（2）智能监控系统。支持社区内的监控摄像头、门禁系统等智能监控设备的稳定运行，提升社区安全水平。

（3）社区服务平台。为社区管理提供云平台服务，包括物业管理、电子政务、居民服务等，实现社区服务的数字化和智能化。

（4）应急响应系统。在社区发生紧急情况时，IDC 机房可以作为数据处理中心，快速响应和处理紧急事件，保障居民安全。

5.3.4.2 综合布线系统

在项目的智能化系统中，综合布线系统属于基础支撑平台的系统之一，它采用高质量、高标准材料，以模块化的组合方式，将语音、数据、图像和部分控制信号系统用统一的传输媒介进行综合，经过统一的规划设计，形成一套标准的布线系统。该系统能够将现代建筑的多个子系统（如办公自动化、通信自动化、电力、消防等安保监控系统）有机地连接起来，为系统集成提供物理介质。综合布线系统具有实用、灵活、模块化、扩展性、经济性和通用性等特点，是智能化办公室建设和数字化信息系统的基础设施。

在智慧社区中，综合布线系统扮演着至关重要的角色。其主要应用场景包括：

（1）智能家居控制。通过综合布线系统，可以实现家居设备的远程控制和智能化管理，如灯光、空调、窗帘、安防系统等，提升居民的生活便利性和安全性。

（2）网络通信。作为数据传输的基础设施，综合布线系统支持社区内的有线和无线网络覆盖，确保居民能够享受高速、稳定的互联网服务。

（3）安防监控。综合布线系统连接社区的安防监控设备，如摄像头、门禁系统等，实现全方位的监控和安全管理。

（4）环境监控。系统可以连接环境监控设备，如温湿度传感器、空气质量监测仪等，实时监测社区环境状况，为居民提供舒适的生活环境。

（5）智能能源管理。随着绿色节能理念的推广，综合布线系统还可以集成智能能源管理系统，实现能源的高效利用和节约。

5.3.4.3 计算机网络系统

计算机网络系统的设计需满足经营管理、智能化设备运行、消费者/用户 Internet 接入等方面的数据传输要求，提供安全、稳定、可靠、快速的数据交互服务。根据建筑特点、业态功能、点位规模及分布等因素，经营管理网、客用外网的网络构架设计为 3 层架构："接入—汇聚—核心"；根据消防安保分控中心可独立控制、总控中心集中管理的运行方式，视频监控网的网络构架设计为 3 层架构："接入—汇聚—核心"，分控中心与总控中心之间设置专用安防数据通道，实现统一管理。

某智慧社区网络系统的逻辑架构如图 5-34 所示。对应逻辑架构，该社区网络系统的物理架构如图 5-35 所示。

图 5-34　某智慧社区网络系统逻辑架构

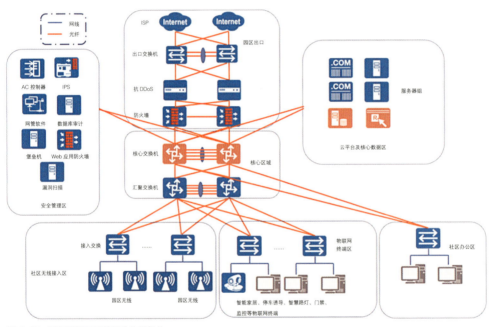

图 5-35　某智慧社区网络系统物理架构

5.3.4.4　Wi-Fi 覆盖系统

智慧社区 Wi-Fi 覆盖系统解决公共 Wi-Fi 的后一公里覆盖问题，配备完善的无线安全防护及良好的无线体验，构建面向未来的智慧社区，满足业主温馨生活体验。Wi-Fi 覆盖网络可规划在社区一层休息区、商场及办公公共区域等公共区域，使用户可以方便、安全地访问因特网和项目信息应用服务。系统的核心设备（核心交换机、外网接入交换机、无线 AP 等）可布置于智能机房内。

某智慧社区 Wi-Fi 覆盖系统拓扑结构如图 5-36 所示。其网络结构如图 5-37 所示。

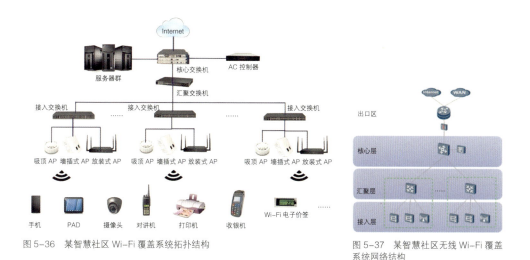

图 5-36　某智慧社区 Wi-Fi 覆盖系统拓扑结构

图 5-37　某智慧社区无线 Wi-Fi 覆盖系统网络结构

5.3.4.5　视频云平台（IMES）

视频云平台系统是基于云计算技术，将视频处理、存储、分发、管理等功能集成于云端，为用户提供高效、灵活、可扩展的视频服务解决方案。该系统通过虚拟化技术，将计算资源、存储资源和网络资源封装成一个独立的虚拟环境，专为用户提供视频相关的各种服务。

视频云平台系统在智慧社区中的应用场景主要有：

（1）智慧安防监控。实现社区内视频监控的集中管理和智能分析，提高社区安全防范能力。进行支持异常行为检测、人脸识别、车牌识别等功能，提升监控效率。

（2）智慧物业管理。通过视频云平台，物业管理人员可以实时查看社区内各区域的监控画面，及时发现并处理问题。整合报修、投诉、缴费等物业服务的功能，提升物业管理效率和服务质量。

（3）智慧环境监测。利用视频云平台，结合环境传感器数据，对社区内环境质量进行实时监测和预警。如空气质量、噪声污染、水质监测等，为社区居民提供舒适的生活环境。

（4）智慧社区管理。支持社区公告发布、活动组织、居民互动等功能，增强社区凝聚力。通过数据分析，为社区管理者提供决策支持，优化社区资源配置。

5.3.4.6 智慧路灯

智慧路灯也称为智慧灯杆或智慧路灯杆，是智慧社区建设中的基础设施，它通过集成多种智能技术和功能，如照明、监控、通信和数据收集等，旨在提高城市管理效率、提高市民生活质量以及促进城市可持续发展。智慧路灯的应用，不仅提升了社区的智能化管理水平，还带动了相关产业的发展。

通过智慧路灯、智能摄像头等设备，可以对社区的各角落进行实时的监控与监测。智慧路灯集成了 LED 显示屏、高清摄像头、智能传感器等多种设备，实现了多项功能的完美融合，参见图 5-38。其中，智能监控功能是智慧路灯的一大亮点。通过搭载的高清摄像头和智能识别系统，智慧路灯能够全天候、无死角地监控小区内的各个角落。无论是人员流动、车辆通行，还是异常情况的发生，都

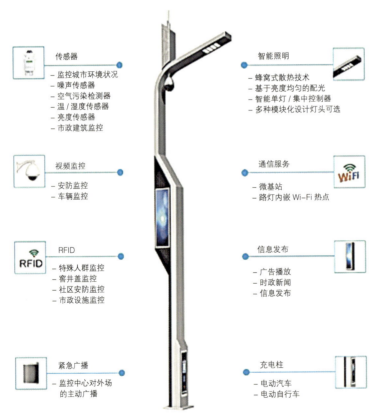

图 5-38 智慧路灯结构及功能示意

能被精准捕捉并实时传输至管理中心。这不仅提高了社区的安全防范水平，也为居民营造了一个更加安心、放心的居住环境。

智慧路灯还具备信息发布功能，利用搭载的 LED 显示屏，实时播放天气预报、交通信息、社区公告等内容。居民只需抬头便能获取到最新的信息，无需再四处寻找公告栏或打开手机查询。这不仅方便了居民的生活，也提升了社区的文化氛围和社区凝聚力。

智慧路灯还具备一键报警功能，极大地提升了社区的安全保障。该功能设计充分考虑了不同居民的需求，无论是没有携带手机等通信工具的市民，还是不熟悉报警电话的外来游客，或是需要紧急求助的老人幼童，都可以轻松使用。当发生紧急情况时，居民只需按下智慧路灯上的一键报警按钮，便能触发报警系统。系统会通过智慧路灯专用网关联网，将现场视频图像、位置等信息实时上传至管控中心及相关部门，并可进行语音呼救，确保居民在第一时间得到营救，避免危险的发生。

此外，智慧路灯还通过智能控制系统实现了对照明设施的精细化管理。根据天气、季节和时段的不同，智慧路灯能够自动调节亮度和开关时间，确保路灯在提供足够照明的同时，也能实现节能降耗。同时，管理人员还可以通过手机或计算机远程监控和管理路灯的运行状态，及时发现并解决潜在问题。

5.3.4.7 智慧停车场

智慧停车场管理系统是实现智慧停车管理的核心。其出入口采用电动挡车器＋车牌识别模块设备的组合，并对设备进行整合联动，对车辆的进出进行管制。结合管制空余车位数量，计算或限制停车时间，加强了防盗和防弊的功能，使系统能够更有效地辨识和管理通过出入口的车辆。

停车场管理系统由前端子系统、传输子系统、中心子系统组成，实现对车辆的 24h 监控覆盖，记录所有通行车辆，自动抓拍、记录、传输和处理，同时系统还能完成车牌、车主信息管理、交费管理等功能。某智慧社区包括智慧停车场管理系统在内的出入口管理系统架构如图 5-39 所示。

5.3.4.8 智能门禁系统

智能门禁系统利用生物识别技术（如指纹、面部识别、虹膜扫描等）、智能卡技术（如 RFID、NFC）、二维码识别以及物联网技术等多种手段，支持本地

图 5-39 某智慧小区智慧出入口管理系统架构

和远程鉴权,终端与平台断网鉴权不受影响,实现了对人员进出的自动化、智能化控制。智能门禁系统不仅提升了安全性,还极大地提高了出入管理的效率和便利性,成为科技生活中不可或缺的一部分。智能门禁系统访客通行场景如图 5-40 所示。

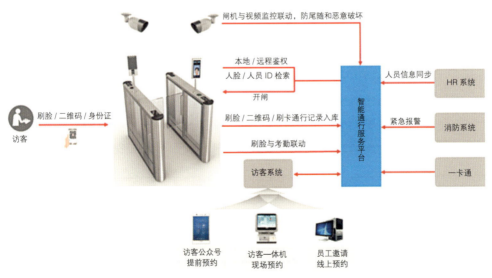

图 5-40 智能门禁系统访客通行场景

智能门禁系统能够实现的功能包括进出权限管理、实时监控、出入记录查询、异常报警及反潜回功能、防尾随功能、消防报警监控联动功能等，确保安全和管理的严密性。

5.3.4.9　可视化云对讲系统

可视化云对讲系统是运用互联网的音视频流媒体技术，以云端平台为载体为传统楼宇对讲赋能，在无需复杂布线的情况下完成轻量级安装和部署，打通平台端、移动端、设备终端之间的音视频对讲通道，通过多屏互动下实现业户远程开门、访客管理等场景。楼寓可视对讲是小区智能化系统投资较大的系统，应该尽量选用性价比、可靠性、安全性、适用性、先进性、科学性、兼容性、扩展性于一身的产品，并减少施工布线和人工等费用，节约整体建设成本。

可视化云对讲系统设备可分成前端设备（门口机、围墙机），传输系统（网络交换机）、管理中心三部分。用户室内呼叫与开门通过手机 APP 实现。整个小区楼宇对讲通过 TCP/IP 协议联网，所有的音频、视频、控制信令等全部通过 TCP/IP 传输。各门口机、围墙机通过网络交换机后，再经光纤收发器到中心网络交换机，最后和管理机相连。可视化云对讲系统凭借其云端技术的优势，不仅提高了楼宇通信的效率和安全性，还满足了智慧社区多样化的管理需求，应用场景主要包括门禁管理、访客管理、安防监控、呼叫电梯、信息发布、智能家居联动，部分先进的可视化云对讲系统还支持与智能家居设备的联动等。

5.3.4.10　设备远程监控系统

通过建设智慧社区中的设备远程监控系统，实现对于设备运行状态、运行参数、能耗情况的远程监控，杜绝工程维保人员现场巡逻抄表的工作，提升整个社区的管理效率和管理水平，设备远程监控系统架构如图 5-41 所示。

5.3.4.11　智慧服务系统

（1）建立联动社会治理体系。智慧社区平台可建设在社区党建、实有数据、网络管理、民生服务等社区治理层面，可与智慧街道系统联动，将街道社会治理的部分工作下移到智慧社区运营中心的可视化平台中，帮助街道做更具象、更精准的社区管理。智慧社区综合服务平台可通过标准接口与智慧城市相关平台进行数据打通，实现区、街道、管区和社区的社会治理四级联动。

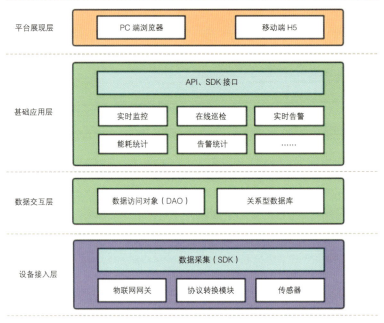

图 5-41 设备远程监控系统架构

（2）建设社区层的服务体系。智慧社区项目在社区基层建设与市民生活息息相关的政务服务、便民服务、生活服务、物业服务、安全服务等服务体系。

（3）为居民提供多种形式服务终端。居民通过手机 APP，可以足不出户享受科技带来的便利：政务查询、公共缴费、手机开门、访客邀请、超市上门、预约家政、服务上门、居家养老、物业报修、缴费、物业呼叫、线上医疗、线上图书馆、实时物业管家服务等。居民通过家庭平板 APP，可设置多个家人号码、应急呼救号码等，便于特殊人群的居家看护。

（4）构建智慧物业服务。以 AI+ 物业管理的建设思路，在传统物业基础上，支持业主 APP 手机拍照挪车、车辆违停自动识别推送、报警事件自动录像定位等功能，进一步提高居民满意度水平。物业工作 90% 都可以在手机 /PC 端直接完成，包括移动巡检、工作图片化、拍照挪车、视频巡检轨迹、报修下单、物业考勤、进度可查等。利用安装在社区的摄像头进行智能事件预警，对重点人员、重点区域进行管控，可以实现对社区消防事件的主动预警。

（5）安全防护。构建集防护、检测、响应、恢复于一体的全面的安全保障体系，参见图 5-42。其可包括一个中心 + 三重防护 + 三个体系的安全防护："一个中心"指安全运营管理中心，即构建先进高效的安全运营管理中心，实现对系统、产品、

图 5-42 智慧社区安全防范体系

设备、策略、信息安全事件、操作流程等的统一管理;"三重防护"指构建安全通信网络、安全区域边界、安全计算环境三位一体的技术防御体系;"三个体系"指形成技术支撑体系、安全管理体系、安全运营体系,这三个体系相互融合、相互补充,形成一个整体的安全防御体系。其中,安全管理体系是策略方针和指导思想,技术支撑体系是纵深防御体系的具体实现,安全运营体系是支撑和保障。

5.3.5 能源及碳排放管理平台应用

在"双碳"背景下,智慧社区建设需要采用一系列新技术来实现低碳、环保、智能化的目标,其新技术应用场景主要包括低碳社区和低碳建筑。

5.3.5.1 基于数字孪生的碳源精细化排查

无论是城市、园区、社区、建筑,推进碳达峰、碳中和"双碳"建设的第一步都是摸清"碳家底",开展碳排放数据的盘查,实施碳排放数据监测、统计、核算、核查,认真分析碳排放来源,确定工作重点。

从"碳排查"入手,在基于数字孪生场景呈现的全真物理世界中,将全域空间中各类碳源排放监测数据与时空模型数据相融合,实现碳排放数据在时空维度上的搜索与计算。同时,还能围绕不同业态、不同碳源等维度深度剖析,形成区域"碳画像""碳分布"等多种数据全景图,帮助城市、社区或建筑的运营管理者直观掌握空间全域的碳排放态势。

(1)碳雷达。碳雷达可帮助社区管理者全面掌握碳排放情况。该功能通过对社区所有的"碳源"进行扫描,以单体建筑为单位,于三维场景中直观呈现区域内的碳排放情况。此外,该功能还可以总览分析所选时间范围内的碳资产拥有情况,社区不同减碳措施的减碳贡献,以及社区碳排放占比与趋势。使用碳雷达的全面扫描功能,可以帮助管理者对社区的碳排放总况有一个整体的认知。同时,该功能也能帮助用户发现社区碳排放中的关键点,例如某些建筑或业态的高碳排放量,以及碳排放量的峰值和谷值。这些数据都是实现零碳社区目标所必需的,因为只有深入了解碳排放情况,才能采取有针对性的减碳措施,进一步降低碳排放量。

(2)碳盘查。"碳盘查"包含"业态探测""碳源探测"以及"减碳探测"三个子功能场景模块。"业态探测"非常适合综合型社区,它能够帮助管理者快速了解社区内各个业态的分布情况,了解不同产业结构对区域碳排放的影响。同时,该功能还能够分析社区的总体碳排放走势,以及不同业态的碳源排放构成情况。用户还可以通过该功能详细分析单个业态的碳排放趋势、不同级别的碳源构成以及碳排放量,以便更好地进行碳排放控制和减排工作。"碳源探测"可以帮助社区管理者直观了解每栋楼的直接、间接、相关三类不同碳源的碳排放量、不同碳源的占比情况、不同碳源的耗能单位分类和构成情况。通过该功能,用户还可以聚焦某一类碳源,分析不同类型碳源的碳排放趋势差异和碳排放强度,以便更好地进行针对性的减排工作。"减碳探测"能够监测、分析已有减碳措施在社区的分布和效用,以及不同减碳措施对社会的贡献度。用户可以了解社区每月减碳量的趋势、社区不同减碳措施的减碳量排行情况,以及这些减碳量和替换的能耗量等细节信息。减碳类型分为"碳减缓""碳吸收"两大类,支持聚焦单个种类统计分析其减碳数据。

(3)碳画像。"碳画像"借助数字孪生技术的时空计算能力,提供可视化工具于场景中直观呈现碳排放情况,其中包括"三维热力图"和"室内碳分布图"两部分内容。在"三维热力图"中,可以通过可视化的方式呈现社区内各个单体建筑的碳排放情况,用户可以在不同视角下漫游、俯视等,深入了解每个建筑的碳排放情况,通过场景的直观分析,可以帮助管理者快速发现碳排放大户,解决社区碳排放不平衡的问题,提高碳减排效率;在"室内碳分布图"中,平台支持逐栋楼、逐楼层查看碳排放情况，精细化下传到某一层楼、某一户、某一个企业的碳排放数据，帮助用户发现碳排放高峰期和空置期，定位碳排放大户的精确位置，从而提高社区的碳减排效率。

（4）碳计算。碳雷达是一个多维度的碳排放分析工具，为用户提供了全局的碳排放和减碳情况，但在实际使用中，管理者需要更加精准地了解特定区域、特定业态和特定碳源的碳排放情况，以制定相应的减排措施和实现碳中和目标。为此，平台提供了一系列的自定义核算功能。在重点区域排查方面，平台支持"区域碳计算"，用户可以基于三维空间模型进行灵活的交互操作，自定义区域，计算出该区域内的碳排放总量趋势和碳源构成，实现对特定区域的高效碳排放追踪和监测。通过区域碳核算，用户可以快速了解特定区域的碳排放情况，制定相应的减排策略和措施，为实现碳中和目标提供有力的支持。

（5）碳预警。通过碳预警规则的创建和执行，可以对社区内的碳排放进行实时监测和预警报警，减少碳排放对环境的影响，提高社区的工作、生活环境品质。首先创建碳预警规则，系统会在每月更新碳排放数据后，按照预警规则执行报警。预警结果以三维标签的形式展示在场景中。通过碳排放预警规则的创建和执行，社区管理人员可以更好地了解、控制社区内的碳排放情况，及时采取措施降低碳排放数据，提高社区的生态环境质量。同时，预警系统还可以提高社区管理的效率和精度，为管理人员提供决策依据，促进社区的可持续发展。

5.3.5.2 基于数字孪生的碳预测和降碳规划"双碳"推演场景

用户在碳排查场景下，清晰地锁定社区当前碳排放超标的产业、碳源区域都是哪些，当前的减碳措施有什么作用。在获取并分析这些信息后，在不影响社区正常运营的前提下，根据社区特定情况，提供有针对性的碳减排方案，从而减少碳排放的数值，即碳预测和降碳规划"双碳"推演场景的应用。

（1）光伏规划。光伏规划包含"智能框选"和"人工框选"两种方式，为社区提供了更加灵活、精细的光伏规划方案。其中，"智能框选"适用于大范围的场景，不仅可以在线实时铺设，也支持离线框选。在进行智能框选时，用户于场景中任意框选需要铺设光伏的区域，系统会自动识别出所选范围内的屋顶面积，并支持用户对光伏板的品牌、型号、铺设角度等参数进行手动调整。在确定方案后，系统会自动计算出建议的光伏板铺设数量，并对方案进行经济性评估。通过三维场景，用户可以直观地查看社区铺设光伏板后的实际效果，评估此套方案的可执行性。"人工框选"支持用户选择每个屋顶具体的铺设区域,以及这些铺设面积里的障碍面积,更加人性化、更具主动性。通过这两种框选方式,用户可以根据不同的需求和场景,选择最适合的方式来进行光伏规划。

(2)自定义减碳措施。对于社区的管理者来说,通过要求降低某个特定碳源的碳排放额度,来实现社区减碳措施的管理场景也较为常见。在这个需求下,管理者可以通过自定义减碳措施功能,选择特定的碳源,并对其未来的碳排放量进行调整,以实现社区减碳措施的管理。此功能支持两种调整方式:数值调整和百分比调整。同时,用户也可以根据不同的基准值来调整数据。通过这种方式,用户可以精确地掌握特定碳源的碳排放情况,并了解减少其碳排放量对社区整体碳排放量的影响,以此帮助用户决策未来减碳方案的方向。

(3)降碳策略模拟功能。实现社区的碳达峰、碳中合并不可能只依靠一个方案。因此,用户需要探索不同方案的组合,并确定何时实施这些方案可以实现效益最大化。针对这个问题,推出了"降碳策略模拟功能"。首先,对社区不做任何新的减碳措施的情况进行碳排放趋势推演,得到当前社区此时的碳排放趋势折线。由于不同社区的发展特色不同,我们可以根据不同情况选择不同算法进行推演,从而使得推演数据更加贴近真实情况。完成推演后,管理者便可利用降碳策略模拟功能,模拟推演不同的方案组合效果。通过以上建设内容,帮助用户找到社区碳排放问题、分析评估解决方案,最终帮助用户分析如何将不同方案组合,实现碳减排效益最大化,完成闭环,实现更加智能化、可持续化和高效化的发展。

5.3.6 典型应用案例

5.3.6.1 深圳中海华庭智慧社区

图 5-43 中海华庭项目实景

中海华庭智慧社区为传统社区改造升级项目,位于深圳市福田区 CBD 地段,是集住宅及商业配套于一体的多业态小区。项目占地面积 32568m^2,总建筑面积 115835m^2,含 8 栋住宅楼和 1 栋写字楼(图 5-43)。该项目通过改造基础网络,打造了平台和基础网络始终保持不变，而系统和应用可以快速迭代的"两变两不变"集成技术架构，满足了智慧社区的可持续增长需求，提升了客户对物业服务的满意度，成功打造了深圳市中心区旗舰物业样板。

兴海物联携手华为建设了首个社区 IDC 机房和边缘计算节点，为该项目改造了基础网络。打造"两变两不变"的集成技术架构，即平台和基础网络始终保持不变，而系统和应用可以快速迭代，以满足智慧社区的可持续增长。基于华为数据平台，接入"看车行、看人行、看视频、看对讲、看设备"等"五看"基础模块。通过升级对客接触点的设备设施（车闸、人脸识别、云对讲等）进一步完成整体智慧化。该项目获得"华为中国区智慧社区样板项目"认证，基于项目样板效应，兴海物联携手华为共同面向市场推出智慧社区"吾瞰"解决方案，共同构建智慧建筑空间的美好生活，助力推动国家数字化转型高质量发展。

该项目的主要技术/理念如下：

（1）建中心：城市中心+项目"三心合一"。传统模式的园区管理中心建设往往存在重复建设，建设后彼此割裂，信息不互通的情况，对于紧急事件的处置存在滞后；项目将监控中心、客服中心、调度中心进行合并，构建园区中台管理体系，基本能力通过一个中心复用，结合物联网平台应用，实现减岗增效。

（2）"3-3-3"管理运行模式。小区采用"3-3-3"项目管理运行模式代替传统管理模式，即：结合物联网、人工智能等先进技术与项目现场实际运行情况，将原有物业项目的所有工作分为 3 类：有温度的现场服务（比如工程人员的入户维修，安管进出的微笑服务，客服人员的上门服务）、重复枯燥的工作（比如呼叫开门，园区巡逻，设备使用情况巡查等）与中后台管理工作（项目品质监察，异常事件的判定与处理）。"3-3-3"项目运行模式与传统运行模式对比如图 5-44 所示。

（3）聚焦"两保一体验"。"3-3-3"模式在初级阶段聚焦"两保一体验"，即：安保与保养、业主体验，重点关注技术替代人工操作，并将人力资源集中配置在需要有温度的现场服务中。安保方面，平台的云瞳系统可让小区巡逻岗由监控岗替代，用 AI 看代替人眼看，配合城市中心多小区集中监控，能够减少安保岗位，提升安保能力。保养方面，平台的机房远程监控系统能够实现重要机电设备预防性维护，减少人工巡查，同时可以集中技术专家资源，实现集约化应用。

（4）"两变两不变"，智慧社区持续生长（图 5-45）。中海华庭智慧社区解决方案还采用了"云、管、边、端"技术架构，使用"两变两不变"的架构模式，

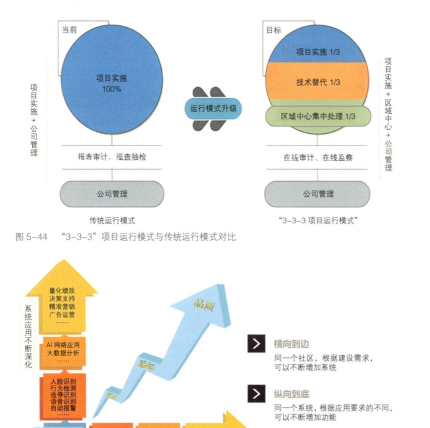

图 5-44 "3-3-3"项目运行模式与传统运行模式对比

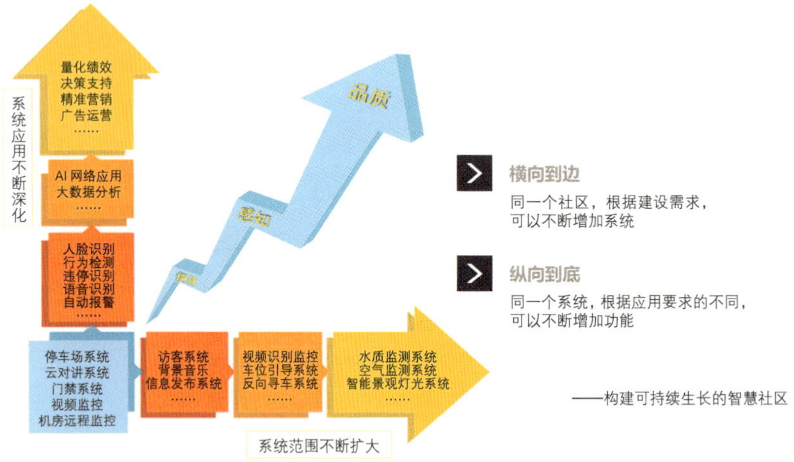

图 5-45 智慧社区持续生长

在平台和基础网络始终保持不变的情况下，让系统与应用可以高效迭代。例如可根据使用场景灵活定制边缘应用技术能力，快速部署智能算法，让使用场景可以随时根据用户或者管理需求进行更新，在数字终端实现可视对讲系统、视频监控系统等应用的共享与迭代，从而让整个社区的场景、设备、人都能够实现联动、统一管理，让智慧社区得以持续运行与更新。

该项目建设效果显著，取得了良好的社会效益和经济效益。

（1）社会效益。中海华庭智慧社区建设项目交付 3 年，物业服务满意度评价维持在 95 分，顺利完成该项目物业费涨费工作，获得"华为中国区智慧社区样板项目"认证。华为和兴海物联带来的不仅是科技的力量，更是在行业上的巨大转变和启示。伴随着智慧社区逐渐渗透到人们生活的方方面面，智慧社区全面开花的时代即将到来。

（2）经济效益。推进中海拥有 20 多年历史的早期项目智慧化升级。经计算，采用智慧社区建设技术，每年可节约近亿元整体运营费用，提升管理效率约 12%。中海华庭在实行智能化改造后，物业管理费上涨约 20%，降低运行人工成本约 15%，降低设备消耗 20%。

5.3.6.2 北京住总山澜阙府智慧社区

山澜阙府项目（北京市延庆区南菜园 1-5 巷棚户区改造项目 YQ00-0007-0002 地块 R2 二类居住用地项目）位于北京市延庆区南菜园，总建筑面积 54888.44m²，包括 8 栋住宅楼、配套商业、幼儿园和地下车库，其中住宅楼地上 8~10 层，层高 3m，建筑高度 27~29m（图 5-46）。住宅楼为装配整体式剪力墙结构，二次结构

图 5-46 山澜阙府项目夜景鸟瞰

采用蒸压加气混凝土条板，分隔墙采用管线、装修一体化的轻钢龙骨隔墙，集成厨房、集成卫生间，预制率约为 41%，装配率 76%，属于 AA 级装配式建筑。

该项目采用了基于 BIM 的管线综合技术，打造了 5G 科技智慧系统，其关键建设技术涵盖了室内传感器、人脸识别、智慧监测、无线对讲系统、可视对讲系统以及公共设施的无障碍设计等，旨在通过科技融入提升居住的安全性、便捷性和舒适性。

项目在设计施工阶段采用基于全生命周期的 BIM 技术，建立基于 BIM 的运维管理平台，助力智慧社区运维。小区户户设置门磁报警、可燃气体报警等设备，满足安防智能产品设置要求。采用智控系统，包含智慧主机、环境监测、家电控制、安全报警等功能，户内设置家居中控网关，连接家庭智能设备，支持无网络本地控制运行，如图 5-47 所示。物业设置社区治安管理自动化监控，小区出入口、公共活动空间、紧急避险场所、道路、坡道和台阶等场所设置指示标识和安全监控等设施；门禁系统包含可视对讲、小区门机、单元门机、室内分机，结合社区安防构建智慧社区，提高业主的获得感、安全感和幸福感，楼宇提供基础智慧管理服务，具备安防系统、设备监控系统等。

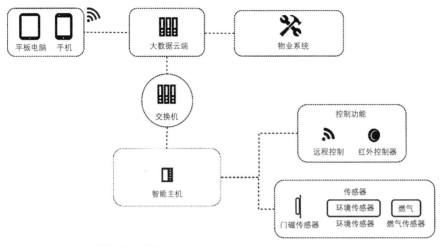

图 5-47　山澜阙府智慧社区设备逻辑架构

（1）基于 BIM 的运维管理平台。项目采用基于建筑全生命周期的 BIM 技术，在项目运维阶段，建立基于 BIM 的运维管理平台，对项目用电量、用水量、能耗数据等进行总项及分项计量，并保证实时性、准确性，为节能、减碳控制与分析提供有效依据。

（2）室内传感器。供暖系统定压由设在换热站内的定压补水装置进行补水定压。地板辐射供暖系统设置了室温自动调控装置。在住宅起居室设置温度传感器，与集水器供水主管上的电动阀连通，进行温度自动控制。室内温度适宜，且具备调节温度的能力。项目设计注重公共安全报警系统在户内的设置，以确保居民安全。在住宅户内设置了门磁报警、可燃气体报警等智能报警设备，满足智能安防要求。

（3）人脸识别系统。项目打造 5G 科技智慧系统，不仅达到便捷入户，还让科技成为家的"贴身护卫"。小区大门、单元大堂门口配备了双摄像头，可通过人脸识别、指纹、门禁卡等方式识别业主身份，实现远程无感开门、访客识别后智能开门等功能，在保障业主安全的同时，方便访客接待，杜绝无关人员进入。社区把"人防"与"技防"有机结合，在 24h 门岗不间断的同时，在小区内部关键部位部署高清视频监控点位，对关键部位做好视频存储，提高社区整体安全性，确保小区、楼内每一处安全放心。使用周界探测系统，设置报警功能，一旦跨越或者破坏小区围栏，系统自动报警，值班人员迅速处置，确保小区的安全稳定。

（4）无线对讲系统。项目设置无线对讲系统，方便物业单位、社区管理人员、安保人员及维修操作人员日常工作，发生意外时，可进行统一的调度和指挥，实现高效、即时的事件处理。

（5）可视对讲系统。项目设可视对讲系统，作为现代化的小区住宅服务措施，提供了访客与住户之间双向可视通话，达到图像、语音双重识别。可视对讲配备智能控制系统，该系统包括智慧主机、环境监测、家电控制、安全报警等功能模块，在户内设置家居中控网关，连接家庭智能设备，支持无网络本地控制运行。可视对讲系统连接小区控制网，可以实现与社区功能联动，如预叫电梯、收发信息、险情报警、生活服务等。

5.3.6.3　中海千灯湖一号智慧社区

中海千灯湖一号智慧社区位于佛山市南海区，广佛 RBD（休闲商务区）核心位置，紧邻佛山最大的城市水体主题公园，整个社区占地面积达 15.47 万 m^2，总建筑面积 79.89 万 m^2。整个项目包含 26 栋 42~44 层住宅楼，高 140m（图 5-48）。涉及住户 2618 户、商户 64 间、1 个幼儿园；社区共设停车位 6203 个，车位配比为 1∶2.5。2023 年，该项目启动智慧化升级改造，通过智慧社区联合解决方案筑造云上数字空间。

智慧社区解决方案在中海千灯湖一号社区的落地，就犹如给社区安上了"智慧大脑"，为社区提供了三大能力：①边云协同的连接能力，通过智能边缘 IEF、企业集成 ROMA、物联网 IoT 等，使社区的各种设备和系统互联互通，便

图 5-48　千灯湖一号建设效果

于支撑平台的统一管理；②帮助中海千灯湖做到了数据融合，通过数据运营实现了社区数据资产沉淀和数据共享；③提供全栈全场景 AI 能力，通过智能视频服务提供丰富的视频场景，让中海千灯湖一号社区的智能化水平得到升级。

该社区采用了华为与兴海物联联合打造的智慧社区解决方案，自项目一期就启动了智慧园区建设专项工作，确定了智慧社区集成技术架构——"两变两不变"的原则，在平台和基础网络始终保持不变的情况下，系统和应用可以进行快速迭代。兴海物联通过智慧社区建设，利用自行开发的 X-StarT 物联网运行平台，包含 11 大系统（图 5-49），同时结合微型 IDC 进一步提升小区档次，打造当地标杆，优化客户体验，提升客户满意度，解决当前系统运行问题，提升物业管理效能。

改造完成后，该项目客户满意度由原来的 85% 上升到 94%，小区荣获"广东省物业管理示范小区""佛山市物业管理示范小区"荣誉，形成示范效应，物业管理效能提升 30%。

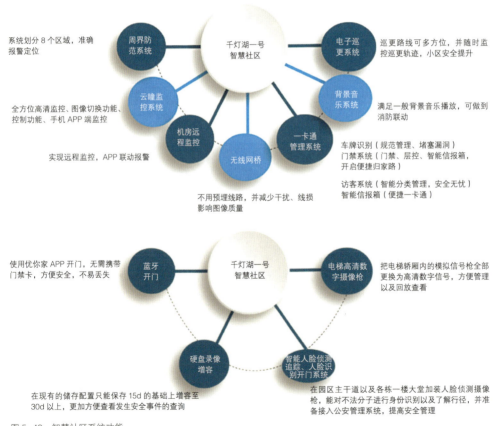

图 5-49　智慧社区系统功能

5.3.6.4 中海城南 1 号智慧社区

中海城南 1 号位于成都市高新区，东邻天府大道，北邻交子大道、府城大道，南望原生态城市景观公园带，项目周边配有大规模现代商务写字楼、十大国际化平台、高新产业基地群落、国际总部商务园等，紧邻成都最好的三大幼小中学校。总占地面积 11.5 万 m^2，总建筑面积 41.4 万 m^2，绿化面积 6.57 万 m^2，综合容积率 2.85，总户数 1771 户，车位 2590 个（图 5-50）。

中海城南 1 号物业服务团队积极创新，打造集智慧化管理、完善的技防体系、四大专属服务、工科中海于一体的智慧园区。项目升级改造电子围栏报警系统、闭路电视监控系统、可视对讲系统等，实现"看车行""看人行""看设备""看视频""看对讲"五大智慧社区基础应用的统一接入和云端迭代，实时做到多方联动、统一管理、快捷安全。

图 5-50　中海城南 1 号建筑效果

项目充分考虑社区智慧运营的需求，全面整合项目信息资源，并进行统一管理和快速更新，及时掌握项目发生的各种事件和变化，最大限度开发、整合、融合和利用数据资源，消除各系统信息壁垒，对项目数据进行汇集、管理、共享、交换、挖掘等处理，实现各个行业的综合应用，支持社区运营管理、应急指挥、决策分析，为社区居民提供多元化的服务。

中海城南 1 号智慧社区建设遵循以下建设原则：①总体规划、统一设计的原则。结合项目社区经济社会发展现状和社区管理工作实际，统一规划和设计新型智慧社区运行管理指挥中心。②因地制宜、整合资源的原则。依托大数据基础平台，合理有效整合社区各部门、供应商现有和拟建的系统、数据、视频资源，最大限度发挥兼容性，防止重复建设，实现资源资金整合、设备信息共享。③技术先进、安全可靠的原则。按照国家计算机、系统集成、建筑智能化、电子政务、应急平台体系等相关标准，采用符合当前发展趋势的先进技术，并充分考虑技术的成熟性，同时建立安全防护体系，保障系统平台安全平稳运行。④立足当前、着眼长远发展的原则，以项目日常管理和应急业务需求为导向，结合 5G、人工智能、大数据和物联网技术体系规划，以应用促发展，把当前和长远结合起来，使社区运行管理系统的建设既满足当前工作需要，又适应未来技术和应用的发展，不断提升社区运行管理技术和应用水平。

项目智慧社区建设的整体方案采用边云协同方式部署，通过社区边缘节点和华为云共同部署社区解决方案和服务。边缘节点即社区节点，指社区数据中心或消防中心，负责社区端侧数据接入和视频数据预处理，实现业务上云便捷性与低成本控制。视频监控边缘节点独立部署，边缘智能分析通过华为云的智能边缘平台（Intelligent Edge Fabric，IEF）服务部署并纳管。云侧即华为云，利用华为云提供的服务，支撑社区应用上云部署与创新；实现应用的云端共享与节省社区硬件维护成本。社区数字平台、IOC 及 SaaS 应用皆部署于华为云，通过 VPN 实现边缘与云侧的网络层和应用服务层互通。项目智慧社区逻辑架构如图 5-51 所示，集成架构如图 5-52 所示。

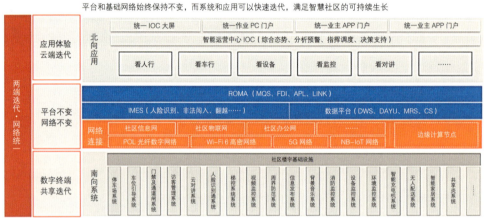

图 5-51　智慧社区逻辑架构

中海城南 1 号智慧社区建设改造提升完成后，物业服务满意度评价进一步提升，获得四川省住房和城乡建设厅颁发的"四川省物业管理优秀住宅小区"；四川省房地产业协会颁发的"四川省物业服务品牌项目"；成都市锦城社区颁发的"真情服务，助力抗疫"；成都市锦城社区党委、锦城社区居委会颁发的"2020年度幸福宜居小区"；成都市物业管理协会颁发的"五星级住宅区"；成都市物业管理协会颁发的"文明服务窗口""蓉城好家园"等荣誉，打造了物业管理服务典范标杆。

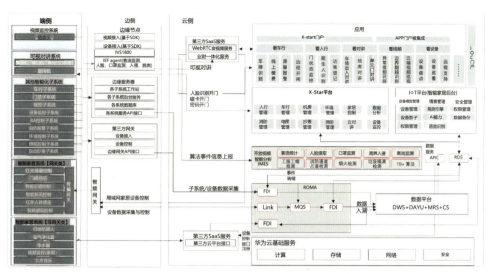

图 5-52 智慧社区集成架构

5.3.6.5 云智能总部大厦

云智能总部大厦项目坐落在深圳市龙岗区坂田街道坂富路东侧，总建筑面积 77849.18m²，由 3 层地下室、1 栋核心塔楼以及 3 层裙房组成。其中，地下部分主要配置了设备用房、符合 I 类标准的汽车库（B3 层设充电车位），还包含局部商业空间和研发办公区域。主体建筑是一座高达 99.90m 的塔楼，地上部分包括 23 层塔楼和 3 层裙楼（图 5-53）。塔楼首层和 2 层为大堂，用于高端办公接待；其上各楼层均为高效研发办公空间。裙房布局巧妙，首层和 2 层规划为商业功能区块，第 3 层结合研发办公与特定商业业态，整体建筑被划分为一类高层建筑。研发塔楼精巧地坐落于场地北部，裙房商业面朝繁华的坂富路、坂旺路及城市未来规划道路。

该项目为深圳最完整采用建筑师负责制管理模式的项目，充分发挥深圳在政策、资金、区位及市场调配资源方面的优势，以及建设方在品牌、技术、服务及市场拓展方面的优势，推动深圳传统企业数字化转型，强化新型智慧城市项目建设管理和应用，共同构建深圳市数字技术新生态，加快促进数字经济创新发展。

该项目的主要技术特点如下：

（1）BIM 技术全生命周期应用。从总承包单位角度，云智能总部大厦采用贯穿于项目策划、实施和交付全流程的 BIM 技术，根据《中建一局 BIM 技术应用评价标准表》，项目实施 BIM I 级应用点共 19 个，II 级应用点 20 个，III 级应用点 5 个，总共 44 个（图 5-54）。

图 5-53　云智能总部大厦项目建筑效果

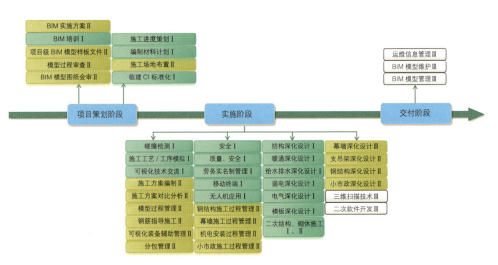

图 5-54　项目 BIM 应用场景

（2）智慧应用场景。云智能总部大厦项目基于数字场景落地数字化运维需求，基于 BIM 的全生命周期管理，搭建智能楼宇应用架构，为建筑楼宇智慧运维打下了坚实的基础，实现了能源管理、通行管理、综合安防、物业管理、智慧办公、环境管理和企业服务七大应用场景的智慧化，如图 5-55 所示。

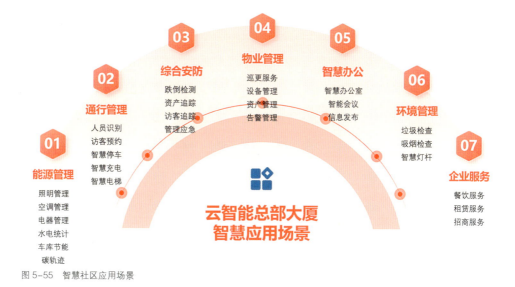

图 5-55 智慧社区应用场景

（3）设备实时运行状态监测。项目基于 BIM 三维模型，融合物联网技术的实时监测数据，动态展现设备的实时运行状态（图 5-56）。

（4）运营数据集成与分析。配合智能传感设备、结合物联网实时数据，对建筑内的人车流量、温湿度、设备运行等数据进行集成和分析，通过数据实现智慧社区的运营管理。智慧运维平台功能如图 5-57 所示。

云智能总部大厦建成后将成为中软国际在深圳的云智能总部办公研发基地，通过布局基础云服务、制造云服务、海外云服务等板块业务，推动深圳云计算技术发展，提升云应用和服务水平，打造深圳新一代信息技术产业高地。

项目确定了高端智慧社区建设目标，从项目策划到交付，采用基于 BIM 的正向设计，并综合采用了 AI+BIM 管线综合深化、BIM+ 装配式冷冻水机房、建筑机器人及智慧工地等智慧化技术。在项目运维阶段策划构建了能源管理、通行管理、综合安防、物业管理、智慧办公、环境管理和企业服务七大智慧社区应用场景，为项目提升管理效率、实现能源资源高效管理打下了基础。

5.3.6.6 新发展楷林广场智慧社区

新发展楷林广场是河南省、郑州市"双百""双重点"项目，总投资超 100 亿元。项目集 17 栋甲级写字楼、2 栋高端智慧商务公寓、1 栋高端服务式公寓、特色商业街区、国际会议中心等多元业态于一体。项目西地块中心规划下沉广场与中央广场，形成景观中心，围绕中央广场布置 11 栋建筑。总办公建筑面积为

(a) 给水排水系统监控　　　　　　　(b) 空调系统监控

(c) 冷机群控系统监控　　　　　　　(d) 智能照明监控

(e) 供配电系统监控　　　　　　　(f) 电梯状态实时监控

图 5-56　设备实时运行状态监测

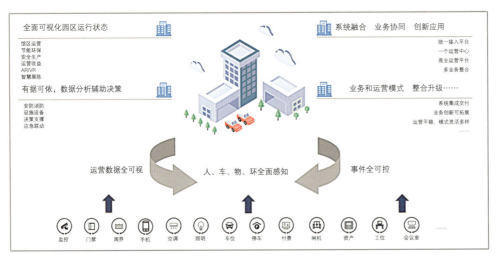

图 5-57　智慧运维平台功能示意

402131.932m²，地上商业建筑面积为 21057.7m²，地下商业建筑面积为 16620.02m²（图 5-58）。

该项目采用智慧 IOC、智慧人行、智慧车行、智慧能效、智慧环境、智慧安防和智慧物管七大系统，智慧商业、智慧资管、智慧服务、智慧低碳四大应用，其智慧系统全景规划如图 5-59 所示。

图 5-58 新发展楷林广场

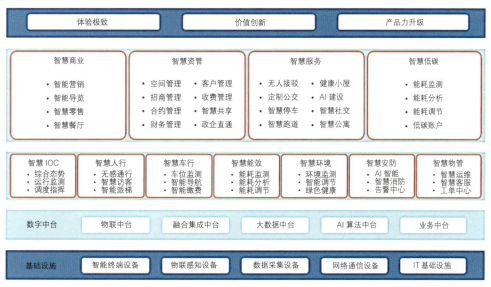

图 5-59 智慧系统全景规划

（1）整体架构设计。基于社区数字平台底座 + 物联中台、数据中台、业务中台的快速构建智慧商写应用场景，满足社区设备"横向到边，纵向到底"的可持续生长需求（图 5-60）。

（2）"单一"智慧升级"全景"智慧。基于社区数字平台底座 + 物联中台、数据中台、业务中台的三中台能力，兴海物联与华为携手，从用户角度出发设计了整体解决方案：将园区内七大系统和四大应用统一接入中台，实现网络与设备分离、软件与硬件分离，园区所有业务场景全局可视、可控、可管，智慧 IOC 如图 5-61 所示。

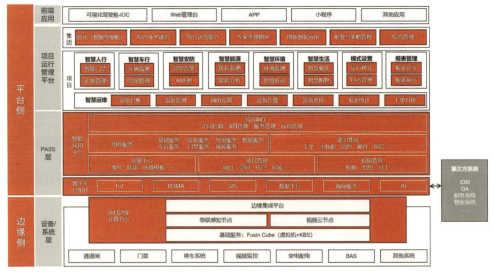

图 5-60 项目整体架构

图 5-61 智慧 IOC

（3）"N个"系统，一套"应用"。目前，项目基于物联网平台，已实现多个智慧场景、一个"大脑"应用掌控。

2020年以来，新发展楷林与华为、兴海物联等实力伙伴携手，以该项目为载体，在智慧商务运营、智慧商务物管、商务大数据分析、企业数字化转型等领域展开联合研究。

新发展楷林广场项目建设为在社区工作和生活的人们提供"智慧"无处不在的极致体验，定义了新一代智慧商务综合体标准。基于广泛的触点和统一的客户管理体系，发挥综合体融合优势，持续创新业务场景，将更多的业务在楷林内闭环，支持楷林产品和轻资产运营能力升级。

未来，项目将继续坚持以平台化的生产力，助力入驻企业和产业高质量发展。依托平台易接入、易调用的可生长能力，逐步加载更多智慧场景及业务，进一步激发空间活力，全方位满足企业客户的多维智慧化需求。

5.3.6.7 基于智慧平台的零碳与近零碳工程案例

（1）光熙门北里29号楼

光熙门北里29号零碳改造项目为地上2层的办公建筑，总建筑面积1181.6m^2。该建筑本体为非节能建筑，以整合住房和城乡建设部零碳建筑示范工程要求的"零碳建筑"和《近零能耗建筑计算标准》中"零能耗建筑"的要求为目标，打造北京市首个既有建筑"双零"改造的示范工程，建筑还配备了一套智能运维管理系统，在管理建筑能耗的基础上，还对建筑的环境、安防、设备运行等内容进行动态监测与控制，做到了节能与智慧并重（图5-62）。

该项目智慧运维管理系统是基于云计算技术、物联网技术、移动互联网技术、大数据采集等多项技术开发的服务平台，满足对于室内外环境监测、能耗监测、智能控制、结构安全监测、智能安防监测及相关数据统计分析等运维需求，实现了以设备为纽带的强连接和强运营的管理模式。图5-63、图5-64分别示出了该项目的物联网架构方案和智慧运维管理平台网络拓扑架构。

通过智慧运维管理系统可以达到建筑运维的精细化、数据化、智

（a）原建筑西立面

（b）原建筑北立面

（c）项目改造后西立面实景

图5-62 项目改造前后外立面

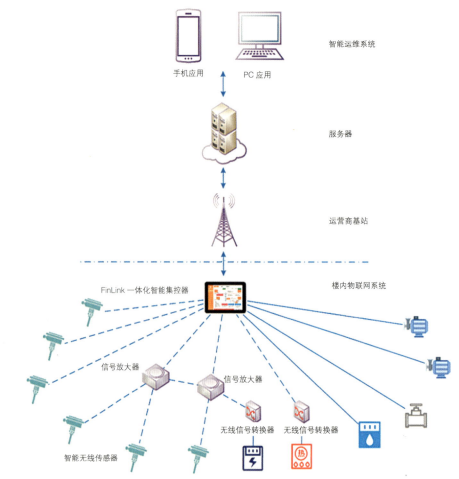

图 5-63　楼宇内物联网架构方案

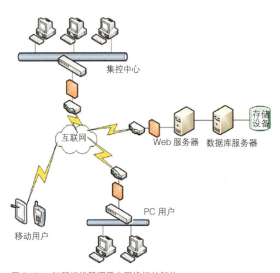

图 5-64　智慧运维管理平台网络拓扑架构

能化，提高运维和管理效率，为整个办公楼宇提供智慧化管理支撑。项目采用集成了室内外环境监测、建筑运行能耗监测与分析、建筑设备的智能化控制等系统，实现对现场设备、仪表的远程数据采集、控制，智慧运维管理系统主界面如图 5-65 所示。

通过智慧运维管理系统的各项功能，能够实现对建筑运行状态以及能耗碳排情况进行精确且

图 5-65 智慧运维管理系统主界面

全面的把握，通过数据参数与建筑运行情况的对比分析，可找出建筑运行能耗节能潜力点，通过对建筑各系统进行调适对比，逐步完善建筑运行方案，在保证建筑舒适度的前提下，达到建筑的零碳运行，为建筑低碳运维方案提供经验。

该项目通过住房和城乡建设部科技示范项目验收，已获得中国建筑节能协会"零能耗建筑"认证。节能减排效果显著，具有良好的示范效应。项目的实施，积累了既有建筑零碳改造工程实践经验，开展了零能耗、零碳技术应用的研究，有助于提炼零碳建筑的设计、施工技术要点，并通过项目数据总结，分析零碳建筑技术和经济效益分析，有利于论证零碳建筑技术的可行性及可推广性，推动既有建筑改造节能技术的进步和节能产业的升级。

（2）法华南里1号楼、10号楼城市更新改造

法华南里1号楼、10号楼地处北京市东城区天坛地区，属于首都核心区。两栋建筑分别建成于1992年、1994年。1号楼更新面积7041m^2，地下1层、地上6层；10号楼更新面积2170.86m^2，地上5层。1号楼原运营业态地上为低端快捷酒店，地下为超市，10号楼原业态为低端快捷酒店。改造后，1号楼打造为"公寓酒店+商业"综合业态，地下1层为精品超市，1层引入餐饮、咖啡、便利店等商业，2~6层引入住总寓品牌，打造长短租结合公寓酒店；10号楼打造为"办公+商业"，1层为楼宇大堂和咖啡水吧、2~5层为办公空间（图5-66）。项目在更新改造过程中引入零碳技术，打造近零碳建筑和超低能耗建筑。

（a）改造前外立面　　　　　　　　　　　　（b）改造后外立面

图5-66　项目改造前后对比

项目采用低碳节能综合管理智慧平台，与近零碳建筑业务管理协同，利用节能大数据模型和碳管理模型，实现全过程低碳节能运营，进一步加强能碳数据管理，优化碳排放诊断分析；在提升建筑能效水平方面，开展围护结构、供热系统、供暖制冷系统、照明设备和热水供应设施等多项改造内容，打造更为健康舒适、节能绿色的低碳建筑；在助推建筑领域高质量方面，项目依托城市更新开展老旧楼宇改造，改造后年节能量约202.69t标准煤（等价值），减碳量约429.49tCO$_2$，可有效提高建筑的能效水平。

该项目建设了"双碳"智慧能源综合管理平台，设计了完善的信息采集系统，全面了解楼内的环境状态和设备状态，开发了绿色低碳智慧运营平台，将各弱电子系统集成于一个平台之上，做到充分的数据共享，对所有子系统集中监测、管理和控制，同时利用高精度数据分析引擎，实现数据挖掘、故障诊断、数据预测

和优化控制，最终达到建筑的低碳运维与智慧管理。

该项目具有重要的社会效益，它不仅有助于北京市"双碳"目标的实现，还能提升建筑居住品质、提升城市品质、减少资源压力。相较于72%节能标准，低碳改造后1号楼每年可节电16.3万kW·h，光伏每年可发电18.1万kW·h，每年可减排196.1tCO_2。10号楼每年可节电约3.5万kW·h，光伏每年可发电5.1万kW·h，每年可减排49.02tCO_2。两栋建筑碳排放在72%节能的基础上再降低50%以上，节能率高，节碳贡献大。

在当前北京市建筑领域碳排放约占社会总量的50%，其中近一半来自城镇公共建筑的背景下，该项目对于持续推动建筑向更高品质发展，推广绿色建筑、超低能耗建筑、（近）零能耗建筑，打造"双碳"典型案例标杆，联动推进本市建筑领域绿色、低碳发展，进一步提升公共建筑健康舒适水平和能源利用率具有重要意义。

该项目可取得明显的综合效益：①在城市更新改造中应用碳达峰、碳中和的低碳技术有充足的政策支持，例如《北京市推动智能建造与新型建筑工业化协同发展的实施方案》，明确提出推动超低能耗建筑示范和公共建筑节能绿色化改造，促进建筑业绿色改造升级；②疏解低端业态，改善周边环境；③根据属地居民需求，补齐社区服务短板；④节能率达60%以上；建筑节碳率达50%，每年降低碳排放近250tCO_2；⑤将既有建筑更新改造与零碳技术有机结合，探索核心区既有建筑更新改造路径，符合房地产从增量市场向存量市场转变的方向，同时响应"双碳"目标。

（3）中建京华国贤府配套楼

中建京华国贤府配套楼位于北京市房山区拱辰街道FS00-0111-0017地块内，为P1号配套楼，该楼地上3层，地下1层，高13.5m，总计建筑面积1500m^2，其中地上部分1000m^2，功能为托老所和老年活动场站，零碳示范区域为地上部分。该项目由中建智地与房山区政府、清华大学、中国建筑科学研究院和博锐尚格共同推进，为北京市房山区首个"零碳"示范项目（图5-67）。

结合属地特性，在建筑方案阶段开展气候适应性设计，通过优化空间布局、合理利用生态资源等措施，营造舒适、自然的微气候，降低建筑的能耗需求。项目共计采用17项零碳关键技术，配备低碳智慧运维系统，作为集展示、体验、示范等功能于一体的建筑智能化能源及碳排放综合示范平台，可实时监测建筑室内外环境、建筑能耗、产能情况，进行建筑节能自评估及碳排放计算等。平台实

(a) 建筑效果　　　　　　　　　　　　　　(b) 完成效果

图 5-67　中建京华国贤府配套楼

现根据使用场景自动切换不同的预设策略；针对不合理能耗数据进行预警/诊断；对不正常工作的设备进行定位/报警，并通过碳积分、碳行为管理方式使使用方、运营方养成绿色节碳行为方式。

该项目成功搭建了具备智能优化算法的零碳建筑节能运行管理系统。该系统集成了能耗监测、数据分析、调度优化等多项功能，能够实时监控建筑的能源使用情况。可对项目中的各类设备进行能源消耗监测，包括空调系统、照明系统、动力设备等，并将这些数据接入平台。通过与设备供应商和技术团队的紧密合作，逐步解决系统集成的技术难题，如不同设备间的数据格式不统一、通信协议不兼容等，确保了数据的无缝对接和平台的稳定运行。此外，还开发了基于大数据分析的能耗预测模型，能够对未来的能耗趋势进行精准预测，从而为能源调度提供科学依据。

项目利用专业的模拟软件对样板项目进行精细建模，以模拟不同空调运行算法策略下的能耗情况。图 5-68 示出了能耗优化流程。

项目设计了基于人行为的精细化建筑运行控制。除手动控制调节外，系统可以根据房间内空气品质实时数据自动调整空调及新风系统，保持环境空气品质、热舒适状态持续达到 WELL 健康标准。系统依据对办公人员行为数据的采集和专家经验的共享，利用数据统计分析和基于用户痛点的智能决策算法，将信息化层面的办公空间设备控制，即人员设备的互动方式，转变为智能化的人与人间的互动方式。行政人员只需设置上下班时间，即可联动空调等设备自动运行。系统 AI 与物联网技术驱动逻辑架构如图 5-69 所示。

作为中瑞零碳建筑合作项目示范项目之一，对中方与瑞士方共同推进零碳建筑项目具有推动意义。作为房山第一个零碳社区养老项目，结合零碳公园打造的

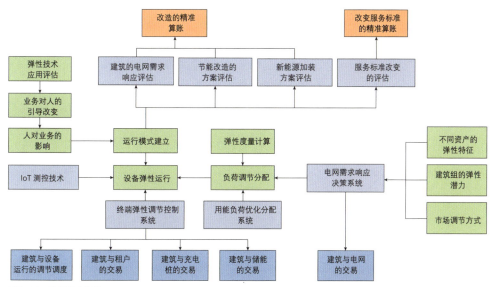

图 5-68 能耗优化流程

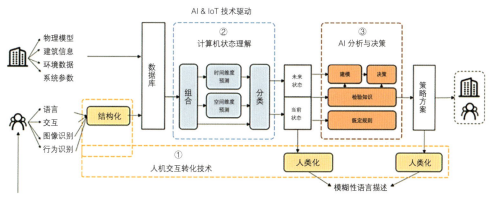

图 5-69 能源管理平台 AI 与物联网技术驱动逻辑架构

零碳示范科普基地，为大众科普零碳建筑知识、低碳生活理念具有非常重要的社会效益。建筑综合能源数字化管理系统构建，提出和完善运维数据对建造低碳建筑的指导意义，可建立一套完善的运维数据收集、处理和分析体系，为建筑的能耗管理、碳排放控制和优化运维提供数据支持。同时，结合实际情况，提出针对性的建议和措施，促进低碳建筑的发展和应用。

项目结合项目属地特性，在建筑方案阶段开展气候适应性设计，通过优化空间布局、合理利用生态资源等措施，营造舒适、自然的微气候，降低建筑的能耗需求。共计采用 17 项零碳技术，实现建筑本体节能约 3.8 万 kW·h/a，光伏全生命周期产能约 5.2 万 kW·h/a，完全覆盖建筑自身用能。项目本体节能加产能可实现每年节约华北电网用电 9 万 kW·h，相当于每年减少 CO_2 排放约 85.7t，或相当于每年节约标煤 29t，或相当于植树 14.4 万 m^2。

5.3.7 智慧社区发展状况分析与发展建议

智慧社区是城市发展过程中不断提升服务的产物。智慧社区可以有效地解决城市人口增加与对多样化公共服务个性化需求之间的矛盾。智慧社区管理思维应该贯穿于智慧社区规划、建设和运营的全生命周期，由上而下统一部署规划并制定相应的管理标准与评估体系；以提升居民便利，保障居民利益为出发点，通过协商式服务供给建立居民信任机制，充分利用互联网、人工智能、云计算、大数据等信息化技术手段对智慧社区功能进行相应的拓展，通过制度建设满足相关群体的利益需求，促进社区经济发展，形成可持续化发展态势，达到基层治理效能与居民生活水平的双提升。

5.3.7.1 智慧社区发展形势与挑战

（1）智慧社区发展新形势。在"双碳"背景下，即在"碳达峰"和"碳中和"目标指引下，我国智慧社区的发展正迎来新的变革。一是智慧社区建设的核心理念正在转向绿色低碳，这意味着在规划和建设过程中，将更加注重节能减排和环境友好型材料的使用；二是以智能化技术为代表的新兴技术的深度应用正在成为智慧社区发展的新趋势；三是智慧社区的发展还注重提升居民的生活品质，倡导绿色、健康的生活方式；四是智慧社区的治理模式也在不断创新。在"双碳"背景下，我国智慧社区的发展正朝着更加绿色、智能、和谐的方向迈进，为实现可持续发展的目标贡献力量。通过这些创新举措，智慧社区不仅成了一个高效节能的居住环境，更是一个充满活力、和谐共处的社区共同体。

（2）智慧社区面临的新挑战。一是智能化系统孤立，应用碎片化；二是受众主体多，建设标准不统一；三是传统智能化顶层设计无法落地；四是决策难，执行难，使用难；五是能源管理与节能减排存在困难；六是数据安全与隐私保护成为亟待解决的问题，如何确保居民的个人信息安全，防止数据泄露和滥用，是智慧社区建设过程中必须重视的问题；七是技术融合与集成是智慧社区建设过程中的一大挑战；八是资金投入与运维成本是智慧社区可持续发展需要解决的问题；九是居民参与和认知度不高。

5.3.7.2 智慧社区发展建议

在"双碳"背景下,智慧城市与智慧社区的建设不仅是技术革新的体现,更是推动城市可持续发展的重要途径。面对我国智慧社区的发展现状以及未来的发展趋势,针对相关行政管理部门、行业学/协会及企业和从业者,从不同管理维度,提出针对性建议,以期为智慧社区的建设提供参考和借鉴。

(1)针对相关行政管理部门的建议。一是完善政策支持体系,包括制定系统全面的政策框架、加强跨部门协同等。二是鼓励多元主体参与,包括强化政府引导作用、激发市场主体活力等。三是推动绿色低碳发展,包括深化建筑碳排放管理、优化碳资源管理、推广绿色生活方式、加强低碳技术研发与应用等。四是加大资金投入与政策支持,通过设立专项基金、提供税收优惠等方式,鼓励企业和社会资本参与建设。同时,加强对智慧城市与智慧社区建设项目的监管和评估,确保资金的有效利用和项目的顺利实施。五是推动技术创新与产业升级。政府应鼓励企业加大技术创新力度,推动物联网、大数据、云计算等新一代信息技术在智慧城市与智慧社区建设中的应用。通过设立创新基金、搭建创新平台等方式,促进技术创新与产业升级,为智慧城市与智慧社区建设提供强有力的技术支撑。六是提高居民参与度。智慧社区建设应以居民需求为导向,充分听取居民的意见和建议。通过建立居民参与机制,如居民议事会、社区论坛等,增强居民的参与感和归属感。此外,还可以通过问卷调查、座谈会等方式,了解居民对智慧社区建设的看法和需求,使智慧社区建设更加贴近居民的实际需求。

(2)针对行业学/协会的建议。一是加强学术研究与交流。学协会应组织专家学者加强对智慧城市与智慧社区建设的学术研究,探讨新技术、新模式在智慧城市与智慧社区建设中的应用。通过举办学术会议、研讨会等方式,促进学术交流与合作,推动智慧城市与智慧社区建设理论的不断完善。二是推动标准制定与规范发展。学协会应积极布局策划智慧城市与智慧社区建设标准的制定工作,推动行业标准的统一和规范发展。通过制定技术标准、管理标准等,为智慧城市与智慧社区建设提供统一的技术和管理规范,确保项目的顺利实施和可持续发展。三是开展人才培养与培训。学/协会应加强对智慧城市与智慧社区建设领域人才的培养和培训。通过设立培训课程、开展实习实训等方式,培养一批具备专业技能和创新能力的专业人才,为智慧城市与智慧社区建设提供人才保障。

（3）针对企业与从业者的建议。一是加强技术研发与应用。包括加大技术研发力度、推广成熟技术等。二是优化居民体验。注重提升居民在智慧社区中的体验感受，通过提供便捷高效的服务和人性化的设计，提高居民的满意度和幸福感。例如，建设智慧服务平台，实现政务服务、生活服务、商务服务等多种服务的集成和一体化。此外，还可以通过引入智能设备和应用，提升居民的生活品质，使居民在智慧社区中享受到更加便捷和舒适的生活体验。三是强化数据安全与隐私保护。在智慧社区建设过程中，会产生大量的数据。这些数据不仅涉及居民的个人隐私，还关系到社区的安全和稳定。因此，必须加强数据安全管理，建立完善的数据安全管理制度和技术防护体系。通过数据加密、访问控制、安全审计等措施，确保数据的安全性和完整性。同时，还应关注数据的合规性，确保数据的采集、存储、使用和传输符合相关法律法规的要求。在采集和使用居民个人信息时，必须严格遵守相关法律法规的规定，确保居民隐私得到有效保护。通过匿名处理、数据脱敏等方式降低隐私泄露的风险。同时，还应建立完善的隐私保护机制，明确隐私保护的责任和义务，确保居民个人信息的安全。此外，还应加强对居民的隐私保护教育。

5.4 超大城市深层地下空间技术

本热点问题的分析根据上海市城市建设设计研究总院（集团）有限公司承担的中国土木工程学会课题《超大城市深层地下空间利用策略及前瞻技术》的研究成果归纳形成。

5.4.1 深层地下空间功能分析及利用现状

5.4.1.1 深层地下空间功能分析

地下空间的开发与其功能要求密切相关。地下空间功能设施系统规定主要包括：地下市政公用设施系统、地下交通设施系统、地下公共服务设施系统、地下防灾减灾设施系统、地下仓储物流设施系统等。从世界范围来看，浅层地下空间主要分布公共管理、公共服务和商业服务业设施。中层地下空间以交通、物流、仓储和市政公用设施为主，如日本东京新宿线、美国阿拉米达走廊等。同时，这些功能也正在向深层空间扩展。如新加坡海床 150m 以下的裕廊岛地下储油库、瑞士深 50m 的地下货运系统、日本东京深 60~100m 的深层排水系统等。日本《大深度地下公共使用特别措施法》中规定深层地下空间以高速公路、大深度地下物流、隧道、科研、储藏功能为主，该法适用对象为道路、河川、铁路、通信、给水排水等公共事业。图 5-70 给出了深层地下空间功能分类示意图。

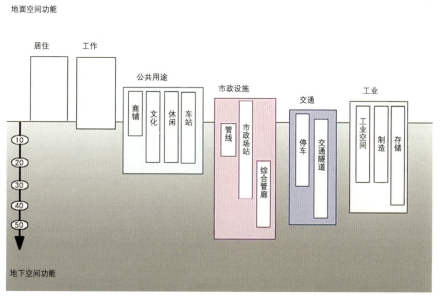

图 5-70 深层地下空间功能分类示意图

5.4.1.2 地下交通设施系统

深层地下交通系统指部分或整体位于地下 40~50m 以下的地下交通系统，通过有效利用地下空间、物联网、云计算、大数据、空间地理信息集成等新一代信息技术的应用，促进交通运输业的智能化改造。地下深层交通系统并不局限于深层的地铁线路和站点，深埋的隧道、高速公路、停车场等交通设施也在近年来得以开发实施。缓解城市交通是地下空间发展最原始的驱动因素。从伦敦的世界上第一条地铁线路开始，人类对于地下空间的民用就正式起步。各个国家都相继开始建设地铁，由此对地下空间的大规模开发逐渐展开。表 5-1 给出了国内外地下交通设施的部分案例。

国内外地下交通设施的部分案例 表 5-1

国内			国外		
城市	工程	深度	国家	工程	深度
重庆	一号线马家岩站	47m	日本	东京都地铁 12 号线	45m
重庆	一号线鹅岭站	超过 40m	日本	南北线	超过 40m
重庆	一号线七星岩站	超过 40m	日本	都营大江户西线六木本车站	42.3m
重庆	一号线高庙村站	超过 40m	日本	都营大江户西线饭田桥站 – 春日站线路	49m
重庆	5、9 号线红岩村站	116m	日本	中央新干线超导磁悬浮北品川工作井	83m
重庆	10、6 号线红土地站	94.467m	日本	中央新干线超导磁悬浮品川站	40m
上海	13 号线淮海中路站	33m	日本	中央新干线超导磁悬浮名古屋站	30m
上海	北横通道	48m	日本	首都高速中央环状品川线	50m
上海	4 号线修复基坑	41.5m	俄罗斯	圣彼得堡站	84m
上海	崇太过江隧道	89m	英国	西汉普斯特德站	55m
上海	虹梅南路越江隧道	43m	韩国	大深度地铁	40~50m
上海	周家嘴路越江隧道	45m			

5.4.1.3 深层地下物流系统

深层地下物流系统指部分或整体位于地下 40~50m 以下的地下物流系统，以城市可持续发展为目标，以自动化和智能化为基础，货物从物流园区通过干线运输转移至支线，利用自动运载工具实现与物流末端网点、小区、商场或自提柜等设施的连接。地下物流系统通过自动化货物运输、装卸、仓储和连接地上、地下的斜坡或垂直电梯，货物在一定时间内可以完成空间上的转移。图 5-71 给出了

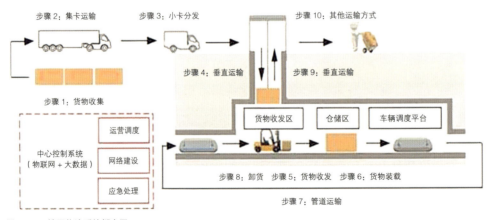

图 5-71 地下物流系统概念图

地下物流系统概念图。

发展城市地下物流系统不仅能有效缓解城市交通拥堵和环境污染等问题，也能大大提高物流运输效率。随着我国城市规模的进一步拓展，限制货运车辆出行的范围不断扩大，很多原有物流设施面临二次选址。目前，很多城市地面空间紧张，很难保障城市物流网点的合理布局。物流空间利用不断向"空中""水下"与"地下"拓展，如沃尔玛"漂浮仓库"与配送系统、亚马逊"空中物流中心"和"水下存储设施"等。地下物流系统进入快速发展的新阶段。

Okumura 等提出日本东京地下 40m 以下建设地下集装箱运输系统，在港口与物流园区之间将大井集装箱码头附近的点连接到圈央道八王子北立交附近的配送基地，沿路线连接到主要道路的交汇区附近配置物流节点，其概念图如图 5-72 所示。

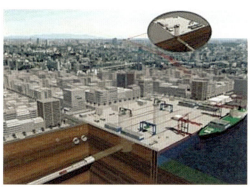

图 5-72 东京深层地下集装箱运输系统概念图

新加坡深层地下仓储物流系统，连接工业园区和港口，规划单向交通系统，将仓储区域划分为开放式仓库、分区仓库和标准仓库，提高了地下空间的利用效率。按照功能将洞库划分为 8 个单元，分别为地下与地面连接单元、地下物流接口单元、空集装箱暂存单元、返回集装箱暂存单元、集装箱装（拆）箱单元、进入托盘存储系统单元、托盘储存单元、存储系统卸货和托盘处理单元，可根据需要布置各类洞穴单元。其概念图如图 5-73 所示。

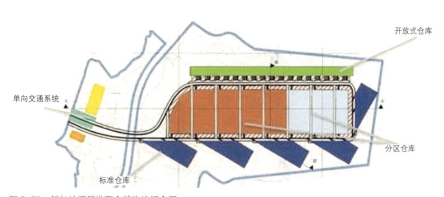

图 5-73 新加坡深层地下仓储物流概念图

5.4.1.4 深层地下公共服务系统

深层地下公共服务系统是指布局于地下的商业、行政、医疗、文化娱乐等公共系统。随着轨道线网和城市立体再开发，逐渐出现多种功能复合的地下公共服务中心。根据国内外地下空间开发的经验，地下公共服务中心可更好地满足城市居民生产、生活需求。此外，部分类型的功能空间注重内部空间的活动，需要尽量减少外界环境的干扰，如对于博物馆、体育馆以及科研设施来说，外界过多的光照或者声音进入到建筑内部，都会对建筑内部的活动产生干扰，因此地下深层空间也可以保留此类公共服务的功能。国内外深层地下公共服务系统的一些典型案例如表 5-2 所示。

国内外深层地下公共服务系统的一些典型案例　　　　表 5-2

国家	工程	深度	国家	工程	深度
日本	东京国立图书馆新馆地下书库	超过 30m	美国	堪萨斯市数据中心	70m
日本	日比谷地下管廊	30m	英国	克拉彭防空洞	超过 30m
芬兰	赫尔辛基的 P-Hamppi 地下停车场	超过 30m	挪威	冬奥会冰球馆	55m
意大利	那不勒斯地下城	40m	法国	巴黎下水道博物馆	40m
俄罗斯	莫斯科地下掩体博物馆	65m	中国	重庆 816 地下核工程	200m
墨西哥	地下商住综合体	300m	中国	上海世贸深坑酒店	70m
加拿大	蒙特利尔地下城	30m	中国	上海静安地下车库竖井	50m
美国	阿姆斯特丹地下城	40m	中国	南京垂直盾构技术沉井式车库	68m
美国	grand canyon 地下旅馆	70m			

5.4.1.5 地下防灾减灾设施系统

地下空间最本质的自然特征是隐蔽性和密闭性，这使得地下空间具有相对稳定的内部环境并产生与地面不同的空气、视觉、听觉感受，这些特性与地下空间的防灾特性有着密切关系。

联合国减灾署的数据显示，从 1980 年到 2010 年，世界范围内自然灾害造成的损失呈逐年递增趋势。以下自然灾害中，水灾、干旱、风暴、地震和高温 5 类灾害是影响人数最多的灾害，地震、风暴、高温和水灾 4 类灾害则是死亡人数最多的灾害。其中，对于地下空间外部的如战争、火灾等人为灾害，地下空间抗御能力较强，对于核武器袭击等具有较大杀伤性的扰动，更加能够起到地面空间不可能起的防护作用。灾害发生时，对民众来讲，转移到具有防护能力的民防工程和地下空间内部进行掩蔽，是达到心理安全的重要举措。当城市遭受人为灾害时，在进行一少部分早期人口疏散的基础上，大量的人口需要民防工程和地下空间进行掩蔽。对于自然灾害而言，如地震、飓风、风暴和极端天气等，地下空间也具有较好的防御能力。其中，地震对城市的破坏主要是建筑物和基础设施，经过几次强震后已经证实，地下建筑物和构筑物具有特殊的抗震性能；而对于洪灾而言，地下设施具有容易渗水的弱点，因此一般使用大规模地下贮水系统来缓解洪灾。

综上可知，除洪灾之外，城市地下空间对上述其他各类高风险扰动的抵御能力都远远高于地面建筑。建设深层地下防灾减灾体系有利于提高城市安全韧性。

5.4.1.6 地下市政公用设施系统

传统排水系统受空间条件、拆迁困难、交通影响等诸多因素的制约，但隧道工程则不占用宝贵的土地资源，而且避免了城市地面或浅层地下空间各种因素的影响。同时传统的市政设施受空间条件、拆迁困难、交通影响等诸多因素制约，深层地下的空间利用经济高效，且有丰富的能源、矿产、水资源，非常适合建设地下市政公用设施系统。国内外地下市政公用设施的一些典型案例如表 5-3 所示。

国内外地下市政公用设施的一些典型案例　　表 5-3

国家	工程	深度	国家	工程	深度
日本	神户市地下水管中央区 Resuji 町和诹山町的商业区	40~49.5m	美国	纽约城市给水管网	250m
日本	神户市地下水管北野町 1 丁目至中央区卡诺町 2 丁目	40~58.5m	中国	广东东濠涌深隧	40m
日本	外都市区溢洪道排水隧道	40~90m	中国	上海世博变电站	34m
日本	外都市区溢洪道 5 座竖井	70m	中国	上海苏州河段深层排水调蓄管道系统工程	60m
新加坡	深层隧道排水系统	达到 30m	中国	武汉大东湖污水深隧系统	30~50m
新加坡	400 kV 电缆隧道	60m			

5.4.2 深层地下空间建造技术

深层地下空间开发利用遇到的一大困难即建造困难,施工难度大,资金投入多,工程风险大及施工周期长等问题均有巨大影响。因此发展深层地下空间的首要条件是发展安全、经济、可靠的建造技术。

5.4.2.1 盾构法

盾构法是采用盾构为施工机具,在地层中修建隧道和大型管道的一种暗挖式施工方法。盾构法施工工序主要有土层开挖、盾构推进操纵与纠偏、衬砌拼装、衬砌背后压注等。深层地下空间仍然也要考虑集约化利用,事实证明采用单管多空间布置的隧道比多管隧道的空间利用率更高,也更节约。在开发过程中,根据不同的需求合理设计隧道的断面尺寸。在未来,可能需要更大的断面以集约化的布置实现多功能的需求。

盾构法的深埋案例也很丰富,如珠江三角洲水资源配置工程(图5-74)。该工程土建施工A7标承担双向6个隧道的盾构施工,成型后是内径为5.4m的圆形,其中最长隧道区间全长约3.0km,盾构始发工作井为半径15m的圆形,埋深45m。目前,世界上最大盾构隧道的断面外直径约17m,分别为美国西雅图SR99公路隧道和香港屯门—赤鱲角隧道。国内,在建最大盾构隧道断面为济南黄冈路穿黄隧道,外直径为16.8m。规划设计的深圳机荷高速隧道外直径更是达到了18.1m。在深层地下空间开发中,超深特大断面盾构隧道工程不仅对设备制造提出新的挑战,在高地应力、高水压力等技术难点方面仍需进一步研究。

图5-74 珠江三角洲水资源配置工程施工画面

5.4.2.2 钻爆法

钻爆法指用炸药爆破来破碎岩体，开出洞室的一种施工方法。由于其最早并长期用于矿山巷道工程中，故习称"矿山法"。用钻爆法开挖，都有如下基本工序：钻眼、装药爆破、通风、必要的施工支撑、出渣清场。它们组成一个周而复始的过程，称为爆破循环；每次爆破掘进的距离，称为循环进尺。挖开的断面需要衬砌，理想的做法是洞室断面一次爆破成型，再按工艺要求自下而上浇筑混凝土衬砌，但往往由于岩体不稳定及施工机具的限制，钻爆法施工时要分块开挖，分部衬砌。

许多深层地下空间施工采用钻爆法，如我国峨汉高速公路大峡谷隧道全程约12.10km，最大埋深达到1944m，是目前"世界第一埋深"公路隧道，设计宽度为20.50m，工程区域内地层岩性为第四系全新统坡洪积层、第四系全新统崩坡积层、震旦系上统灯影组、震旦系上统观音崖组等，参见图5-75。

5.4.2.3 全断面硬岩掘进机

全断面硬岩掘进机（TBM）是机、电、液、光、气等系统集成的工厂化流水线隧道施工装备，具有掘进速度快、利于环保、综合效益高等优点，可实现传统钻爆法难以实现的复杂地理地貌深埋长隧洞的施工，在中国铁道、水电、交通、矿山、市政等隧洞工程中的应用正在迅猛增长，包括掘进、支护、出渣等施工工序并行连续作业。

TBM应用在国内外许多埋深较大的地下隧洞。引汉济渭秦岭隧洞岭南TBM工程位于秦岭岭脊高中山区及岭南中低山区（图5-76），地形起伏。洞室高程

图5-75 峨汉高速公路大峡谷隧道施工现场

图5-76 引汉济渭秦岭隧洞岭南TBM工程

范围500~2012m，最大埋深2012m，洞身段位于弱风化—未风化岩体中，岩体较完整。巴基斯坦N-J水电站引水隧洞工程同样采用TBM施工，区域地质条件十分复杂，部分埋深大于1300m。

5.4.2.4　明挖顺作法

明挖顺作法是一种先露天进行主体结构施工以及防水作业，再回填恢复地面的一种施工方法，通常适用于浅埋、平面大、基坑等工程。随着深层地下空间的利用增加，明挖的深度逐渐增加。

超重力离心模拟与实验装置国家重大科技基础设施在建设过程中，其基坑长99m、宽27m，浅坑部分深度达23.95m，深坑部分分为8层，最深处达38.3m，参见图5-77。

5.4.2.5　盖挖逆作法

盖挖逆作法是在开挖的时候，利用主体工程地下结构作为基坑支护结构，并采取地下结构由上而下的设计施工方法，即挖土到达某一设计标高时，就先开始做主体结构，然后再继续向下开挖，直至开挖至设计标高。

北京城市副中心站综合交通枢纽工程位于北京市通州区，基坑为超深、超大的分级基坑。基坑施工区域为Ⅴ区，基坑面积10.86万m²，长640m，宽120~190m，深32.617~36.847m，参见图5-78。

图5-77　超重力离心模拟与实验装置国家重大科技基础设施施工

图5-78　北京城市副中心站综合交通枢纽工程

5.4.2.6 主动控制型装配式沉井

主动控制型装配式沉井（Active Control Press-in Prefabricated shaft，ACPP）是对传统软土不排水沉井的预制化、机械化、智能化改造，采用装配式井壁、机器人取土、主动式压入，不排水下沉的沉井施工方法。该工法可以主动控制下沉，创新采用了机械化助沉与水下精细开挖结合侧壁减摩泥浆套，引入主动智能下沉控制的理念，可主动控制下沉速度与深度，实现高精度微扰动下沉。相对传统沉井施工工艺，具有智能化水平高、空间占用小、兼容性强，环境友好、施工效率高及质量控制好等多项优势。

该工法的首个案例应用于上海地铁 13 号线西延伸运乐路站逃生井，深度达 31m，由 13 环管片组成，如图 5-79 所示。应用该工法实现沉井的垂直度达 0.65‰，四角高差仅为 2mm，最大地层沉降仅为 4.95mm。

5.4.2.7 自动化沿井工法

一般自动化沿井（SOCS）工法是由挖掘取土系统、下沉管理系统、预制式主体结构系统这 3 个部分组成的机械式施工方法。SOCS 工法的最大特征是使用远程操控式水下挖掘机以应对 1.2MPa 高水压，实现大直径、大深度、高精度竖井施工。其适用于直径 5.6~35m 圆形沉井基坑施工，工法挖掘深度可达 120m。

目前，该工法已应用于日本 10 多个竖井工程中，102m 的深度也成为该工法应用的最大深度，即日本寝屋川北部地下雨水调蓄系统的城北竖井工程，参见图 5-80。该系统目前有 2 条在建调蓄隧道，城北竖井为盾构始发井，采用

图 5-79 上海地铁 13 号线西延伸运乐路站逃生井

图 5-80 日本寝屋川北部地下雨水调蓄系统的城北竖井工程施工现场

SOCS工法施工，2020年开工。该竖井外径34.8m、深102m，是日本最大深度的雨水调蓄设施。施工过程中，在沉井周围配置了2台水下挖掘支援机和2台扬土起重机，利用挖掘取土辅助系统配合起重机摄像头、无线通信等进行紧凑作业管理。主体结构施工时，将扬土起重机的电动液压抓斗改为吊钩用于吊装钢筋、模板等。

5.4.2.8 超深装配式竖井

深层地下空间开发不可避免地需要建造竖井，采用传统明挖建造不仅需要突破超深地下墙的技术屏障（目前地墙最大深度150m），还需要可靠的止水措施（止水深度约84m）、有效的承压水治理措施等。传统明挖竖井的建造深度目前最深仅为60m，尚不能满足深层地下空间开发的需要。伴随着深度的增加，明挖现浇的施工工艺存在工效慢、质量不可控等缺点，亟须借助设备技术提升革新建造方法，通过智能化控制实现装配化建造是超深竖井工程的发展趋势。目前，南京建邺区某地下停车库采用VSM（下沉式竖井掘进机技术）工法建造了全国首座超深装配式竖井（图5-81），直径12m，深度68m，单井下沉只需2个月时间，工效非常可观。

上海静安区在建首座装配式竖井直径23m，深度约50m，采用了国产设备，也是世界最大直径的垂直掘进竖井，参见图5-82。然而，要满足更深竖井的建造还需要进一步探索。

超深竖井既可以作为超深隧道的始发和接收井，也可解决隧道通风、逃生等运营需要。通过超深竖井与盾构隧道的结合可以实现暗挖地下车站的建造，超大直径的竖井群也可以直接进行深层和浅层空间的整体开发。

图5-81 南京建邺区某地下停车库超深竖井建造　　图5-82 上海静安区超深装配式竖井

5.4.2.9 深埋盾构隧道垂直顶升式竖井

当深埋盾构隧道需要设置通风井、疏散通道,而地面给予的操作空间有限,此时可以尝试垂直顶升工艺建造竖井。垂直顶升工艺经常用于取水或排水管工程的末端,通过将钢箱结构顶升出管道,实现水力连通。目前,国内尚没有深埋盾构隧道垂直顶升建造竖井的案例。进一步对垂直顶升工艺进行探索,研究适用于深埋条件的大尺度开孔顶升工艺,有利于深埋长距离隧道在有限条件下建造通风竖井及疏散设施,避免大体量的明挖建造。

5.4.2.10 深层地下车站机械式暗挖技术

传统地下轨道交通设置的车站采用明挖法建造,开挖面积大,周边环境影响比较明显。未来深层地下空间开发宜尽可能减少对地面或浅层地下空间的影响,可采用机械式暗挖建造深层地下车站。机械式暗挖车站的建造方式大体有两种方法。

(1)建造两个装配式竖井作为端头井,通过超大断面的顶管或组合顶管站体站体外围结构。组合顶管机建造车站的工艺已经在深圳地铁 12 号线进行了首次应用,参见图 5-83。上海 14 号线静安寺站采用多种顶管进行站体建造,获得成功,参见图 5-84。深层暗挖车站可以考虑采用顶管、盾构或管幕箱涵进行建造。通风可疏散设施一般设置在端头井,实现运营的需要。

(2)在隧道外侧进行扩挖建造暗挖车站。此种办法无需竖井的建造,在隧道内拆除部分管片,通过机械法原位扩挖形成一定的空间,沿隧道纵向布置管幕,再进行站体的暗挖建造,参见图 5-85。扩挖建造的结构体还需要设置通风和疏散设施,可通过建造竖井或斜向通道进一步实现。

图 5-83 深圳地铁 12 号线某车站组合顶管贯通

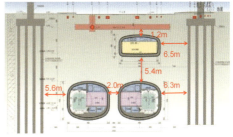

图 5-84 上海 14 号线静安寺站顶管工程断面示意图

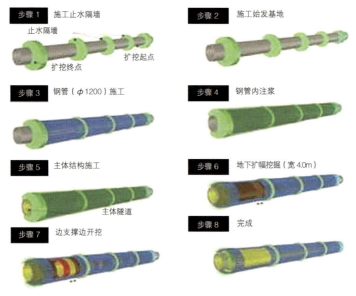

图 5-85 地下扩挖建造空间体示意图

5.4.2.11 地下匝道机械式暗挖技术

盾构法隧道进行匝道建设传统做法需设置深大明挖井，然而伴随深度的增加，匝道节点的明挖建造难度非常之大，而且由承压水治理引发的环境问题将会更突出。为尽可能不干扰地面及浅层空间的开发，地下匝道宜尝试采用机械式暗挖建造技术。

暗挖建造可采用类似盾构扩挖车站的圆周盾构机＋管幕冻结法，也可以尝试采用隧道内直接小直径盾构切削法，还可借助顶管法、管幕冻结法直接实现匝道隧道和主线隧道的连接。参见图 5-86、图 5-87。

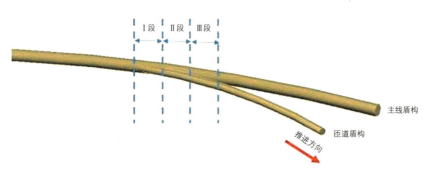

图 5-86 匝道盾构直接切削主线隧道形成分叉节点建造示意图

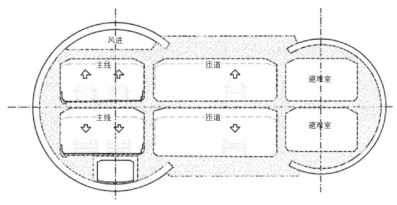

图 5-87　匝道隧道与主线隧道通过管幕冻结法实现暗挖建造示意图

5.4.3　深层地下空间运营与安全

5.4.3.1　深层地下空间活动环境

随着我国地下空间的飞速发展，人员在地下空间活动的时间增加，人员在地下空间的生理、心理影响需要得到重视。地下空间的视觉环境和物理环境是导致感觉变化的主要因素，包括光线、空气、声音、材料、色彩、空间尺度、空间防护、空间弹性、通风性、温湿度等影响。

对于地下空间的生理环境可以直接感知，研究比较丰富，对于深层地下空间人员的心理环境问题则较少提及。大深度增加了空间环境的封闭性，人对外部环境的感知程度降低。人们在强烈刺激如火灾的激化下，人的心理处于应激状态。深层地下空间自然光的缺乏会增加心理压力，黑暗的环境容易引发疏散人群的恐慌和盲目性，导致选择错误的道路甚至迷路。

对此的主要对策包括：

（1）引入自然光线，缓解人们在地下深处的压抑感和与外界隔绝的感觉，相较于更适合浅层地下空间的被动式阳光引入，深层地下空间逐渐发展出了主动式阳光引入，取得了良好的效果，上海世博园区的规划中就用到了阳光导入系统的技术。同时对人造光线进行设计，通过在色彩、类型以及灯具的选择等方面实现对自然光的模拟，使整体环境更自然舒适。

（2）针对深层地下建筑由于无法依赖外界环境来提升内部空间方位感的问题，通过空间设计来增强引导性。一是可以通过内部大通高空间的处理方式增强空间感，多用于公共性强的建筑，如挪威为1994年冬奥会修建的埋在山体中的冰球馆以及赫尔辛基近年来出现的地下游泳场馆和冰球馆。二是通过建筑平面的设计方式来产生引导的效果，如新加坡南洋理工大学的地下教学楼采用横平竖直的条形空间布局，并且在不同方向的体量中运用不同的剖面形式的空间设计。三是尽量完善深层地下建筑内的标识系统，有利于人们有效对自己的方位进行直接判断。

5.4.3.2 深层地下空间防灾救灾

（1）火灾。针对地面火灾，深层地下空间被岩石和土壤包围，并有一定的覆土厚度，因此具有良好的热绝缘、热稳定性和密闭性，这些特性使深层地下空间对于地面火灾具有很好的防护作用。虽然深层地下空间本身具有抵御外部灾害的能力，但地下环境的一些特点使其对内部发生火灾的防御相当复杂，很容易造成巨大的人员伤亡和财产损失。首先深层地下空间一般比较潮湿，各种电气线路、设备的绝缘层、接点易发生短路、老化等问题，且由于地下建筑一般比较封闭，往往通风不畅，热量无法散发而致使局部温度过高而引发火灾。有些平时使用的工程内有很多可燃物，增加了不安全因素。同时地下空间的火灾蔓延快，工程中的通道、楼梯间、风道、风管、吊顶等，这些部分都将成为火灾蔓延的途径，一旦起火，就会迅速蔓延。另外深层地下空间具有面积大，出入口少，位于地面以下深度较深，距离口部距离长且垂直落差大，导致其疏散困难。由于深层地下空间的空间封闭，采光性差等原因，在火灾中出现空气质量差、烟雾滞留等导致找不到疏散口，很容易导致人员窒息和中毒死亡。由于地下火场不能直接看到，很难了解火情信息，且地下高温浓烟的情况下，灭火人员也很难正常工作，因此扑救非常困难，更易造成较大损失。由于深层地下空间的火灾特点，因此在防火设计中应具有更高的防火安全等级和内部消防自救能力。防火最重要的节点即火灾初期，需要设置科学合理的早期火灾报警设施，包括区域报警系统、集中报警系统和控制中心报警，及早探知，及早处置，降低影响。同时设置防火分隔设施，分隔火情，隔断浓烟和高温，为逃生和降低火灾蔓延提供基础。增加灭火设备，在火灾初起时完成自救，及时扑灭火灾。还需要做好人员疏散设计，考虑深层地下空间的特征及火灾和烟蔓延特点，合理布置疏散线路、疏散出口等，避免出现局部拥堵，提高人员逃生能力。为降低火灾影响，协调疏散，应合理布置深层地下空间各层的使用功能，人员密集的公共场所，如影院、歌舞厅、游艺厅等宜设置在地下一层，而不宜埋置很深，易爆的物品或者火后燃烧异常迅速而猛烈的物品、材料，不宜设置在工程内。此外针对市政给水管网无法满足消防用水量时，还应该在地下设置消防水池。在地下建筑材料和装饰材料的选择上多选用不燃或者难燃类的材料，减小火灾发生的概率。

（2）水灾。水灾是地下空间最为常见的灾害之一，当洪涝发生时，地势较低的地下空间很容易发生雨水倒灌。但目前关于水灾防治的现行规范还不完备，如在隧道中的防水措施仅是在隧道内设置雨废水泵房。由于地下空间具有封闭性和出口唯一性，一旦雨水不能及时排出，很容易引发大规模人员伤亡。针对地下工程抵御水灾的方式主要包括：LID（Low Impact Development）设施是一种从源头减排的有效手段，旨在通过构建分散的小规模的排水措施，以尽可能接近自然的水文循环，从源头上治理暴雨带来的洪涝问题；通过调整地下空间出入口附近区域地面竖向标高，来控制地表径流向远离地道出入口方向排放；设置小区域排涝泵站，以保障小区域涝水不倒灌入地下道路形成水灾，出现大范围涝水时也可以起到缓解作用；将地下空间与蓄水池相结合，从而增加地下空间的应急调蓄功能。

（3）地震。地震灾害是一种地壳运动过程中应力的突然释放所带来的后果，通常表现为地表断裂、地面震动以及引发一系列的次生灾害。我国大多数城市都处于抗震设防区，面临地震灾害的潜在威胁，尤其是近一个世纪以来世界各地灾害性地震发生较为频繁，防震抗震更加引起人们的关注。地震灾害调查表明，地下空间具有抗震减灾的优越特性，例如1976年我国的唐山大地震，地面建筑绝大部分倒塌，全市死亡人数达24.2万。而当时工作在煤矿井下的工人和3000多名地下室中的居民则幸免于难。事后调查表明，即使一些平时废弃或较少使用的防空地下室也未遭到严重破坏，只是局部出现少量裂缝，震后有很多人在地下室内生活和避震，保护了居民的生命和财产安全，对地震的应急救灾起到了巨大的作用。深层地下空间在抗震救灾方面主要有以下作用：首先地下结构抗震性能良好，能够在地震中最大限度地保持结构稳定，保障内部人员的安全；在地震发生后可以作为临时避难所，为居民提供日常所需，并可在一定程度上减少社会不安和避免不必要的经济损失；同时可以在地下储备抗震救灾物品，如食品、药品、医疗器械等，在震后为及时救援提供物资基础。

（4）疏散。在灾害过程中，地下工程的人员疏散需要考虑疏散条件以及人员心理问题，涉及环境条件、标志设计、照明设计、路径设计等。深层地下空间本身具有封闭、地形复杂、黑暗潮湿等人员体验感受。因此，人员在地下空间内部有较差的心理舒适度，空间的多变及平面的多样，也使得人员很容易失去方向感。对于以地下商业建筑为主要功能的深层地下空间，主要人员是对地下空间并不熟悉的顾客以及开店或维护地下商业运营的商贩、工作人员，每个人对地下空间的熟知程度并不相同，在疏散时的行为也千差万别，疏散成功率难以保证。安全疏散是人在紧急状况下，在空间中寻路并逃离的行为过程，这个过程是认知—决策—行动—反馈—行动的过程，不完全由环境的因素所决定，而与人的反应特性、心理行为特征有密切的联系。人员疏散成功率与人员个体有关，包括人员的年龄、性别、身材等身体客观因素，以及人员的行走速度、遇事的反应时间以及对灾害感知力等主观因素。同时还需考虑空间温度、湿度等定量指标，以及地下空间封闭、自然光线缺乏、空气流通较差等因素。结合人们的行为习惯，设置疏散标志和应急照明系统，在灾害中引导人员疏散，可以最大化地提高人员疏散的效率。除了客观因素，在心理层面上容易出现恐慌、从众、过激或者放弃等现象。人们在火灾时的躲避、失控等行为，都是恐慌心理的表现。主要原因首先是由于灾害的突发性而造成人员心理的调节失衡，进而失去理性控制，出现过激行为。另一个原因是内心对周围环境的陌生加之周边的嘈杂环境衬托，加剧人员的心理负担，使得心中无法快速做出逃出相应应急方案。不同灾害条件下，人员的疏散模式也有所不同。以火灾为例，人员在此情境下的反应由最初的口干舌燥、软弱无力很快转化为无法正常思考、进行逃生活动。与此同时，由于一氧化碳、二氧化碳以及有毒气体的产生，使得人员在无意中吸入后，会很快产生呼吸困难、视线模糊等生理状况，在心理上会出现无法正常思维、行动错乱等现象，严重的甚至会直接昏厥、死亡。

5.4.3.3 智慧运维、服务技术

深层地下空间智慧运维与维护技术是一种综合性的技术，旨在实现地下空间智能化、高效化的运行与维护。该技术包括智能化监控系统、信息化管理系统、维护与修复技术、灾害预警与应急处理、智慧能源管理、智能安全防范。深层地下空间智慧运维与维护技术是实现地下空间高效运行和维护的关键技术之一。通过应用该技术，可以提高地下空间的安全性、可靠性和经济性，为城市的可持续发展提供有力支持。

（1）基于数字孪生技术的深层地下通道智慧化运维技术研究。随着物联网、云计算、工业互联网、AI等新一代信息技术不断发展，以及国家大数据战略的实

施和发展数字经济进程的稳步推进，城市深层地下通道的发展与管理模式正在由"数字化"进入"智慧化"时代，数字孪生技术为深层地下通道运营管理提供了新的技术路径，成为一种实现数字世界与物理世界交互融合的有效手段，为深层地下通道的全生命周期管理提供了技术保障。基于数字孪生技术的智慧深层地下通道建设，应在充分利用现有数字基础设施的基础上，帮助用户建立从基础数据、技术应用到业务决策的完整赋能，满足数据与技术的全面融合、深层地下通道态势实时感知可视、异常情况智能预警预判、应急处置自动分派、运行数据科学研判优化等业务闭环精细化管理的需要，实现"智能感知—智能预测—智能处置—智能考评—智能优化"。图5-88给出了深层地下通道智慧化运维数字化系统架构。

（2）深层地下通道长寿命健康管理方法研究。深层地下通道建设成本高、施工难度大，应尽可能延长其使用寿命，充分发挥其社会经济效益，这就需要从规划、设计、施工、运营养护等多个环节对长寿命隧道提供支撑。尤其在运营养护阶段，需要进一步提高深层隧道的养护管理科学决策及实施的技术水平，通过

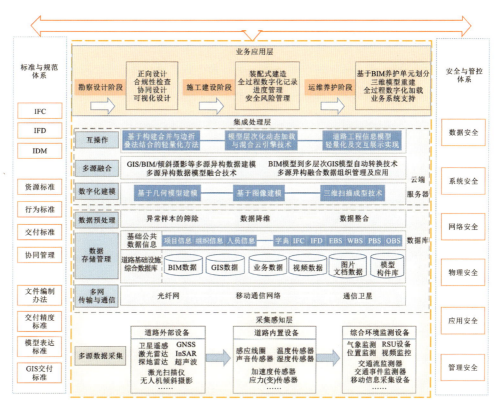

图5-88 深层地下通道智慧化运维数字化系统架构

主动养护、超前养护、注重轻微病害的防治，实现延缓性能衰减、延长使用寿命的目标。首先要注重巡查与检测中的过程管理。隧道定期检查通常划分为指导书编制及宣贯、中期检查、外业验收和报告评审等多个阶段，在各阶段实施中加强过程管理，以确保隧道定期检查管理科学、规范、有效。对隧道的技术状况评定逐一进行核实并统一评分标准，尽可能地排除主观因素对检查结论的影响，使检查结论更加科学合理；对隧道检测单位进场人员、设备、工作计划、检测报告质量、检测报告完成时限进行过程督导和综合评定，并在检测报告完成时对检测单位进行履约评价；统筹历史定期检查结果，对养护管理决策提出改进建议，使养护管理决策更合理。加强隧道定检技术指导书编制及宣贯、隧道定检中期检查、外业验收和报告评审。其次要鼓励养护与维修中的管理创新与技术创新。公路隧道使用中会出现一些病害，充分重视预防养护与潜在问题发现，需要加强预防养护，减少全寿命周期维护成本。建立完善的养护管理体系，包括制定养护计划、养护标准、安全措施等，确保隧道养护工作的规范化、科学化和标准化；将隧道的结构、设施、安全等方面进行一体化养护，避免出现不同方面之间的养护冲突或遗漏；利用现代科技手段，如物联网、大数据等，对隧道进行实时监测，收集数据并进行分析，为养护决策提供科学依据；建立专业的隧道养护队伍，加强人员培训和技能提升，确保养护工作的专业性和高效性；明确隧道养护的责任主体和考核机制，将养护质量和安全与员工绩效挂钩，激励员工积极参与隧道养护工作，还需全面与智能的养护数据分析处理。公路隧道各类养护数据采集、存储、检索、分析处理，提高数据使用效率，挖掘数据有用信息，提高公路隧道养护管理效率和降低管理成本。通过对公路隧道病害形成机理、隧道病害评价与处置策略等进行研究，以及对公路隧道管理部门的管理模式、业务需求、用户需求和业务流程进行分析。重点工作内容包括：公路隧道建设与养护资料的规范化、标准化管理与存储；建立隧道技术状况预测模型；隧道病害评价决策；隧道病害处置策略；隧道养护计划制定。

（3）深层隧道精细化维护保养技术研究。一是深层隧道针对性养护。深层隧道由于特殊的深度、压力和水环境条件，存在多种特殊的风险，如地层的复杂性和地下水条件的不稳定性，可能导致一些特殊的损毁风险；同时对竖井和隧道内的空气质量的保证，以及长大隧道事故应急及交通堵塞处置方面都存在困难，因此对于深层隧道的养护措施应具有针对性。具体包括：渗漏水病害养护、隧道衬砌变形及位移病害养护、隧道内潮湿凝露情况下的养护等。二是深层隧道预防性养护。深层隧道结构检查与预防性养护可有效提高养护措施的合理性和有效性，将隧道结构失效的可能性及负面影响降至最小。隧道预防性养护是指运用恰当的方法，在适当的时间、适当的地点实施养护作业，以改善隧道结构状况，提高其使用性能，以有效降低隧道衬砌结构病害对隧道性能和行车安全造成的负面影响。预防性养护包含 5 个关键要素的风险控制流程（RMP），是一种量化的风险控制方式。在 RMP 系统中融合养护技术建立以风险为基础的养护管理模型，可以有效地解决其他养护模式存在的问题，同时考虑各种风险因素的影响，针对各种风险制定相应的预防性养护方案。在 RMP 的基础上提出了一种以风险理念为核心的养护管理模型（RBMMM），突出风险控制对于养护工作的重要性，以降低威胁车辆行驶安全性的风险为主要目的制定养护方案，以提高养护效率。通过综合考虑风险发生的可能性和严重性，为养护工作开展提供新思路。三是新型智能养护设备的应用。包括隧道巡检机器人、智能养护台车、射水清洗机械臂等的应用。

5.4.3.4　深层地下道路交通安全

（1）深层地下道路三维虚拟场景的超长地下道路交通仿真和安全评价技术研究。深层地下道路三维虚拟场景的超长地下道路交通仿真和安全评价涉及多个学科的知识，包括交通工程、仿真技术、计算机图形学、地下工程等。具体内容包括深层地下道路三维虚拟场景建模、超长地下道路交通仿真、安全评价技术、智能化和自动化技术等。深层地下道路三维虚拟场景的超长地下道路交通仿真和安全评价技术是未来深层隧道交通系统韧性及安全保障的重要支撑之一，通过该技术的研究和应用，可以提供更安全、更流畅的深层地下道路交通环境。

（2）深层地下道路典型路段交通事故风险分析及对策研究。深层地下道路典型路段交通事故风险分析及对策研究对于保障城市地下道路的安全和顺畅具有重要意义。具体内容包括深层地下道路典型路段交通事故风险分析、深层地下道路典型路段交通事故对策研究等。

（3）特大断面盾构设备。我国盾构设备的技术进步非常迅猛，伴随着直径 8.61m 主轴承技术的突破，超大直径盾构隧道具备了完全自主生产条件。然而，适用于上海高水压、高地应力的特大断面盾构装备在既有基础上仍需进一步克服各项技术障碍，加强研制。在超长超深隧道建设中，渣土的排放会更加困难，泥水盾构和土压盾构的两种模式也是新型盾构装备面临的选择。

5.4.3.5 深层地下空间的平战结合

民防工程是用于战时人民防空袭、防常规武器、防核辐射和防生化武器的工程项目。深层地下空间由于埋深较大，天然具有较强的防护能力，因此具有天然的平战结合的价值。《中华人民共和国人民防空法》中明确规定"人民防空实行长期准备、重点建设、平战结合的方针，贯彻与经济建设协调发展，与城市建设相结合的原则"。民防工程作为国防力量建设的重要组成部分，在现代战争的主要作用包括防御力量和防护能力，是国防威慑力量的重要组成部分，民防工程在和平时期具有对战争的遏制作用；战争初期对敌进攻的迟滞作用；同时对战争潜力、经济发展能力的保护作用。

将民防工程的战时防空功能和平时救灾功能相结合，形成平战结合。一方面将用于战时防护的地下室，在平时可简化防护设施或暂时预留防护设备的位置，使防空地下室便于平时功能的使用；另一方面充分利用地下非防护性建筑来达到城市的防护目的，尤其是深层地下空间，具有较大埋深，能够迅速达到战时要求。平战结合同时还应与平时防灾减灾相结合，在保证战时防空袭斗争的同时，达到为城市建设和经济发展、人民生活做贡献，增强社会效益、经济效益、战备效益的目的。

5.4.4 深层地下空间权属

随着我国对地表以下空间利用的增加，迫切需要对地下空间利用立法规范，由此，我国住房和城乡建设部出台的《城市地下空间利用基本术语标准》JGJ/T 335—2014 对地下空间的概念进行了表述，明确地下空间系地表以下自然形成或人工开发的空间。

由于我国立法层面未采取"地下空间权"这一概念，且对地下空间权的概念未予以界定，各学者对此概念的理解存在不一样的观点。从对地下空间权概念表述侧重的方向可分为以下：一是对于地下空间权的概念侧重于客体，更多的是从地表上下范围进行表述；二是侧重于主体，两者不同在于其他组织是否为适格的权利主体。对于地下空间权的概念虽在定性上存在不一样的观点，但是对于该权利系针对地表以下空间已形成共识。

关于地下空间权的概念，基于地下空间与地下空间权具有不可分割的关系，可以结合我国住房和城乡建设部发布文件中对地下空间概念的表述进行界定，即权利人基于法律规定，对地表以下自然形成或人工开发空间为客体而享有的权利。最初，对于地下空间权的规范主要是确定煤矿、石油资源等地下矿物权属，通过立法明确地下资源属于国家所有，私人对上述资源不具有所有权。因地下空间利用的发展，除地下矿物资源以外的地下空间利用被重视，如地下交通设施、人防工程等。

根据以上对地下空间权概念的表述可知，其与国有土地所有权、集体土地所有权以及土地承包经营权不同，其权利客体为地表以下空间，而国有土地所有权、集体土地所有权以及土地承包经营权的客体均为土地，前两者为国家或集体对土地依法享有的占有、使用、收益、处分权利，后者则是一种用益物权，是在他人土地上进行种植等农业生产的权利。

Civil Engineering

第 6 章

2023 年土木工程建设相关政策、文件汇编与发展大事记

本章汇编了土木工程建设年度颁布的相关政策、文件，总结了土木工程建设年度发展大事记和中国土木工程学会年度大事记。

6.1 土木工程建设相关政策、文件汇编

本节从国务院、国家发展改革委、住房和城乡建设部、交通运输部、水利部、国家铁路局、民航局的官方网站搜集2023年各政府部门颁发的土木工程建设领域的相关政策文件,并对政策文件进行筛选,筛除一般性企业处罚通告、资格考试通过名单、资质评定等非重要性政策文件。同时,为避免和第4章内容重复,筛除国家标准和行业标准。

6.1.1 中共中央、国务院颁发的相关政策、文件

2023年国务院颁发的土木工程建设相关政策、文件如表6-1所示。

2023年国务院颁发的土木工程建设相关政策、文件汇编 表6-1

发文时间	政策与文件名称	文号	发文部门
2023年6月19日	关于进一步构建高质量充电基础设施体系的指导意见	国办发〔2023〕19号	国务院办公厅
2023年7月14日	中共中央 国务院关于促进民营经济发展壮大的意见		中共中央、国务院
2023年7月28日	国务院办公厅转发国家发展改革委关于恢复和扩大消费措施的通知	国办函〔2023〕70号	国务院办公厅
2023年8月13日	国务院关于进一步优化外商投资环境 加大吸引外商投资力度的意见	国发〔2023〕11号	国务院
2023年9月21日	保障农民工工资支付工作考核办法	国办发〔2023〕33号	国务院办公厅

6.1.2 国家发展改革委颁发的相关政策、文件

2023年国家发展改革委等部门颁发的土木工程建设相关政策、文件如表6-2所示。

2023年国家发展改革委颁发的土木工程建设相关政策、文件汇编 表6-2

发文时间	政策与文件名称	文号	发文部门
2023年3月15日	关于印发《"十四五"时期社会服务设施建设支持工程实施方案》的通知	发改社会〔2023〕294号	国家发展改革委,民政部,退役军人事务部,中国残联

续表

发文时间	政策与文件名称	文号	发文部门
2023年3月23日	关于印发投资项目可行性研究报告编写大纲及说明的通知	发改投资规〔2023〕304号	国家发展改革委
2023年7月25日	关于印发《环境基础设施建设水平提升行动（2023-2025年）》的通知	发改环资〔2023〕1046号	国家发展改革委，生态环境部，住房城乡建设部
2023年7月28日	关于实施促进民营经济发展近期若干举措的通知	发改体改〔2023〕1054号	国家发展改革委，工业和信息化部，财政部，科技部，中国人民银行，税务总局，市场监管总局，金融监管总局
2023年8月22日	关于印发《建材行业稳增长工作方案》的通知	工信部联原〔2023〕129号	工业和信息化部，国家发展改革委，财政部，自然资源部，生态环境部，住房和城乡建设部，商务部，金融监管总局
2023年10月17日	关于印发《促进户外运动设施建设与服务提升行动方案（2023-2025年）》的通知	发改社会〔2023〕1388号	国家发展改革委，体育总局，自然资源部，水利部，国家林草局
2023年12月12日	关于推进污水处理减污降碳协同增效的实施意见	发改环资〔2023〕1714号	国家发展改革委，住房和城乡建设部，生态环境部
2023年12月29日	关于印发《绿色建材产业高质量发展实施方案》的通知	工信部联原〔2023〕261号	工业和信息化部，国家发展改革委，生态环境部，住房和城乡建设部，农业农村部，商务部，中国人民银行，国家市场监督管理总局，国家金融监督管理总局，国家广播电视总局

6.1.3 住房和城乡建设部颁发的相关政策、文件

2023年住房和城乡建设部等部门颁发的土木工程建设相关政策、文件如表6-3所示。

2023年住房和城乡建设部颁发的土木工程建设相关政策、文件汇编　　表6-3

发文时间	政策与文件名称	文号	发文部门
2023年3月21日	关于加强经营性自建房安全管理的通知	建村〔2023〕18号	住房和城乡建设部，应急部，国家发展改革委，教育部，工业和信息化部，公安部，民政部，财政部，自然资源部，农业农村部，商务部，文化和旅游部，卫生健康委，市监总局，国家电影局
2023年3月31日	关于印发《建设工程质量检测机构资质标准》的通知	建质规〔2023〕1号	住房和城乡建设部
2023年4月27日	关于规范房地产经纪服务的意见	建房规〔2023〕2号	住房和城乡建设部，市场监管总局

续表

发文时间	政策与文件名称	文号	发文部门
2023年5月18日	关于推进建设工程消防设计审查验收纳入工程建设项目审批管理系统有关工作的通知	建科〔2023〕25号	住房和城乡建设部
2023年5月26日	关于印发城市地下综合管廊建设规划技术导则的通知	建办城函〔2023〕134号	住房和城乡建设部办公厅
2023年6月7日	关于进一步加强城市房屋室内装饰装修安全管理的通知	建办〔2023〕29号	住房和城乡建设部
2023年6月14日	关于开展"国球进社区""国球进公园"活动进一步推动群众身边健身设施建设的通知	建办城〔2023〕24号	住房和城乡建设部办公厅,体育总局办公厅
2023年6月29日	《中央财政农村危房改造补助资金管理办法》	财社〔2023〕64号	财政部,住房城乡建设部
2023年7月28日	关于印发《装配式建筑工程投资估算指标》的通知	建标〔2023〕46号	住房和城乡建设部
2023年8月16日	关于印发《〈城市儿童友好空间建设导则(试行)〉实施手册》的通知	建办科函〔2023〕223号	住房和城乡建设部办公厅,国家发展改革委办公厅,国务院妇儿工委办公室
2023年9月6日	《关于进一步加强建设工程企业资质审批管理工作的通知》	建市规〔2023〕3号	住房城乡建设部
2023年12月1日	关于印发《住房城乡建设领域科技成果评价导则(试行)》的通知	建办标函〔2023〕341号	住房和城乡建设部办公厅
2023年12月20日	《关于加强乡村建设工匠培训和管理的指导意见》	建村规〔2023〕5号	住房城乡建设部,人力资源社会保障部

6.1.4 交通运输部颁发的相关政策、文件

2023年交通运输部颁发的土木工程建设相关政策、文件如表6-4所示。

2023年交通运输部颁发的土木工程建设相关政策、文件汇编　　表6-4

发文时间	政策与文件名称	文号	发文部门
2023年1月31日	关于印发《推进铁水联运高质量发展行动方案(2023-2025年)》的通知	交水发〔2023〕11号	交通运输部,自然资源部,海关总署,铁路局,中国国家铁路集团有限公司
2023年2月7日	关于印发《公路水路基本建设项目内部审计管理办法》的通知	交财审发〔2023〕8号	交通运输部

续表

发文时间	政策与文件名称	文号	发文部门
2023年5月24日	关于印发《公路水运工程施工安全治理能力提升行动方案》的通知	交办安监函〔2023〕698号	交通运输部办公厅
2023年9月22日	关于印发《城市轨道交通初期运营前安全评估规范》的通知	交办运〔2023〕56号	交通运输部办公厅
2023年10月8日	关于印发《公路运营领域重大事故隐患判定标准》的通知	交办公路〔2023〕59号	交通运输部办公厅

6.1.5 水利部颁发的相关政策、文件

2023年水利部颁发的土木工程建设相关政策、文件如表6-5所示。

2022年水利部颁发的土木工程建设相关政策、文件汇编　　表6-5

发文时间	政策与文件名称	文号	发文部门
2023年1月3日	《关于加强铁路建设项目水土保持工作的通知》	办水保〔2023〕3号	水利部办公厅,国铁集团办公厅
2023年2月1日	《关于推进水利工程配套水文设施建设的指导意见》	水文〔2023〕30号	水利部
2023年4月17日	《水利工程建设项目档案验收办法》	水办〔2023〕132号	水利部,国家档案局
2023年5月19日	《水利工程造价管理规定》	水建设〔2023〕156号	水利部
2023年7月4日	关于印发《生产建设项目水土保持方案审查要点》的通知	办水保〔2023〕177号	水利部办公厅
2023年8月30日	《深入贯彻落实〈质量强国建设纲要〉提升水利工程建设质量的实施意见》	水建设〔2023〕254号	水利部

6.1.6 国家铁路局颁发的相关政策、文件

2023年国家铁路局颁发的土木工程建设相关政策、文件如表6-6所示。

2023年国家铁路局颁发的土木工程建设相关政策、文件汇编　　表6-6

发文时间	政策与文件名称	文号	发文部门
2023年3月20日	铁路安全风险分级管控和隐患排查治理管理办法	国铁安监规〔2023〕9号	国家铁路局
2023年6月28日	高速铁路线路维修规则	国铁设备监规〔2023〕15号	国家铁路局

续表

发文时间	政策与文件名称	文号	发文部门
2023年9月29日	铁路建设工程生产安全重大事故隐患判定标准	国铁工程监规〔2023〕25号	国家铁路局
2023年10月10日	关于加强铁路工程监理工作的通知	国铁工程监规〔2023〕24号	国家铁路局

6.1.7 中国民用航空局颁发的相关政策、文件

2023年中国民用航空局颁发的土木工程建设相关政策、文件如表6-7所示。

2023年中国民用航空局颁发的土木工程建设相关政策、文件汇编　　表6-7

发文时间	政策与文件名称	文号	发文部门
2023年5月16日	《民航专业工程施工重大安全隐患判定标准（试行）》	民航综机发〔2023〕1号	民航局综合司
2023年6月27日	《落实数字中国建设总体部署 加快推动智慧民航建设发展的指导意见》	民航发〔2023〕17号	中国民用航空局
2023年10月30日	《关于加强民航专业工程建设质量管理工作的二十条措施》	民航规〔2023〕33号	中国民用航空局

6.2 土木工程建设发展大事记

6.2.1 土木工程建设领域重要奖励

2023年4月12日，中国土木工程学会公布第二十届第一批中国土木工程詹天佑奖入选名单。共有44项工程获奖，其中，建筑工程14项，桥梁工程6项，铁道工程、隧道工程、公路工程、水利水电工程各2项，电力工程、水运工程、公交工程各1项，轨道交通工程、市政工程各4项，水工业工程、燃气工程、国防工程各1项，住宅小区工程2项。

2023年11月28日，2022~2023年度第二批中国建设工程鲁班奖（国家优质工程）入选名单发布，北京城市副中心行政办公区A5工程、上海轨道交通18号线一期工程、拉萨贡嘎机场航站区改扩建工程新建航站楼工程、湖北省石

首长江公路大桥等 127 个项目入选。中国建设工程鲁班奖（国家优质工程）自 2010~2011 年度开始，该奖项每年评审一次，每两年颁奖一次，每次获奖工程不超过 200 项。为鼓励获奖单位，熟路争创工程建设精品的优秀典型，住房和城乡建设部对获奖工程的承建单位和参与单位给予通报表彰。

2024 年 1 月 13 日，2022~2023 年度公路交通优质工程奖表彰大会暨第五届公路建设高质量大会在湖北举行。会上共有 132 项工程荣获"公路交通优质工程奖"、2386 人荣获"优秀项目建设者"称号。公路交通优质工程奖是我国公路交通行业最高工程质量奖。评选该奖旨在鼓励公路建设从业单位弘扬"工匠精神"，与时俱进，加强科技创新，强化质量管理意识，提高工程质量，促进公路交通建设行业持续向好发展。

6.2.2 土木工程建设领域重要政策、文件

2023 年 3 月 31 日，为加强建设工程质量检测（以下简称质量检测）管理，根据《建设工程质量管理条例》《建设工程质量检测管理办法》，住房和城乡建设部发布《建设工程质量检测机构资质标准》（以下简称《新标准》）。《新标准》包括检测机构资历及信誉、主要人员、检测设备及场所、管理水平等内容。为确保新旧资质标准平稳过渡，自《新标准》发布之日起，申请建设工程质量检测机构资质的单位应按照《新标准》提出申请。对于《新标准》发布之日前已经受理尚未作出许可决定的资质申请事项，申请建设工程质量检测机构资质的单位可以按照原标准要求继续申请，或者按照《新标准》重新提出申请。按照原标准要求进行办理的，颁发的资质证书有效期至 2024 年 7 月 31 日；按照《新标准》要求进行办理的，资质证书有效期 5 年。自《新标准》发布之日起至 2024 年 7 月 31 日为过渡期。过渡期内，建设工程质量检测机构资质证书到期的，资质证书统一延期至 2024 年 7 月 31 日。按照原标准取得建设工程质量检测机构资质的检测机构应在 2024 年 7 月 31 日前按《新标准》申请重新核定。逾期未办理重新核定的检测机构，原资质证书作废。

2023 年 5 月 16 日，为规范民航专业工程隐患排查治理工作，加强重大安全隐患管理，全面落实参建单位主体责任，防范和遏制较大及以上级别生产安全事故发生，民航局机场司组织编制了《民航专业工程施工重大安全隐患判定标准（试行）》（以下简称《判定标准》）。《判定标准》共分为四章，包括：总则，术语，

重大安全隐患，需重点关注的一般安全隐患。《判定标准》所述条款适用于民航专业工程施工现场重大安全隐患的判定。

2023年5月24日，为提升公路水运工程建设安全管理水平，有效防范和遏制生产安全事故，根据《国务院安全生产委员会关于印发〈全国重大事故隐患专项排查整治2023行动总体方案〉的通知》及2023年交通运输安全生产有关工作要求，交通运输部办公厅印发《公路水运工程施工安全治理能力提升行动方案》（以下简称《行动方案》），对提升公路水运工程建设安全管理水平，防范和遏制生产安全事故等作出部署。提升行动自2023年5月起至2024年12月止，旨在夯实公路水运工程建设安全生产工作基础，推动工程建设领域安全生产治理模式向事前预防转型，强化安全生产责任落实，提升工程建设安全治理能力，深入推进平安工地建设全覆盖，坚决遏制重特大安全事故发生，切实防范和降低安全事故，为加快建设交通强国提供坚实的安全保障。《行动方案》提出，通过加强安全监管履职尽责能力、强化工程现场监督执法能力、提高重大事故隐患排查整治能力、提升安全事故警示处置能力四个方面，提升工程建设安全监管效能；通过加强安全管理规范化、推动现场管理网格化、推进风险管控动态化、推进事故隐患清单化、推进工程防护标准化五个方面，提升工程安全管理能力。《行动方案》明确，深入推进平安工地建设全覆盖，将全面推进平安工地建设作为安全生产治理模式向事前预防转型的重要载体，加强平安工地建设监督指导，以项目平安工地建设巩固安全治理能力、提升效果。《行动方案》要求，各地交通运输主管部门要加强组织领导，明确责任部门和人员、细化责任分工；加大提升行动检查力度，确保提升行动得到有效落实；不断提升公路水运工程建设领域安全治理能力，保障工程建设领域安全生产持续向好发展。

2023年5月26日，为深入贯彻落实党的二十大精神和党中央、国务院决策部署，因地制宜推进城市地下综合管廊建设，推动城市高质量发展，住房和城乡建设部办公厅组织修订了《城市地下综合管廊建设规划技术导则》（以下简称《导则》）。《导则》编制主要依据《中共中央　国务院关于进一步加强城市规划建设管理工作的若干意见》《国务院办公厅关于加强城市地下管线建设管理的指导意见》（国办发〔2014〕27号）、《国务院办公厅关于推进城市地下综合管廊建设的指导意见》（国办发〔2015〕61号）、《国务院关于印发扎实稳住经济一揽子政策措施的通知》（国发〔2022〕12号）、《"十四五"全国城市基础设施建设规划》和中央财经委第十一次会议"有序推进地下综合管廊建设"精神以及国家现行标准规范。《导则》共分为 6 章，主要内容包括：总则、术语、基本要求、规划技术路线、编制内容及技术要点、编制成果。

2023 年 7 月 25 日，为全面贯彻党的二十大精神，认真落实党中央、国务院决策部署，推动补齐环境基础设施短板弱项，提升环境基础设施建设水平，国家发展改革委会同生态环境部、住房和城乡建设部研究制定了《环境基础设施建设水平提升行动（2023~2025 年）》（以下简称《行动方案》），部署推动补齐环境基础设施短板弱项，全面提升环境基础设施建设水平。行动方案在固体废弃物处理处置利用设施建设水平提升行动方面，针对部分地区资源化利用率不高等问题，强调要积极推动固体废弃物处置及综合利用设施建设、推进建筑垃圾分类及资源化利用、加快构建区域性再生资源回收利用体系，探索形成可复制、可推广的实施模式。《行动方案》提出要求，到 2025 年，环境基础设施处理处置能力和水平显著提升，新增污水处理能力 1200 万 m^3/d，新增和改造污水收集管网 4.5 万 km，新建、改建和扩建再生水生产能力不少于 1000 万 m^3/d；全国生活垃圾分类收运能力达到 70 万 t/d 以上，全国城镇生活垃圾焚烧处理能力达到 80 万 t/d 以上。固体废弃物处置及综合利用能力和规模显著提升，危险废物处置能力充分保障，县级以上城市建成区医疗废物全部实现无害化处置。《行动方案》明确了提升环境基础设施建设水平重点任务。完善生活垃圾分类设施体系；统筹规划建设再生资源加工利用基地，加强再生资源回收、分拣、处置设施建设，加快构建区域性再生资源回收利用体系。为改善人居环境、促进美丽生态建设指明了方向，也充分表明国家在加快推进废旧物资循环体系、提升垃圾分类资源化水平方面的方向和决心。

2023 年 7 月 28 日，为推进装配式建筑发展，满足装配式建筑投资估算需要，住房和城乡建设部组织编制了《装配式建筑工程投资估算指标》（以下简称《指标》），自 2023 年 11 月 1 日起实施。指标的制定发布将对合理确定和控制装配式建筑工程投资，满足装配式建筑工程编制项目建议书和可行性研究报告投资估算的需要起到积极的作用。《指标》以《装配式建筑评价标准》GB/T 51129–2017 及现行相关的工程建筑技术标准为依据，结合 2018~2019 年全国有代表性的装配式工程资料进行编制。指标适用于新建的装配式建筑工程项目，扩建和改建的项目可参考使用。指标共分 4 章，分别为 ±0.000 以下建筑工程综合参考指标、±0.000 以上建筑工程综合指标、室外及配套工程综合参考指标和 ±0.000 以上建筑工程分项调整指标。

2023年8月28日，工业和信息化部、国家发展改革委、住房和城乡建设部等八部门联合印发《建材行业稳增长工作方案》（以下简称《方案》）提出，2023年至2024年，建材行业保持平稳增长。绿色建材、矿物功能材料、无机非金属新材料等规上企业营业收入年均增长10%以上，主要行业关键工序数控化率达到65%以上，水泥、玻璃、陶瓷行业能效标杆水平以上产能占比超过15%，产业高端化智能化绿色化水平不断提升。《方案》同时明确了"扩大有效投资，促进行业转型升级；提升有效供给，激发行业增长新动能；推广绿色建材，厚植绿色消费理念；深化国际合作，实现高水平互利共赢"四个方面共10项工作措施。

2023年8月30日，为深入贯彻党的二十大精神，落实中共中央、国务院印发的《质量强国建设纲要》，进一步提高水利工程建设质量管理水平，推动新阶段水利高质量发展，水利部印发《深入贯彻落实〈质量强国建设纲要〉提升水利工程建设质量的实施意见》（以下简称《实施意见》）。《实施意见》分为5部分，共27条，主要是结合水利建设实际，提出具体的落实意见和措施，要求强化工程质量保障、提升水利工程品质、推进工程质量管理现代化，全面提升水利工程质量和效益。《实施意见》要求，要以习近平新时代中国特色社会主义思想为指导，深入践行习近平总书记"节水优先、空间均衡、系统治理、两手发力"治水思路和关于治水的重要论述精神，立足新发展阶段，完整、准确、全面贯彻新发展理念，构建新发展格局，牢牢把握以中国式现代化推进中华民族伟大复兴的使命任务，深入实施质量强国战略，统筹发展和安全，牢固树立水利工程全生命周期建设发展理念，完善体制机制法治，全面提升水利工程建设质量管理能力和水平，坚定不移推动新阶段水利高质量发展，为全面建设社会主义现代化国家、全面推进中华民族伟大复兴作出水利贡献。

2023年9月6日，为深入贯彻落实党的二十大精神，扎实推进建筑业高质量发展，切实保证工程质量安全和人民生命财产安全，规范市场秩序，激发企业活力，住房和城乡建设部发布通知，要求进一步加强建设工程企业资质审批管理工作。根据通知，住房和城乡建设主管部门和有关专业部门要积极完善企业资质审批机制，提高企业资质审查信息化水平，提升审批效率，确保按时作出审批决定。自2023年9月15日起，企业资质审批权限下放试点地区不再受理试点资质申请事项，统一由住房和城乡建设部实施。企业因发生重组分立申请资质核定的，需对原企业和资质承继企业按资质标准进行考核。通知明确，申请由住房和城乡建设部负责审批的企业资质，其企业业绩应当是在全国建筑市场监管公共服务平台（以下简称全国建筑市场平台）上满足资质标准要求的 A 级工程项目，专业技术人员个人业绩应当是在全国建筑市场平台上满足资质标准要求的 A 级或 B 级工程项目。业绩未录入全国建筑市场平台的，申请企业需在提交资质申请前由业绩项目所在地省级住房和城乡建设主管部门确认业绩指标真实性。自 2024 年 1 月 1 日起，申请资质企业的业绩应当录入全国建筑市场平台。住房和城乡建设部要求，住房和城乡建设主管部门要完善信息化手段，对企业注册人员等开展动态核查，及时公开核查信息。申请施工总承包一级资质、专业承包一级资质的企业，应满足《建筑业企业资质标准》要求的注册建造师人数等指标要求。对存在资质申请弄虚作假行为、发生工程质量安全责任事故、拖欠农民工工资等违反法律法规和工程建设强制性标准的企业和从业人员，要加大惩戒力度，依法依规限制或禁止从业，并列入信用记录。要加强对全国建筑市场平台数据的监管，落实平台数据录入审核人员责任，加强对项目和人员业绩信息的核实。全国建筑市场平台项目信息数据不得擅自变更、删除，数据变化记录永久保存。

2023 年 9 月 27 日，为落实保障农民工工资支付工作的属地监管责任，有效预防和解决拖欠农民工工资问题，切实保障农民工劳动报酬权益，维护社会公平正义，促进社会和谐稳定，根据《保障农民工工资支付条例》等有关规定，国务院办公厅修订后发布《保障农民工工资支付工作考核办法》（以下简称《办法》）。《办法》规定，考核内容主要包括加强保障农民工工资支付工作的组织领导、建立健全工资支付保障制度、治理欠薪特别是工程建设领域欠薪工作成效等情况。部际联席会议办公室将制定年度考核方案及细则，明确具体考核指标和分值。我们将充分考虑保障农民工工资支付工作的总体目标和各项工作推进情况，科学设计考核指标及其权重，突出年度考核重点，确保考核取得实效。《办法》规定，考核采取分级评分法，按照最终评分，将各地区分为 A、B、C 三个等次。其中，各项工资支付保障制度完备、工作机制健全、成效明显且得分排在前 10 名的省份为 A 级；保障农民工工资支付工作不得力、欠薪问题突出、考核得分排在全国后三名，或因欠薪问题引发一定数量和规模的重大群体性事件或极端事件的省份为 C 级；A、C 级以外的省份为 B 级。《办法》规定，考核结果报国务院同意后，由部际联席会议向省级政府通报，并抄送中央组织部，作为对各省级政府领导班子和有关领导干部进行综合考核评价的参考。考核评议过程中发现需要问责的问题线索，移交纪检监察机关。对考核等级为 A 级的，由部际联席会议予以通报表扬；对考核等级为 C 级的，由部际联席会议对该省级政府有关负责人进行约谈，提出限期整改要求。被约谈省级政府应当制定整改措施，并提交书面报告，部际联席会议办公室负责督促落实。

2023 年 10 月 10 日，国家铁路局印发《关于加强铁路工程监理工作的通知》（以下简称《通知》）。《通知》旨在进一步调动铁路工程监理队伍的积极性，规范铁路工程监理行为，保障铁路工程优质安全，努力服务铁路建设高质量发展。《通知》从高度重视监理工作、规范工程监理承发包、严格按合同开展监理工作、强化项目监理机构管控、加强监理人员管理、提升监理信息化水平、建立监理报告制度和严肃查处监理违法违规行为八个方面对加强铁路工程监理工作提出具体要求。

2023 年 12 月 1 日，住房和城乡建设部印发《住房城乡建设领域科技成果评价导则（试行）》（以下简称《导则》）。《导则》依据科学技术进步法、促进科技成果转化法、《国务院办公厅关于完善科技成果评价机制的指导意见》、《科学技术评价办法（试行）》，以及《科技评估基本术语》GB/T 40148–2021、《科技评估通则》GB/T 40147–2021 等规定进行编制，规定了住房城乡建设领域科技成果评价工作应遵循的基本原则、程序以及评价工作的要素与要求，适用于住房城乡建设领域科技成果评价工作实施、组织管理。《导则》共分 5 章，分为总则，术语，评价原则、机构与程序，评价内容、方法和专家，评价结果。

6.2.3 重大项目获批立项

2023 年 2 月，国家发展改革委批复法国开发署贷款中法武汉生态示范城什湖生态治理项目资金申请报告。项目主要支持湖北省改善长江武汉段水生态环境和什湖周边居民生活环境，开展河湖疏拓、控源截污、内源治理、活水补水、生态修复、智慧管控、附属工程以及机构建设与能力加强。项目总投资约为 7.66 亿元人民币，其中借用法国开发署贷款 7000 万欧元。

2023 年 2 月，国家发展改革委批复奥地利政府贷款兰州文理学院丝绸之路非物质文化遗产博览中心建设项目资金申请报告。项目主要促进兰州文理学院深化教育改革，开展校内相关建设。项目总投资约为 3.4 亿元人民币，其中借用奥地利政府贷款 2500 万欧元。

2023 年 4 月 4 日，北京市发展改革委批复昌平区北七家镇规划五路（七北路-天机街）道路工程可行性研究报告，将在北七家镇中心区建设一条南北向重要市政道路，强化基础设施配套服务功能，促进区域职住平衡。项目建设规模与内容：本项目南起七北路，北至天机街，道路全长约2.02km，规划为城市次干路，规划红线宽30m，设计速度40km/h，同步实施道路、交通、绿化、照明、雨水、污水、给水、再生水等工程。

2023年4月，国家发展改革委批复长江流域全覆盖水监控系统建设可行性研究报告。该项目是首个批复立项的数字孪生流域建设重大项目。长江流域全覆盖水监控系统建设是国务院确定的150项重大水利工程和《"十四五"水安全保障规划》中的智慧水利建设重点项目。项目建设落实强化流域治理管理要求，紧紧围绕数字孪生流域建设的目标任务，坚持需求牵引、应用至上、数字赋能、提升能力，通过新建改造水文站网、完善视频和遥感等监测手段，构建水监测感知体系，加强监测数据汇集和处理分析，搭建监测、评估、告警、处置、总结全过程管控应用体系，提升预报、预警、预演、预案"四预"对流域治理管理决策的支持能力。项目建成后，将进一步夯实长江流域治理管理的算据、算法、算力基础，完善流域全要素数字化场景和全流程水行政管理业务应用体系，实现流域治水管水的智慧化模拟和精准化决策，提升流域治理管理的数字化、网络化、智能化水平，为增强长江流域水安全保障能力提供强有力技术驱动。

2023年4月，黄河三角洲湿地与生物多样性保护恢复项目（森林生态系统综合治理部分、湿地生态系统综合治理部分——刀口河流路整治工程）环境影响报告，获得批复，并进入全面实施。黄河三角洲湿地是世界暖温带最年轻、最广阔、面积最大、保存最完整的河口新生湿地，但目前也存在区域内森林资源总量不足、生态系统功能退化、外来物种侵害严重等问题。为有效改善黄河三角洲生态环境，遏制外来物种对区域生境的破坏，维持生物多样性，推进黄河下游生态保护和高质量发展，东营市决定实施黄河三角洲湿地与生物多样性保护恢复项目。该项目位于东营区、河口区、垦利区及利津县，工程建设包括森林生态系统综合治理部分和湿地生态系统综合治理部分，其中森林生态系统综合治理部分包括沿黄生态长廊林带修复提升工程和孤岛刺槐林修复工程，湿地生态系统综合治理部分包括刀口河流路整治工程。沿黄生态长廊林带修复提升工程提升改造现状林地26461.65亩、新造林5160.3亩，孤岛刺槐林修复工程修复林地30050亩；刀口河流路整治工程提升引水口引水能力至30m³/s，河道疏挖16.8km，改建沿线5处生物通道。

2023 年 7 月，国家发展改革委批复罗布泊至若羌铁路可行性研究报告。项目线路全长 298.8km，投资估算总额为 82.35 亿元，是国家和自治区确定的 2023 年开工建设重点项目之一。该项目能够补齐新疆铁路环线缺失段，构建乌鲁木齐 – 哈密 – 若羌 – 和田 – 喀什 – 乌鲁木齐的疆内环线铁路，并与兰新铁路、格库铁路衔接，形成多径路的进出疆通道，是深入贯彻落实新时代党的治疆方略和国家全面加强铁路基础设施建设、扎实稳住经济大盘决策部署的具体措施，对于推动沿线经济社会发展、增进民族团结、巩固边疆稳定、强化国防保障、促进新疆长治久安具有重要作用。同时，本项目连通既有和田至若羌、哈密至罗布泊铁路，可打通既有路网断头路，有利于促进沿线钾盐等矿产资源开发和"公转铁"运输，提高和若、哈罗铁路客货运量，改善既有线经营状况，对于提高进出疆通道运输的可靠性和灵活性，优化完善区域路网布局，提升路网整体效能，推动铁路高质量发展具有积极意义。

6.2.4 重要会议

6.2.4.1 重要政府会议

2023 年 3 月 5 日，时任国务院总理李克强代表国务院，向十四届全国人大一次会议作政府工作报告。报告指出，过去五年，基础设施更加完善。一批防汛抗旱、引水调水等重大水利工程开工建设。高速铁路运营里程从 2.5 万 km 增加到 4.2 万 km，高速公路里程从 13.6 万 km 增加到 17.7 万 km。新建改建农村公路 125 万 km。新增机场容量 4 亿人次。坚持房子是用来住的、不是用来炒的定位，建立实施房地产长效机制，扩大保障性住房供给，推进长租房市场建设，稳地价、稳房价、稳预期，因城施策促进房地产市场健康发展。加强城市基础设施建设，轨道交通运营里程从 4500 多公里增加到近 1 万 km，排水管道从 63 万 km 增加到 89 万 km。改造城镇老旧小区 16.7 万个，惠及 2900 多万户家庭。2023 年将加快实施"十四五"重大工程，实施城市更新行动；有效防范化解优质头部房企风险，改善资产负债状况，防止无序扩张，促进房地产业平稳发展；加强城乡环境基础设施建设，持续实施重要生态系统保护和修复重大工程。加强住房保障体系建设，支持刚性和改善性住房需求，解决好新市民、青年人等住房问题，加快推进老旧小区和危旧房改造。

2023 年 4 月 28 日，中共中央政治局召开会议，中共中央总书记习近平主持会议。会议指出，要有效防范化解重点领域风险，统筹做好中小银行、保险和信托机构改革化险工作。要坚持房子是用来住的、不是用来炒的定位，因城施策，支持刚性和改善性住房需求，做好保交楼、保民生、保稳定工作，促进房地产市场平稳健康发展，推动建立房地产业发展新模式。在超大特大城市积极稳步推进城中村改造和"平急两用"公共基础设施建设，规划建设保障性住房。

2023 年 7 月 24 日，中共中央政治局召开会议，分析研究当前经济形势，部署下半年经济工作，中共中央总书记习近平主持会议。会议指出，要切实防范化解重点领域风险，适应我国房地产市场供求关系发生重大变化的新形势，适时调整优化房地产政策，因城施策用好政策工具箱，更好满足居民刚性和改善性住房需求，促进房地产市场平稳健康发展。要加大保障性住房建设和供给，积极推动城中村改造和"平急两用"公共基础设施建设，盘活改造各类闲置房产。

2023 年 7 月 31 日，国务院总理李强主持召开国务院常务会议，学习贯彻习近平总书记关于当前经济形势和经济工作的重要讲话精神，研究有关到期阶段性政策的后续安排，决定核准山东石岛湾、福建宁德、辽宁徐大堡核电项目。会议强调，要调整优化房地产政策，根据不同需求、不同城市等推出有利于房地产市场平稳健康发展的政策举措，加快研究构建房地产业新发展模式。

2023 年 11 月 24 日，国务院总理李强主持召开国务院常务会议，研究加强岁末年初安全生产工作。会议指出，今年以来，全国安全生产形势总体稳定，但近期一些地方接连发生事故，有的造成重大人员伤亡，教训十分深刻。岁末年初各类事故易发多发，必须深入贯彻落实习近平总书记关于安全生产的一系列重要指示批示精神，坚持举一反三，严查密防各类风险隐患，坚决防范遏制重特大事故发生，全力维护人民群众生命财产安全。要紧盯重点行业，根据冬季事故特点，抓紧对能源、建筑施工、交通运输等行业领域进行深入细致排查，彻底整治存在的风险隐患，确保各项安全责任措施落到实处。要突出重点地区，聚焦事故多、隐患多的地方强化督促指导，真正把压力压实到各层级、传导到最末梢。要彻查漏洞盲区，全覆盖、无死角开展排查整治，加快补齐管理制度、技术标准等方面短板。

2023 年 12 月 11 日至 12 日，中央经济工作会议在北京举行。会议强调，2024 年要围绕推动高质量发展，突出重点，把握关键，扎实做好经济工作。要统筹化解房地产、地方债务、中小金融机构等风险，严厉打击非法金融活动，坚决守住不发生系统性风险的底线。积极稳妥化解房地产风险，一视同仁满足不同所有制房地产企业的合理融资需求，促进房地产市场平稳健康发展。加快推进保障性住房建设、"平急两用"公共基础设施建设、城中村改造等"三大工程"。完善相关基础性制度，加快构建房地产发展新模式。统筹好地方债务风险化解和稳定发展，经济大省要真正挑起大梁，为稳定全国经济作出更大贡献。

2023年12月21日至22日，全国住房城乡建设工作会议在北京召开。会议以习近平新时代中国特色社会主义思想为指导，全面贯彻落实党的二十大精神，认真落实中央经济工作会议精神，系统总结2023年工作，分析形势，明确2024年重点任务，推动住房城乡建设事业高质量发展再上新台阶。会议期间，参会代表围绕工作报告进行了分组讨论，并在全体会议上交流了各组讨论情况。会议认为，2023年是全面贯彻党的二十大精神的开局之年，是三年新冠疫情防控转段后经济恢复发展的一年。全国住房城乡建设系统坚决贯彻落实党中央、国务院决策部署，坚定信心、保持定力，在稳中起好步、在进上下功夫，稳支柱、防风险、惠民生，努力为经济运行整体好转作贡献、为人民群众生活品质提升办实事。在理念方法上，践行党的初心使命，牢牢抓住让人民群众安居这个基点，以好房子为基础，推动好房子、好小区、好社区、好城区"四好"建设，坚持想明白、干实在，锻造专业敬业的住建人精神品格；在行动实践上，着力稳定房地产业和建筑业"两根支柱"，稳步实施城市更新行动和乡村建设行动，推动建筑业转型；在工作成效上，一大批发展工程、民生工程、安全工程落地见效，住房城乡建设事业高质量发展打开新局面。

6.2.4.2　重要学术会议

2023年5月15日，第十九届国际绿色建筑与建筑节能大会在辽宁沈阳开幕。本次大会由中国城市科学研究会、辽宁省住房和城乡建设厅、沈阳市人民政府共同主办，以"推广绿色智能建筑，促进城市低碳更新"为主题，通过绿色建筑综合会议、智能建造与建筑工业化技术交流大会、各项专题会议以及绿色建筑展、智能建造及建筑工业化展等，集中展示绿色建筑产业的领先理念和最新成果，就推动城乡建设绿色转型发展、助力建筑业加快实现产业升级和生态环境保护双赢等问题进行探讨交流。绿色建筑领域的院士、国内外知名专家学者、研究机构负责人、企业代表应邀参会。

2023年7月5日至7日，2023中国建筑学会施工学术年会在西安成功召开，会议由中国建筑学会建筑施工分会、中国建筑科学研究院有限公司主办、中建三局集团西北有限公司协办。会议以"发展绿色智能建造，推动新型建筑工业化"为主题，十余位行业专家学者围绕基于建造过程的智能安全管理系统、装配式 IRF 体系成套技术研发与应用、智能建造技术体系、BIM 技术助力绿色智能建造创新发展等智能建造和新型建筑工业化技术主题作了精彩的报告，从多角度阐述了绿色智能建造的发展趋势。

2023 年 7 月 21 日至 23 日，第二届绿色建筑、土木工程与智慧城市国际会议（GBCESC 2023）在贵阳举办。由贵州大学主办，桂林理工大学、中南大学、高速铁路建造技术国家工程研究中心、中国地震学会基础设施防震减灾专业委员会、爱尔思出版社（ELS publishing）以及 ESBK 国际学术交流中心共同协办。本次大会包括八个主旨报告、两个特邀报告和五个平行分论坛的 40 余场研讨会报告，内容涵盖当今土木工程和建筑工程范畴内各学科领域的最新发展方向及行业前沿动态。来自国内外土木、建筑学科领域专家学者 200 人齐聚贵阳，推进学科融合发展，搭建高校之间的产学研合作，推动学术共同体建设。

2023 年 8 月 4 日至 6 日，第二十八届建设管理与房地产发展国际学术研讨会（CRIOCM 2023）在东南大学举行。本次会议由中华建设管理研究会和东南大学主办，东南大学土木工程学院、江苏省土木建筑学会工程管理专业委员会、江苏省土木建筑学会建筑与房地产经济专业委员会和长三角区域工程管理专业虚拟教研室承办。来自中国、澳大利亚、美国、英国、德国等国家和地区的建设管理与房地产领域专家学者，共计 350 余人现场参会，围绕本次会议主题"VUCA（波动、不确定、复杂、不明确）时代的建设管理和城市治理"进行了精彩和热烈的分享和讨论。

2023 年 9 月 23 日至 24 日，2023 年建设与房地产管理学术研讨会（IC-CREM2023）在西安成功举行。本次会议由哈尔滨工业大学、西安建筑科技大学、香港理工大学、清华大学、瑞典于默奥大学、北京建筑大学、美国路易斯安那州立大学、加拿大阿尔伯塔大学、广州大学、美国马凯特大学、英国诺丁汉特伦特大学和重庆大学联合主办，西安建筑科技大学承办。会议得到了美国土木工程师学会施工分会、中国建筑业协会建筑业高质量发展研究院、工程管理学报、*Engineering*、*Construction and Architecture Management*（ECAM）期刊、*Journal of Urban Management*（JUM）期刊、西安建筑科技大学学报（自然科学版）和中国城市经济学会城市可持续建设与管理专业委员会的支持。本次会议的主题是"以人为本的建设转型"，180 名高校、科研院所的专家学者，以及关注建筑业高质量转型发展的师生，共同探讨了如何在建筑全生命周期的建造和使用过程中更好地考虑人的需求,推动行业向着更高水平的可持续和人本导向的方向前进。

2023年9月26日至28日,2023绿色建筑与低碳技术国际学术会议在内蒙古呼和浩特举办。本次会议由中国建筑学会乡土建筑分会主办,内蒙古工业大学、绿色建筑全国重点实验室、低碳城市·社区·建筑国际学术联盟承办。学术会议的主题是"绿色设计与低碳平衡",来自国内外5名院士、3位全国工程勘察设计大师、7位长江学者以及高校师生、行业代表等共计400余人参会,共同参与交流分享、探讨研究绿色建筑设计和技术以及乡土建筑新技艺的最新学术理论、创新技术和实践成果。

2023年11月15日至16日,中国建筑学会建筑产业现代化发展委员会2023年学术年会在重庆召开。会议由中国建筑学会、住房和城乡建设部科技与产业化发展中心、重庆市住房和城乡建设委、重庆市巴南区人民政府指导,中国建筑学会建筑产业现代化发展委员会、中建科技主办。本次会议以"筑牢工业化基石·赋能数字化转型"为主题,旨在践行新发展理念,顺应新一轮科技革命和产业变革新趋势,凝聚各方共识,深化产业协同,引领行业走出一条工业化与数字化融合发展的高质量之路。

2023年12月8日至10日,第十一届中国土木工程学会工程防火技术分会学术交流分会在北京召开。会议由中国土木工程学会工程防火技术分会主办,中国中元国际工程有限公司、北京市建筑设计研究院有限公司、清华大学、中国矿业大学、西南交通大学、交通运输部公路科学研究院、广西大学、CCDI悉地国际集团等承办,会议同时采用现场会议和线上直播。来自国内外的相关专家学者500余人参加了现场会议,有7万余名相关人员在线上观看。会议采用主分会场形式举办,主论坛主旨报告18个,6个分论坛主旨报告共计51个,500余位学者专家、企业代表,围绕城市更新、智慧消防、电动汽车、新能源电站等热点议题展开研讨交流。

6.3 2023年中国土木工程学会大事记

(1)2月10日,为加强对科技成果评价工作的管理,学会印发了新修订的《中国土木工程学会科技成果评价管理办法》。

（2）3月8日至10日，由学会建筑市场与招标投标研究分会主办的"中国土木工程学会建筑市场与招标投标研究分会七届四次理事会扩大会议暨第四届全国建设工程招标代理机构高层论坛"在济南召开。会议采用线上直播及线下交流同步召开。

（3）3月10日由学会指导，学会住宅工程指导工作委员会组织的2022年中国土木工程詹天佑奖优秀住宅小区金奖技术交流会在青岛举行。

（4）3月22日，为加强土木工程领域科普教育基地的建设，鼓励社会力量参与科普工作，推动科学技术知识普及，学会印发《中国土木工程学会科普教育基地管理办法（试行）》。

（5）3月24日至26日，由学会土力学及岩土工程分会主办，东南大学、江苏省岩土力学与工程学会联合承办的第三届全国软土工程学术会议在江苏南京召开。会议以"软土工程智能建造"为主题，组织了16个大会特邀报告，24个分会场特邀报告，66个分会场报告及24个研究生报告。

（6）3月30日至31日，由学会燃气分会、中国市政工程华北设计研究总院有限公司、中国建设科技集团股份有限公司主办，《煤气与热力》杂志社有限公司承办的"中国土木工程学会燃气分会2023年学术年会暨中国燃气运营与安全研讨会（第十二届）"在杭州召开。此次会议得到了近400家企业的支持，参会代表约960名。会议论文集214篇。

（7）3月，由学会工程防火技术分会主办的电气安全及火灾报警系统论坛在成都召开，线下参会180人，学术报告13个。

（8）4月14日至16日，由学会混凝土与预应力混凝土分会主办的第十二届高强高性能混凝土学术交流会在北京顺利召开。来自近100个高校和研究机构、材料生产企业和建筑施工公司的近500名代表参加了会议。大会共收到论文摘要240余篇。

（9）4月15日至16日，由学会工程风险与保险研究分会主办的第三届全国工程保险技术研讨会在上海举行。会议采用了线下与线上相结合的方式进行，会议共有特邀报告3个、分会场报告52个，其中线下有来自全国100多个单位的220名专家、学者参加了会议，线上直播参会1000多人次。

（10）4月21日，学会总工程师工作委员会2023年学术年会暨第二届苏州市智能建造高峰论坛在苏州召开。会议主题为"智能建造助推质量强国建设"，会议设19个分会场，数百人在线上参加了会议。

（11）4月，根据《人力资源社会保障部 中国科协 科技部 国务院国资委关于评选第三届全国创新争先奖的通知》要求，学会组织开展第三届全国创新争先奖的评选推荐工作。

（12）5月10日至12日，由深圳大学、学会防震减灾工程分会、中国地震学会可恢复功能防震体系专业委员会、有机工业化建筑产业技术创新战略联盟主办"第五届全国巨震应对学术会议"在深圳举行。本次会议共举行学术报告70场，学术交流覆盖了巨（大）震预测与风险评估、房屋建筑抗巨（大）震等新理论新技术。

（13）5月13日，由学会教育工作委员会和清华大学主办的第五届全国大学生结构设计信息技术大赛公布获奖名单。大赛共有2266支参赛队伍，提交了1178份作品。通过集中评卷最终A组获奖834队（特等奖50队、一等奖117队、二等奖222队、三等奖445队），B组获奖52队（特等奖4队、一等奖7队、二等奖14队、三等奖27队）。

（14）5月13日至15日，学会水工业分会2023年排水技术研讨会在杭州召开。行业相关代表300余人参加会议，涵盖建设、设计、运营、管理、研究以及企业代表出席会议。会议共收录40余个单位会议论文57篇，编辑出版了《中国土木工程学会水工业分会排水及污水资源化技术研讨会论文集》。

（15）5月14日，由学会住宅委员会承办的第三届长沙国际工程机械展览会分论坛——"土木工程绿色低碳高质量发展论坛"在长沙召开，350余位代表参加了会议。

（16）5月25日，学会工程数字化分会召开第十九届全国工程数字化大会，来自全国建设领域300多位知名专家学者、行业协学会代表、企业负责人、生态合作单位、媒体代表共同出席了大会。

（17）5月29日，为贯彻落实国务院深化标准化改革工作部署和要求，规范学会标准管理，提高标准质量，学会印发新修订的《中国土木工程学会标准管理办法》。

（18）6月2日至6月4日，由学会桥梁及结构工程分会主办，江苏省交通工程建设局支持的"桥梁及结构工程智能建造论坛"在江苏常州举办。同期还举行了学会桥梁及结构工程分会第十一届理事会换届大会。论坛以"桥梁及结构工程智能建造"为主题，来自全国桥梁及结构工程领域的建设、设计、施工、设备、科研等单位的300余位领导、专家参会。

（19）6月20日，为深入开展主题教育调研工作，落实国家"双碳"战略，推动建筑业绿色低碳发展，学会在北京召开"落实国家'双碳'战略推动建筑业绿色低碳发展"座谈会。

（20）6月26日，学会以通讯方式召开第十届十八次常务理事会议，审议通过了《中国土木工程学会设立新分支机构的报告》。学会同意设立"中国土木工程学会工程管理分会"等5家分支机构。

（21）7月28日至29日，由学会轨道交通分会主办，昆明轨道交通集团、北京城建设计发展集团共同承办的"2023年中国城市轨道交通关键技术论坛暨第31届地铁学术交流会"在昆明召开。会议围绕"智慧互通、绿色低碳——暨轨道交通推动城市一体化融合发展"主题，对轨道交通关键技术、绿色低碳技术、轨道上的都市圈等行业热点研讨交流，展示前沿咨讯，分享最新研究成果。

（22）7月28日至30日，由学会防震减灾工程分会、甘肃省土木建筑学会和兰州理工大学共同主办的第十二届全国防震减灾工程学术研讨会在甘肃兰州举行。来自高校、科研院所及设计、施工、生产单位的专家、学者、工程技术人员600余人参加了本次研讨会。

（23）7月，学会作为推选单位，经过逐级推选，严格审核，层层把关，向中国科协推选9名2023年中国工程院院士增补候选人。

（24）7月，学会学术与标准工作委员会组织召开学会标准管理工作会议，学会领导、学术与标准工作委员会负责人员、学会分支机构代表等53人出席会议。

（25）8月18日至20日，由学会桥梁及结构工程分会与中国空气动力学会风工程和工业空气动力学专业委员会主办的第二十一届全国结构风工程学术会议暨第七届全国风工程研究生论坛在长沙举行。会议聚焦结构风工程研究领域，来自西南交通大学、同济大学等133家单位的770余名专家、学者及研究生代表参加会议。

（26）8月18日至8月21日，由学会工程风险与保险研究分会主办的第七届全国工程风险与保险研究学术研讨会暨工程风险与保险研究分会第四届第一次理事会在江西南昌召开。会议以"新时代下的工程风险与保险"为主题，采用线下会议方式进行，来自50余所高校、保险业和工程单位的500余名学者、专家和研究生参会。

（27）8月19日至20日，由学会隧道及地下工程分会等单位主办的第二十一届海峡两岸隧道与地下工程学术与技术研讨会在广州南沙举办。会议以"隧道创新技术与重大工程实践"为主题，来自海峡两岸的专家学者和工程一线的技术人员和学生代表 300 余人参会，44 位专家学者进行了主题演讲与学术报告。

（28）8月20日至22日，由教育部学位管理与研究生教育司和学会教育工作委员会主办，沈阳建筑大学承办的第二十届全国土木工程研究生学术论坛暨新时代土木工程研究生高质量培养论坛在沈阳举行。论坛以"智慧土木——绿色与低碳，携手同行"为主题，来自近60所高校的50余位院士、专家学者以及200余名优秀博士、硕士研究生参加了论坛。

（29）8月，根据《中国科协青年人才托举工程实施管理细则（修订）》文件精神和有关规定，学会启动了"第九届中国科协青年人才托举工程"项目，并最终遴选出4名青年人才进行托举培养。

（30）9月14日，由学会建筑市场与招标投标研究分会主办、新疆维吾尔自治区建设工程招标投标协会协办学术与经验交流会在新疆昌吉举办。

（31）9月16日至18日，由学会混凝土及预应力混凝土分会和东南大学和国家预应力工程技术研究中心共同主办的"第二十二届全国混凝土及预应力混凝土学术交流大会暨第十一届全国混凝土耐久性学术交流会、第十四届全国建设工程无损检测技术学术交流会"在南京召开。大会以"混凝土及预应力混凝土材料、结构与技术装备的创新发展——低碳、耐久与韧性"为主题，来自国内外近600位代表参会。

（32）9月，学会组织开展了中国科协"典赞·2023科普中国"活动的申报推选工作，向中国科协推荐了1个候选年度科普人物、2个候选年度科普作品。

（33）9月，根据《中国科协科学技术创新部关于开展第十五届光华工程科技奖提名人选推荐工作的通知》要求，学会经过前期推荐、材料审核、专家评议，向中国科协推荐3名提名候选人。

（34）9月5日，由中国土木工程学会、中国国家铁路集团有限公司主办，中国铁道科学研究院集团有限公司、北京詹天佑土木工程科学技术发展基金会承办，中国土木工程学会110周年纪念大会、中国土木工程学会2023年学术年会、第十九届中国土木工程詹天佑奖颁奖大会在北京举行。

（35）9月13日，由学会市政工程分会、浙江省土木建筑学会、上海市土木工程学会等单位联合主办的2023（第五届）中国高质量发展城市建设论坛 宁波峰会论坛在宁波召开。论坛围绕"低碳 韧性 智能——让城市更美好"主题，聚集长三角区域新型基础设施建设、数字城市建设、智慧交通建设、城市更新与精细化管理等关键议题进行深入探讨。

（36）9月15日，由学会工程质量分会、中国建筑科学研究院有限公司等单位主办的第十届全国工程质量学术交流会在贵州省贵阳市举行。交流会以"城市建设工程质量数字化应用高质量发展"为主题，线下参会500余人，线上直播5000余人次。

（37）10月4日，美国斯坦福大学John P. A. Ioannidis教授团队和爱思唯尔数据库（Elsevier Data Repository）发布了第六版《全球前2%顶尖科学家榜单》（World's Top 2% Scientists），学会主办的土木工程综合性学术期刊《土木工程学报》共有49位编委入选。

（38）10月13日至17日，由学会隧道及地下工程分会、西南交通大学等28家单位共同承办和协办的"2023中国隧道与地下工程大会（CTUC）暨中国土木工程学会隧道及地下工程分会第二十三届年会"在成都举行。大会以"向深地进军——迎接高能地质的挑战"为主题，深入探讨我国高能地质环境下的隧道及地下工程建设进展、创新技术和未来发展。

（39）10月16日至18日，由学会市政工程分会和水工业分会等单位主办的第六届城市防洪排涝国际论坛在武汉召开。论坛以"低碳韧性，'智'水有方"为主题，来自中国、澳大利亚等国家的8位国内外院士、30多位顶尖专家学者结合防洪排涝体系规划建设、智慧监测与预警预报等内容展开多学科、多角度深入探讨。

（40）10月21日，中国土木工程学会工程管理分会成立大会暨一届一次理事会在南京召开。

（41）10月25日，由学会城市公共交通分会举办的"2023城市公共交通学术年会"在成都召开。会议主题为科技创新，引领公交高质量发展。与会专家就数字化公共交通科学技术发展情况及示范应作学术交流，共同探讨城市公交企业数字化转型之路。

（42）10月，《土木工程学报》被《中国学术期刊（光盘版）》电子杂志社有限公司、清华大学图书馆、中国学术文献国际评价研究中心评为"2023中国国际影响力优秀学术期刊"，此项荣誉其已连续10次（2014-2023）获得。

（43）10月，学会作为工程师互认行业试点单位，组织开展了土木工程类工程能力评价工作，共完成92名资深工程会员，88名专业工程会员的能力评价工作。

（44）10月，学会城市公共交通分会发布《中国城市公共交通行业发展报告（2022—2023）》蓝皮书、《2023年全国5·20公交驾驶员关爱日活动专刊》。

（45）11月10日至12日，由学会港口工程分会主办、中交第四航务工程局有限公司承办的第十二届全国工程排水与加固技术研讨会暨港口工程技术交流大会在广州召开。大会以"'双碳'背景下港口工程和排水加固地基创新技术"为主题，来自行业内的勘察、设计、施工、科研、高校、营运和管理单位的代表共150余人参加会议。

（46）11月17日，学会、学会轨道交通分会在北京城建设计发展集团组织开展"百名科学家讲党课"活动。邀请全国工程勘察设计大师、轨道交通分会副理事长、北京城建设计发展集团副总经理于松伟以"感悟新时代思想 助力高质量发展"为题，讲授主题教育专题党课。

（47）11月11日，中国土木工程学会氢能设施与工程分会成立大会在佛山召开。

（48）11月21日，发表于《土木工程学报》2019年第52卷第2期《风与地震耦合作用下钢管混凝土框架－防屈曲支撑结构体系易损性研究》和第5期《人工智能时代的土木工程》在"第八届中国科协优秀科技论文遴选计划"中被评为优秀论文。

（49）11月22日至24日，学会在北京举办"新闻宣传工作培训班"，旨在深入学习贯彻习近平新时代中国特色社会主义思想和党的二十大精神，认真学习习近平文化思想，教育引导广大土木工程领域新闻宣传工作者坚定不移用党的创新理论武装头脑、凝心铸魂，提高理论素养，增强能力本领，上下协同、系统联动，高质量高水平讲好土木工程领域的中国故事。

（50）11月，学会于年初组织开展的2023年度土木工程前沿科技研究课题，经申报遴选，有7个课题入选。经过近一年研究工作，各课题均已按既定目标顺利完成课题研究，并于本月提交课题研究成果报告。

（51）12月8日，学会总工程师工作委员会在北京举办第三届总工论坛。论坛邀请了中国工程院欧进萍院士、李兴钢院士及10位行业内知名专家学者进行学术讲座交流分享。会议主题为"数字赋能 建造未来"，会议进行学术交流报告12篇，300余人参加了现场会议，线上直播观看累计超9万人次。

（52）12月8日至10日，由学会工程防火技术分会主办的"2023中国土木工程学会工程防火技术分会第三届理事会换届大会暨2023年学术交流会"在北京召开。会议同时采用现场会议和线上直播。来自国内外的相关专家学者500

余人参加了现场会议，有 7 万余相关人员在线上观看。

（53）12 月 19 日，《土木工程学报》副主编、编委，广西大学校长，清华大学长聘教授韩林海荣获何梁何利基金 2023 年度"科学与技术创新奖"。

（54）12 月 27 日，学会第十一次会员代表大会在北京召开，选举产生了中国土木工程学会第十一届理事会及领导机构。同日组织召开了第十一届理事会常务理事会党员大会。

（55）12 月 27 日，2023 年首批中国土木工程学会科普教育基地授牌仪式在北京举行。

（56）学会继续秉承"公平、公正、公开"的评奖原则，严格按照《中国土木工程詹天佑奖评选办法》有关规定，组织开展了第二十届第二批中国土木工程詹天佑奖推评工作，经业内各有关单位遴选推荐，共有 15 个专业领域、242 项工程申报。经形式审查、专业组初评、终审会议评审以及詹天佑大奖指导委员会审核、公示等程序，共有 45 项土木工程领域杰出的代表性工程入选。

（57）学会工程数字化分会指导相关单位组织线上、线下开展工程应用软件培训 10 余场，累计 2 万余人次参加学习、交流。

（58）学会学术与标准工作委员会组织完成征求意见的标准共 12 项，召开审查会的标准 4 项，完成技术审查（盲审）的标准 5 项，完成报批的标准 6 项，累计进行 100 余次标准形式审查工作。

（59）学会防护工程分会出版专著《爆炸冲击动力学工程算法与模型》，为国内第一本系统介绍爆炸冲击动力学常用经验算法的专著。

（60）学会燃气分会、中国市政工程华北设计研究总院有限公司编制了《中国燃气用具行业发展蓝皮书》。蓝皮书系统描述中国燃气用具行业发展现状和趋势，内容涵盖了五大类燃气用具在中国的各阶段发展历程、市场发展情况、技术水平、标准规范要求、未来发展趋势展望等，共设有七个章节。

（61）学会工程质量分会出版核心期刊 2023 年《建筑科学》增刊一本，共计 40 篇文章，印刷 500 本。

Civil Engineering

附 表

中国土木工程学会 2023 年发布的团体标准 附表 4-1

标准名称	编号	发布日期	实施日期
基坑倾斜桩无支撑支护技术规程	T/CCES 38-2023	2023 年 2 月 8 日	2023 年 5 月 1 日
市政基坑工程设计标准	T/CCES 39-2023	2023 年 4 月 12 日	2023 年 7 月 1 日
铣削式水泥土搅拌墙技术规程	T/CCES 40-2023	2023 年 5 月 23 日	2023 年 8 月 1 日
劲扩桩技术规程	T/CCES 41-2023	2023 年 7 月 20 日	2023 年 10 月 1 日
桥梁混凝土腐蚀状况探地雷达检测技术规程	T/CCES 42-2023	2023 年 8 月 28 日	2023 年 11 月 1 日
公路桥梁承载能力快速测试与评定技术规程	T/CCES 43-2023	2023 年 9 月 22 日	2023 年 12 月 1 日

中国建筑业协会 2023 年发布的团体标准 附表 4-2

标准名称	标准编号	发布日期	实施日期
建筑劳务班组长职业能力评价标准	T/CCIAT 0049-2023	2023 年 1 月 31 日	2023 年 4 月 1 日
建筑工程施工质量管理标准化规程	T/CCIAT 0050-2023	2023 年 1 月 31 日	2023 年 4 月 1 日
超高泵送混凝土泵管清洗技术规程	T/CCIAT 0051-2023	2023 年 3 月 1 日	2023 年 5 月 1 日
装配式混凝土建筑工人职业技能标准	T/CCIAT 0052-2023	2023 年 3 月 17 日	2023 年 6 月 1 日
防微振混凝土基础施工技术规程	T/CCIAT 0053-2023	2023 年 6 月 21 日	2023 年 9 月 1 日
大体积重晶石泵送混凝土技术规程	T/CCIAT 0054-2023	2023 年 6 月 21 日	2023 年 9 月 1 日
建筑业绿色企业评价标准	T/CCIAT 0055-2023	2023 年 7 月 10 日	2023 年 10 月 1 日
3MW 及以下风力发电机保护性拆除施工技术标准	T/CCIAT 0056-2023	2023 年 7 月 10 日	2023 年 10 月 1 日
大直径盾构下穿既有水域施工技术规程	T/CCIAT 0057-2023	2023 年 8 月 4 日	2023 年 10 月 1 日
装配式建筑 BIM 技术应用规程	T/CCIAT 0058-2023	2023 年 8 月 24 日	2023 年 11 月 1 日
金属屋面光伏安装工程技术规程	T/CCIAT 0059-2023	2023 年 8 月 24 日	2023 年 11 月 1 日
既有建筑外墙节能改造保温装饰板应用技术规程	T/CCIAT 0060-2023	2023 年 8 月 30 日	2023 年 11 月 1 日
喷射结构混凝土应用技术规程	T/CCIAT 0061-2023	2023 年 9 月 26 日	2023 年 12 月 1 日
地下工程止水帷幕施工技术规程	T/CCIAT 0062-2023	2023 年 10 月 7 日	2023 年 12 月 1 日
旋喷锚杆施工技术规程	T/CCIAT 0063-2023	2023 年 10 月 7 日	2023 年 12 月 1 日
膨胀土地区建筑基坑支护技术规程	T/CCIAT 0064-2023	2023 年 11 月 3 日	2024 年 1 月 1 日
建筑基坑临时栈桥技术规程	T/CCIAT 0065-2023	2023 年 11 月 3 日	2024 年 1 月 1 日
新型建筑工业化项目评价标准	T/CCIAT 0066-2023	2023 年 11 月 27 日	2024 年 2 月 1 日
冶金矿山工程模块化施工指南	T/CCIAT 0067-2023	2023 年 11 月 27 日	2024 年 2 月 1 日
智慧工地技术标准	T/CCIAT 0068-2023	2023 年 12 月 5 日	2024 年 2 月 1 日
装配式混凝土外墙密封防水工程技术规程	T/CCIAT 0069-2023	2023 年 12 月 12 日	2024 年 3 月 1 日
装配式机电管线生产与安装技术规程	T/CCIAT 0070-2023	2023 年 12 月 22 日	2024 年 3 月 1 日
建筑信息模型（BIM）智能化设计交付标准	T/CCIAT 0071-2023	2023 年 12 月 22 日	2024 年 3 月 1 日
城镇老旧小区绿色改造技术规程	T/CCIAT 0072-2023	2023 年 12 月 22 日	2024 年 3 月 1 日

续表

标准名称	标准编号	发布日期	实施日期
桥面防水工程技术标准	T/CCIAT 0073-2023	2023年12月22日	2024年3月1日
排水管道紫外光固化修复施工和验收技术规程	T/CCIAT 0074-2023	2023年12月22日	2024年3月1日

中国建筑学会2023年发布的团体标准　　　　　　　　　　　　附表4-3

标准名称	标准编号	发布日期	实施日期
剩余电流动作保护电器应用技术规程	T/ASC 33-2023	2023年3月1日	2023年5月1日
绿色城市轨道交通综合利用区域评价标准	T/ASC 34-2023	2023年3月1日	2023年5月1日
既有建筑外墙外保温系统安全鉴定及修缮技术规程	T/ASC 35-2023	2023年3月1日	2023年5月1日
二次加压与调蓄供水系统运维管理技术规程	T/ASC 36-2023	2023年3月31日	2023年6月1日
健康建筑设计标准	T/ASC 37-2023	2023年6月15日	2023年7月1日
超大型公共空间建筑声学技术规程	T/ASC 38-2023	2023年6月28日	2023年8月1日
装配式开孔钢板组合剪力墙结构技术标准	T/ASC 39-2023	2023年6月28日	2023年8月1日
节能错峰智慧供水系统工程技术规程	T/ASC 40-2023	2023年6月28日	2023年8月1日
基坑工程复合支护技术标准	T/ASC 41-2023	2023年6月28日	2023年8月1日
智慧住宅设计标准	T/ASC 42-2023	2023年11月1日	2023年1月1日
卫生间成套再生水系统工程技术规程	T/ASC 43-2023	2023年11月1日	2024年1月1日
商业建筑信息模型竣工交付标准	T/ASC 44-2023	2023年11月1日	2024年1月1日
全套管全回转灌注桩施工技术标准	T/ASC 45-2023	2023年12月21日	2024年2月1日
混凝土抗氯离子渗透性交流电阻率测试仪	T/ASC 6005-2023	2023年12月21日	2024年2月1日

中国工程建设标准化协会2023年发布的团体标准　　　　　　　　　　　附表4-4

标准名称	标准编号	发布日期	实施日期
苏维托单立管排水系统技术规程	T/CECS 275-2023	2023年3月10日	2023年8月1日
负氧离子发生纳米矿物粉	T/CECS 10263-2023	2023年1月10日	2023年6月1日
预拌盾构注浆料	T/CECS 10264-2023	2023年1月10日	2023年6月1日
混凝土抗水渗透仪	T/CECS 10265-2023	2023年1月10日	2023年6月1日
排水用湿式一体化预制泵站	T/CECS 10266-2023	2023年1月10日	2023年6月1日
高模量聚丙烯一体化预制泵站	T/CECS 10267-2023	2023年1月10日	2023年6月1日
陶瓷厚板	T/CECS 10268-2023	2023年1月10日	2023年6月1日
花岗岩瓷砖	T/CECS 10269-2023	2023年1月10日	2023年6月1日
混凝土抑温抗裂防水剂	T/CECS 10270-2023	2023年1月10日	2023年6月1日
不锈钢分水器	T/CECS 10271-2023	2023年1月10日	2023年6月1日

续表

标准名称	标准编号	发布日期	实施日期
表层混凝土渗透性原位测试方法	T/CECS 10272-2023	2023年1月10日	2023年6月1日
内置遮阳中空玻璃制品暖边间隔框	T/CECS 10273-2023	2023年1月10日	2023年6月1日
防沉降井盖	T/CECS 10274-2023	2023年1月10日	2023年6月1日
物联网智能终端防护水表井	T/CECS 10275-2023	2023年1月10日	2023年6月1日
冷库用金属面绝热夹芯板	T/CECS 10276-2023	2023年1月19日	2023年6月1日
临建用焊接集装箱房	T/CECS 10277-2023	2023年1月19日	2023年6月1日
微晶发泡陶瓷保温装饰一体板	T/CECS 10278-2023	2023年2月6日	2023年7月1日
纤维增强聚合物基管廊	T/CECS 10279-2023	2023年2月26日	2023年7月1日
公路桥梁用耐久型碳纤维复合板材	T/CECS 10280-2023	2023年3月6日	2023年8月1日
建筑用基础隔振垫板	T/CECS 10281-2023	2023年3月10日	2023年8月1日
喷射混凝土用液体低碱速凝剂	T/CECS 10282-2023	2023年3月16日	2023年8月1日
建筑用覆铝膜隔热金属板	T/CECS 10283-2023	2023年3月16日	2023年8月1日
输配水阀门防腐涂层工艺及性能通用技术条件	T/CECS 10284-2023	2023年3月16日	2023年8月1日
热泵式污泥干化机组	T/CECS 10285-2023	2023年3月16日	2023年8月1日
变阶预制混凝土板	T/CECS 10286-2023	2023年3月26日	2023年8月1日
钢筋连接用直螺纹套筒	T/CECS 10287-2023	2023年3月26日	2023年8月1日
水泥及混凝土用玻璃粉	T/CECS 10288-2023	2023年3月26日	2023年8月1日
工业固废轻质保温装饰一体板	T/CECS 10289-2023	2023年3月26日	2023年8月1日
室内装饰装修用美容胶	T/CECS 10290-2023	2023年3月26日	2023年8月1日
硅墨烯不燃保温板	T/CECS 10291-2023	2023年3月26日	2023年8月1日
多孔建筑材料保水曲线测定 半透膜法	T/CECS 10292-2023	2023年3月26日	2023年8月1日
压型钢板钢筋桁架楼承板	T/CECS 10293-2023	2023年3月26日	2023年8月1日
公路桥梁加强型模数式伸缩装置	T/CECS 10294-2023	2023年3月31日	2023年8月1日
建筑机器人 地面清洁机器人	T/CECS 10295-2023	2023年3月31日	2023年8月1日
建筑机器人 地坪涂料涂敷机器人	T/CECS 10296-2023	2023年3月31日	2023年8月1日
建筑机器人 地坪研磨机器人	T/CECS 10297-2023	2023年3月31日	2023年8月1日
二阶反应型水性环氧沥青防水粘结料	T/CECS 10298-2023	2023年3月31日	2023年8月1日
环保用微生物菌剂的菌种鉴定规则	T/CECS 10299-2023	2023年5月31日	2023年10月1日
钢网格结构螺栓球节点用封板、锥头和套筒	T/CECS 10300-2023	2023年4月28日	2023年9月1日
硅烷改性聚醚灌浆材料	T/CECS 10301-2023	2023年4月28日	2023年9月1日
抗流挂聚氨酯防水涂料	T/CECS 10302-2023	2023年4月28日	2023年9月1日
固废基纤维混凝土盾构管片	T/CECS 10303-2023	2023年4月28日	2023年9月1日
绿色建材产品评价通则	T/CECS 10304-2023	2023年4月28日	2023年9月1日
耐根穿刺防水涂料	T/CECS 10305-2023	2023年5月22日	2023年10月1日

续表

标准名称	标准编号	发布日期	实施日期
智能城镇燃气调压装置	T/CECS 10306–2023	2023年5月22日	2023年10月1日
生活污水移动床生物膜（MBBR）一体化处理设备	T/CECS 10307–2023	2023年5月22日	2023年10月1日
脚手架超强薄壁焊接钢管	T/CECS 10308–2023	2023年5月22日	2023年10月1日
一体化智能截流井	T/CECS 10309–2023	2023年5月22日	2023年10月1日
水性聚氨酯防水涂料	T/CECS 10310–2023	2023年5月22日	2023年10月1日
自动测斜管	T/CECS 10311–2023	2023年5月22日	2023年10月1日
基桩自平衡静载试验用荷载箱	T/CECS 10312–2023	2023年6月16日	2023年11月1日
非水反应型双组分聚氨酯灌浆材料	T/CECS 10313–2023	2023年6月16日	2023年11月1日
混凝土气密剂	T/CECS 10314–2023	2023年6月28日	2023年11月1日
砌体结构修复和加固用置换砂浆	T/CECS 10315–2023	2023年7月10日	2023年12月1日
建筑用一体化智慧能源站	T/CECS 10316–2023	2023年7月16日	2023年12月1日
太阳能热水系统集中采购通用要求	T/CECS 10317–2023	2023年7月16日	2023年12月1日
智慧门厅场景技术要求	T/CECS 10318–2023	2023年7月18日	2023年12月1日
钢渣透水混凝土砖	T/CECS 10319–2023	2023年7月18日	2023年12月1日
城市轨道交通隧道结构病害检测车	T/CECS 10320–2023	2023年7月18日	2023年12月1日
高粘抗滑水性聚合物沥青防水涂料	T/CECS 10321–2023	2023年7月31日	2023年12月1日
端部注塑钢骨架聚乙烯复合管	T/CECS 10322–2023	2023年7月31日	2023年12月1日
泥浆干化稳定土	T/CECS 10323–2023	2023年7月31日	2023年12月1日
建筑浮筑楼板用无机纤维类保温隔声制品	T/CECS 10324–2023	2023年7月31日	2023年12月1日
防排烟及通风空调系统用静压箱	T/CECS 10325–2023	2023年7月31日	2023年12月1日
智慧社区大数据平台技术要求	T/CECS 10326–2023	2023年7月31日	2023年12月1日
预应力混凝土用超高强钢绞线	T/CECS 10327–2023	2023年8月8日	2024年1月1日
燃气燃烧器具工业互联网标识数据通用要求	T/CECS 10328–2023	2023年8月18日	2024年1月1日
家用燃气快速热水器舒适性评价	T/CECS 10329–2023	2023年8月18日	2024年1月1日
抗污易洁氟碳涂层金属板	T/CECS 10330–2023	2023年8月26日	2024年1月1日
无机镁质发泡金属板	T/CECS 10331–2023	2023年8月26日	2024年1月1日
钢筋混凝土用水性环氧涂层钢筋	T/CECS 10332–2023	2023年9月26日	2024年2月1日
外墙保温系统集中采购通用要求	T/CECS 10333–2023	2023年9月26日	2024年2月1日
建筑门窗集中采购通用要求	T/CECS 10334–2023	2023年9月26日	2024年2月1日
新风系统集中采购通用要求	T/CECS 10335–2023	2023年9月26日	2024年2月1日
地面防滑性能分级及试验方法	T/CECS 10336–2023	2023年9月26日	2024年2月1日
高强盘扣脚手架构件	T/CECS 10337–2023	2023年9月26日	2024年2月1日
生活垃圾制备固体燃料	T/CECS 10338–2023	2023年10月26日	2024年3月1日
建筑用耐候钢及构件	T/CECS 10339–2023	2023年10月26日	2024年3月1日

续表

标准名称	标准编号	发布日期	实施日期
超高性能减水剂	T/CECS 10340-2023	2023年10月26日	2024年3月1日
模块化光伏屋面构件	T/CECS 10341-2023	2023年10月26日	2024年3月1日
水性硅酸盐防结露涂料	T/CECS 10342-2023	2023年10月26日	2024年3月1日
不锈钢槽式预埋组件	T/CECS 10343-2023	2023年10月30日	2024年3月1日
绿色装配式边坡防护面层	T/CECS 10344-2023	2023年11月20日	2024年4月1日
装配式矩形塑料雨水口	T/CECS 10345-2023	2023年11月20日	2024年4月1日
供水用不锈钢阀门通用技术条件	T/CECS 10346-2023	2023年12月18日	2024年5月1日
防水防腐聚脲涂料	T/CECS 10347-2023	2023年12月18日	2024年5月1日
一体化净水设备	T/CECS 10348-2023	2023年12月18日	2024年5月1日
绿色校园用装饰装修材料抗菌、抗病毒性能要求	T/CECS 10349-2023	2023年12月18日	2024年5月1日
除臭收集用轻质高强度玻璃钢盖	T/CECS 10350-2023	2023年12月18日	2024年5月1日
无机矿物地坪涂料	T/CECS 10351-2023	2023年12月18日	2024年5月1日
建筑外墙装饰板自清洁性能技术要求	T/CECS 10352-2023	2023年12月26日	2024年5月1日
木框架幕墙应用技术规程	T/CECS 1227-2023	2023年1月6日	2023年6月1日
音乐厅建筑声学设计标准	T/CECS 1228-2023	2023年1月6日	2023年6月1日
花岗岩瓷砖应用技术规程	T/CECS 1229-2023	2023年1月6日	2023年6月1日
建筑陶瓷厚板应用技术规程	T/CECS 1230-2023	2023年1月6日	2023年6月1日
城市轨道交通结构和环境质量检测评定标准	T/CECS 1231-2023	2023年1月6日	2023年6月1日
景区玻璃桥检测评定标准	T/CECS 1232-2023	2023年1月6日	2023年6月1日
住宅厨余垃圾粉碎排放系统工程技术规程	T/CECS 1233-2023	2023年1月6日	2023年6月1日
建筑工程振震双控技术标准	T/CECS 1234-2023	2023年10月10日	2024年1月1日
街道设计标准	T/CECS 1235-2023	2023年1月12日	2023年6月1日
绿色低碳轨道交通评价标准	T/CECS 1236-2023	2023年1月12日	2023年6月1日
防沉降井盖应用技术规程	T/CECS 1237-2023	2023年1月12日	2023年6月1日
装配式多层混凝土空心墙板结构技术规程	T/CECS 1238-2023	2023年1月12日	2023年6月1日
混凝土抑温抗裂防水剂应用技术规程	T/CECS 1239-2023	2023年1月12日	2023年6月1日
弃土场工程技术规程	T/CECS 1240-2023	2023年1月12日	2023年6月1日
城市地下空间轻质材料回填技术规程	T/CECS 1241-2023	2023年1月12日	2023年6月1日
生活垃圾热解处理工程技术规程	T/CECS 1242-2023	2023年1月16日	2023年6月1日
民用建筑碳排放数据统计与分析标准	T/CECS 1243-2023	2023年1月16日	2023年6月1日
民用建筑数据采集标准	T/CECS 1244-2023	2023年1月16日	2023年6月1日
建设工程质量检验检测机构信用评价标准	T/CECS 1245-2023	2023年1月16日	2023年6月1日
弧面对压法检测混凝土抗压强度技术标准	T/CECS 1246-2023	2023年1月16日	2023年6月1日
硬质地面种植结构土应用技术规程	T/CECS 1247-2023	2023年1月16日	2023年6月1日

续表

标准名称	标准编号	发布日期	实施日期
海绵城市设施运行维护标准	T/CECS 1248-2023	2023年1月16日	2023年6月1日
城市轨道交通工程施工监理标准	T/CECS 1249-2023	2023年1月16日	2023年6月1日
多层房屋钢筋沥青基础隔震技术规程	T/CECS 1250-2023	2023年1月16日	2023年6月1日
西南村寨建筑室内物理环境评价标准	T/CECS 1251-2023	2023年1月16日	2023年6月1日
喷筑法检查井修复技术规程	T/CECS 1252-2023	2023年1月16日	2023年6月1日
物流仓储地坪工程技术规程	T/CECS 1253-2023	2023年1月16日	2023年6月1日
全固废海工高性能混凝土应用技术规程	T/CECS 1254-2023	2023年1月19日	2023年6月1日
有机覆盖物应用技术规程	T/CECS 1255-2023	2023年1月19日	2023年6月1日
低能耗集成装配式多层房屋技术规程	T/CECS 1256-2023	2023年1月19日	2023年6月1日
水务项目工程总承包管理标准	T/CECS 1257-2023	2023年1月19日	2023年6月1日
建筑逆向技术应用标准	T/CECS 1258-2023	2023年1月19日	2023年6月1日
囊式扩体锚杆技术规程	T/CECS 1259-2023	2023年1月19日	2023年6月1日
建筑信息模型施工成果交付标准	T/CECS 1260-2023	2023年2月6日	2023年7月1日
公共建筑空调通风系统应对新冠肺炎性能提升改造技术规程	T/CECS 1261-2023	2023年2月6日	2023年7月1日
拱桥缆索吊运系统应用技术规程	T/CECS 1262-2023	2023年2月6日	2023年7月1日
空气源热泵系统经济运行及能效提升技术规程	T/CECS 1263-2023	2023年2月6日	2023年7月1日
贴附通风设计标准	T/CECS 1264-2023	2023年2月6日	2023年7月1日
装配式内装修工程室内环境污染控制技术规程	T/CECS 1265-2023	2023年2月6日	2023年7月1日
建筑幕墙设计标准	T/CECS 1266-2023	2023年2月6日	2023年7月1日
建筑垃圾分类收集技术规程	T/CECS 1267-2023	2023年2月6日	2023年7月1日
城市既有社区韧性评价标准	T/CECS 1269-2023	2023年2月26日	2023年7月1日
乡村人居环境评价标准	T/CECS 1270-2023	2023年2月26日	2023年7月1日
挤排土变径桩技术规程	T/CECS 1271-2023	2023年3月6日	2023年8月1日
智能化碳纤雨水收集模块系统技术规程	T/CECS 1272-2023	2023年3月6日	2023年8月1日
冶炼渣骨料应用技术规程	T/CECS 1273-2023	2023年3月6日	2023年8月1日
装配式地面辐射供暖供冷系统技术规程	T/CECS 1274-2023	2023年3月6日	2023年8月1日
海域核电建筑工程通风空调设计气象参数标准	T/CECS 1275-2023	2023年3月6日	2023年8月1日
城市轨道交通地下车站通风空调制冷系统评价标准	T/CECS 1276-2023	2023年3月6日	2023年8月1日
内衬聚乙烯锚固板钢筋混凝土排水管道工程技术规程	T/CECS 1277-2023	2023年3月6日	2023年8月1日
海绵城市设施施工和验收标准	T/CECS 1278-2023	2023年3月10日	2023年8月1日
农村居家养老服务设施设计标	T/CECS 1279-2023	2023年3月10日	2023年8月1日

续表

标准名称	标准编号	发布日期	实施日期
机电工程装配式支吊架安装及验收规程	T/CECS 1280-2023	2023年3月10日	2023年8月1日
琉璃复合板幕墙工程技术规程	T/CECS 1281-2023	2023年3月10日	2023年8月1日
轴向冷挤压钢筋连接技术规程	T/CECS 1282-2023	2023年3月10日	2023年8月1日
建材实验室智慧检测技术规程	T/CECS 1283-2023	2023年3月10日	2023年8月1日
绿色智能居家养老系统设计标准	T/CECS 1284-2023	2023年3月10日	2023年8月1日
同层排水卫浴间地面绿色回填技术规程	T/CECS 1285-2023	2023年3月10日	2023年8月1日
健康养老建筑评价标准	T/CECS 1286-2023	2023年3月10日	2023年8月1日
地下连续墙技术规程	T/CECS 1287-2023	2023年3月10日	2023年8月1日
负压隔离病房空气处理系统技术规程	T/CECS 1288-2023	2023年3月10日	2023年8月1日
钢肋预应力混凝土叠合板技术规程	T/CECS 1289-2023	2023年3月10日	2023年8月1日
超高压喷射注浆（N-Jet 工法）技术规程	T/CECS 1290-2023	2023年3月16日	2023年8月1日
全液压旋挖扩底灌注桩（AM 工法桩）技术规程	T/CECS 1291-2023	2023年3月16日	2023年8月1日
村镇公共服务设施绿色建筑设计导则	T/CECS 1292-2023	2023年3月16日	2023年8月1日
再生混凝土配合比设计标准	T/CECS 1293-2023	2023年3月16日	2023年8月1日
智慧公交站台工程技术规程	T/CECS 1294-2023	2023年3月16日	2023年8月1日
不锈钢结构焊接技术规程	T/CECS 1295-2023	2023年3月16日	2023年8月1日
西北村镇污水收集处理及资源化利用技术导则	T/CECS 1297-2023	2023年3月26日	2023年8月1日
西北村镇分布式能源多能互补应用技术导则	T/CECS 1298-2023	2023年3月26日	2023年8月1日
西北村镇生物质能清洁利用技术导则	T/CECS 1299-2023	2023年3月26日	2023年8月1日
西北村镇分布式压缩空气储能及微网供能技术导则	T/CECS 1300-2023	2023年3月26日	2023年8月1日
建筑索结构工程施工质量验收标准	T/CECS 1301-2023	2023年3月26日	2023年8月1日
空腔密肋隔墙技术规程	T/CECS 1302-2023	2023年3月26日	2023年8月1日
混凝土制品用脱模剂应用技术规程	T/CECS 1303-2023	2023年3月26日	2023年8月1日
预制单元装配式混凝土框架结构技术规程	T/CECS 1304-2023	2023年3月26日	2023年8月1日
带暗框架的装配式混凝土剪力墙结构技术规程	T/CECS 1305-2023	2023年3月26日	2023年8月1日
建筑机器人 地坪施工标准	T/CECS 1306-2023	2023年3月31日	2023年8月1日
陶瓷饰面材料、石材背胶粘贴工程应用技术规程	T/CECS 1307-2023	2023年4月6日	2023年9月1日
民用建筑大数据术语标准	T/CECS 1308-2023	2023年4月6日	2023年9月1日
建设项目设计前期及规划咨询标准	T/CECS 1309-2023	2023年4月6日	2023年9月1日
装配式内装修工程管理标准	T/CECS 1310-2023	2023年4月6日	2023年9月1日
既有工业区环境诊断及评估标准	T/CECS 1311-2023	2023年4月6日	2023年9月1日
自锚式悬索桥技术规程	T/CECS 1312-2023	2023年4月6日	2023年9月1日

续表

标准名称	标准编号	发布日期	实施日期
无机基材涂装饰面一体板外墙外保温工程技术规程	T/CECS 1313-2023	2023年4月6日	2023年9月1日
建筑固废再生砂粉路基工程技术规程	T/CECS 1314-2023	2023年4月12日	2023年9月1日
住宅卫生防疫技术标准	T/CECS 1315-2023	2023年4月12日	2023年9月1日
能量桩桥面除冰融雪系统技术规程	T/CECS 1316-2023	2023年4月12日	2023年9月1日
综合医院感染性疾病门诊设计标准	T/CECS 1317-2023	2023年4月12日	2023年9月1日
锁止防脱波形缠绕聚乙烯排水管道工程技术规程	T/CECS 1318-2023	2023年4月12日	2023年9月1日
国际建设项目工程总承包管理标准	T/CECS 1319-2023	2023年4月12日	2023年9月1日
建筑垃圾处理专项规划导则	T/CECS 1320-2023	2023年4月12日	2023年9月1日
西南地区绿色村落评价标准	T/CECS 1321-2023	2023年4月12日	2023年9月1日
基坑工程地下水回灌技术规程	T/CECS 1322-2023	2023年4月12日	2023年9月1日
充气膜结构技术规程	T/CECS 1323-2023	2023年4月20日	2023年9月1日
城市综合管廊岩土工程勘察标准	T/CECS 1324-2023	2023年4月20日	2023年9月1日
高强钢筋网活性粉末混凝土薄层加固混凝土结构技术规程	T/CECS 1325-2023	2023年4月20日	2023年9月1日
全流动触探试验标准	T/CECS 1326-2023	2023年4月20日	2023年9月1日
预应力混凝土管桩垂直度测量技术规程	T/CECS 1327-2023	2023年4月20日	2023年9月1日
钢结构耐久性评定标准	T/CECS 1328-2023	2023年4月20日	2023年9月1日
装配式复合土钉墙支护结构技术规程	T/CECS 1329-2023	2023年4月20日	2023年9月1日
岭南禅宗寺院建筑设计标准	T/CECS 1330-2023	2023年4月20日	2023年9月1日
民用建筑数据库建设技术规程	T/CECS 1331-2023	2023年4月28日	2023年9月1日
环压连接不锈钢衬塑管道工程技术规程	T/CECS 1332-2023	2023年4月28日	2023年9月1日
排水检查井非开挖修复工程技术规程	T/CECS 1333-2023	2023年4月28日	2023年9月1日
建筑门窗安装工程技术规程	T/CECS 1334-2023	2023年4月28日	2023年9月1日
建筑围护结构整体热工缺陷无人机红外检测方法标准	T/CECS 1335-2023	2023年4月28日	2023年9月1日
装配式叠合混凝土结构技术规程	T/CECS 1336-2023	2023年4月28日	2023年9月1日
非饱和土试验方法标准	T/CECS 1337-2023	2023年5月18日	2023年10月1日
装配式钢结构公共厕所技术规程	T/CECS 1338-2023	2023年5月18日	2023年10月1日
大跨度钢结构监测技术规程	T/CECS 1339-2023	2023年5月18日	2023年10月1日
中式瓦屋面工程技术规程	T/CECS 1340-2023	2023年5月18日	2023年10月1日
建筑索结构工程施工标准	T/CECS 1341-2023	2023年5月18日	2023年10月1日
场地振动影响评估标准	T/CECS 1342-2023	2023年5月18日	2023年10月1日
粤港澳大湾区海绵城市建设工程技术规程	T/CECS 1343-2023	2023年5月18日	2023年10月1日
一体化智能截流井应用技术规程	T/CECS 1344-2023	2023年5月18日	2023年10月1日

续表

标准名称	标准编号	发布日期	实施日期
给水用高环刚钢骨架聚乙烯复合管道工程技术规程	T/CECS 1345-2023	2023年5月18日	2023年10月1日
直埋式城镇燃气调压箱应用技术规程	T/CECS 1346-2023	2023年5月18日	2023年10月1日
污水臭氧催化氧化深度处理技术规程	T/CECS 1347-2023	2023年5月31日	2023年10月1日
梁端板式连接矩形钢管柱结构设计标准	T/CECS 1348-2023	2023年5月31日	2023年10月1日
自维持钢结构临时厕所设计标准	T/CECS 1349-2023	2023年5月31日	2023年10月1日
工业企业能源管理系统技术规程	T/CECS 1350-2023	2023年5月31日	2023年10月1日
智慧医院无源光局域网工程技术规程	T/CECS 1351-2023	2023年6月16日	2023年11月1日
既有建筑地下增层技术规程	T/CECS 1352-2023	2023年6月16日	2023年11月1日
变角速高压旋喷防渗墙技术规程	T/CECS 1353-2023	2023年6月16日	2023年11月1日
装配式钢节点混合框架结构技术规程	T/CECS 1354-2023	2023年6月28日	2023年11月1日
全过程工程咨询企业信用评价标准	T/CECS 1355-2023	2023年6月28日	2023年11月1日
反应沉淀一体式环流生物反应器技术规程	T/CECS 1356-2023	2023年6月28日	2023年11月1日
民用建筑室内空气气味评价方法标准	T/CECS 1357-2023	2023年6月28日	2023年11月1日
民用建筑数据交换标准	T/CECS 1358-2023	2023年6月28日	2023年11月1日
市政排水工程建筑信息模型设计信息交换标准	T/CECS 1359-2023	2023年6月28日	2023年11月1日
建筑抗震支吊架安全监测系统技术规程	T/CECS 1360-2023	2023年6月28日	2023年11月1日
焚烧炉渣骨料应用技术规程	T/CECS 1361-2023	2023年6月28日	2023年11月1日
铁路工程全液压可视可控旋挖扩底灌注桩技术规程	T/CECS 1362-2023	2023年6月28日	2023年11月1日
预应力结构诊治技术规程	T/CECS 1363-2023	2023年6月28日	2023年11月1日
高速铁路无砟轨道大跨度斜拉桥技术规程	T/CECS 1364-2023	2023年7月10日	2023年12月1日
健康照明检测及评价标准	T/CECS 1365-2023	2023年7月10日	2023年12月1日
人民防空工程可靠性鉴定标准	T/CECS 1366-2023	2023年7月10日	2023年12月1日
预应力混凝土空心板应用技术规程	T/CECS 1367-2023	2023年7月10日	2023年12月1日
智慧工地评价标准	T/CECS 1368-2023	2023年7月16日	2023年12月1日
置换砂浆加固砌体结构技术规程	T/CECS 1369-2023	2023年7月16日	2023年12月1日
正交异性钢桥面板退火处理技术规程	T/CECS 1370-2023	2023年7月16日	2023年12月1日
一体化智慧能源站应用技术规程	T/CECS 1371-2023	2023年7月16日	2023年12月1日
透明土试验标准	T/CECS 1372-2023	2023年7月18日	2023年12月1日
蒸压加气混凝土复合外墙板应用技术规程	T/CECS 1373-2023	2023年7月18日	2023年12月1日
钢筋钢纤维混凝土管片技术规程	T/CECS 1374-2023	2023年7月18日	2023年12月1日
危险废物填埋场运行维护技术规程	T/CECS 1375-2023	2023年7月18日	2023年12月1日
医疗废物回转窑焚烧处理设施运行维护技术规程	T/CECS 1376-2023	2023年7月18日	2023年12月1日

续表

标准名称	标准编号	发布日期	实施日期
核电厂建（构）筑物结构安全自动监测系统技术规程	T/CECS 1377-2023	2023年7月18日	2023年12月1日
工业遗存建筑结构检测鉴定标准	T/CECS 1378-2023	2023年7月18日	2023年12月1日
型钢混凝土组合桥梁技术规程	T/CECS 1379-2023	2023年7月18日	2023年12月1日
城市轨道交通站点一体化开发评估标准	T/CECS 1380-2023	2023年7月18日	2023年12月1日
高强挤塑聚苯地暖板系统应用技术规程	T/CECS 1381-2023	2023年7月31日	2023年12月1日
城市综合管廊工程质量检测技术规程	T/CECS 1382-2023	2023年7月31日	2023年12月1日
地下工程施工泥浆技术标准	T/CECS 1384-2023	2023年7月31日	2023年12月1日
城市超浅埋暗挖大断面地下通道支护技术规程	T/CECS 1383-2023	2023年7月31日	2023年12月1日
预应力空心混凝土矩形支护桩技术规程	T/CECS 1385-2023	2023年7月31日	2023年12月1日
建设工程档案在线接收标准	T/CECS 1386-2023	2023年7月31日	2023年12月1日
建筑给水排水及供暖工程施工标准	T/CECS 1387-2023	2023年8月2日	2024年1月1日
西北村镇非常规水源制备生活饮用水技术导则	T/CECS 1388-2023	2023年8月2日	2024年1月1日
复合键槽连接装配式混凝土剪力墙结构技术规程	T/CECS 1389-2023	2023年8月2日	2024年1月1日
国际建设项目管理术语标准	T/CECS 1390-2023	2023年8月2日	2024年1月1日
国际建设项目企业社会责任标准	T/CECS 1391-2023	2023年8月2日	2024年1月1日
古建筑结构监测系统设计标准	T/CECS 1392-2023	2023年8月2日	2024年1月1日
住宅建筑噪声控制技术规程	T/CECS 1393-2023	2023年8月2日	2024年1月1日
市政桥梁工程建筑信息模型设计信息交换标准	T/CECS 1394-2023	2023年8月2日	2024年1月1日
建筑垃圾监测与污染控制技术规程	T/CECS 1395-2023	2023年8月8日	2024年1月1日
运动场地合成材料面层技术规程	T/CECS 1396-2023	2023年8月8日	2024年1月1日
晶硅光伏与压型钢板一体化技术规程	T/CECS 1397-2023	2023年8月8日	2024年1月1日
城市轨道交通工程混凝土结构耐久性技术规程	T/CECS 1398-2023	2023年8月8日	2024年1月1日
数据中心监控与管理标准	T/CECS 1399-2023	2023年8月8日	2024年1月1日
井干式木结构建筑技术规程	T/CECS 1400-2023	2023年8月8日	2024年1月1日
智慧消防系统技术规程	T/CECS 1401-2023	2023年8月18日	2024年1月1日
空调水系统用电磁感应双热熔钢塑复合压力管道工程技术规程	T/CECS 1402-2023	2023年8月18日	2024年1月1日
分散式生活污水处理工程技术规程	T/CECS 1403-2023	2023年8月18日	2024年1月1日
居住建筑适老化改造选材标准	T/CECS 1404-2023	2023年8月18日	2024年1月1日
仓库防火技术规程	T/CECS 1405-2023	2023年8月18日	2024年1月1日
风景园林工程纤维增强复合材料拉挤型材应用技术规程	T/CECS 1406-2023	2023年1月6日	2023年6月1日

续表

标准名称	标准编号	发布日期	实施日期
烟囱水塔类构筑物爆破拆除技术规程	T/CECS 1407-2023	2023年8月18日	2024年1月1日
低多层螺栓拼接装配式混凝土墙板建筑技术规程	T/CECS 1408-2023	2023年8月18日	2024年1月1日
城乡信息通信接入基础设施规划设计标准	T/CECS 1409-2023	2023年8月18日	2024年1月1日
给水管道叠层原位固化法修复工程技术规程	T/CECS 1410-2023	2023年8月18日	2024年1月1日
西北村镇地热能供暖利用技术导则	T/CECS 1412-2023	2023年9月20日	2024年2月1日
会展建筑照明设计标准	T/CECS 1413-2023	2023年9月20日	2024年2月1日
高强盘扣脚手架应用技术规程	T/CECS 1414-2023	2023年9月20日	2024年2月1日
装配式室内地面系统技术规程	T/CECS 1415-2023	2023年9月20日	2024年2月1日
工业设备基础可靠性鉴定标准	T/CECS 1416-2023	2023年9月20日	2024年2月1日
预埋件现场检测技术规程	T/CECS 1417-2023	2023年9月20日	2024年2月1日
锚固螺栓现场检测技术规程	T/CECS 1418-2023	2023年9月20日	2024年2月1日
钢筋套筒灌浆连接微压充浆施工标准	T/CECS 1419-2023	2023年9月20日	2024年2月1日
白色混凝土应用技术规程	T/CECS 1420-2023	2023年9月20日	2024年2月1日
建筑业企业卓越质量管理体系实施导则	T/CECS 1421-2023	2023年9月26日	2024年2月1日
增强高密度聚乙烯（HDPE-IW）六棱结构壁排水管道工程技术规程	T/CECS 1422-2023	2023年9月26日	2024年2月1日
既有建筑地下空间加固技术规程	T/CECS 1423-2023	2023年9月26日	2024年2月1日
健康照明设计标准	T/CECS 1424-2023	2023年9月26日	2024年2月1日
智慧能源区域应用规划与评价标准	T/CECS 1425-2023	2023年9月26日	2024年2月1日
综合能源计量与监控系统技术规程	T/CECS 1426-2023	2023年9月26日	2024年2月1日
暖通空调智能化系统评价标准	T/CECS 1427-2023	2023年9月26日	2024年2月1日
吹填土静动组合排水固结技术规程	T/CECS 1428-2023	2023年9月26日	2024年2月1日
导轨式胶轮电车系统技术规程	T/CECS 1429-2023	2023年10月20日	2024年1月1日
黄土高填方场地与地基技术规程	T/CECS 1430-2023	2023年10月20日	2024年3月1日
高精度石膏砌块组装墙体应用技术规程	T/CECS 1431-2023	2023年10月20日	2024年3月1日
成品住宅交付验收标准	T/CECS 1432-2023	2023年10月20日	2024年3月1日
挤扩支盘灌注桩检测标准	T/CECS 1433-2023	2023年10月20日	2024年3月1日
既有建筑外墙外保温工程安全风险评估标准	T/CECS 1434-2023	2023年10月20日	2024年3月1日
频谱激电法探测规程	T/CECS 1435-2023	2023年10月20日	2024年3月1日
既有建筑运维期结构安全评价标准	T/CECS 1436-2023	2023年10月20日	2024年3月1日
正交异性钢桥面焊接残余应力检测标准	T/CECS 1437-2023	2023年10月20日	2024年3月1日
防水混凝土应用技术规程	T/CECS 1438-2023	2023年10月20日	2024年3月1日
聚羧酸系高性能减水剂应用技术规程	T/CECS 1439-2023	2023年10月20日	2024年3月1日
模数化分层装配消能支撑钢结构技术规程	T/CECS 1440-2023	2023年10月20日	2024年3月1日

续表

标准名称	标准编号	发布日期	实施日期
既有工业区改造环境提升技术导则	T/CECS 1441-2023	2023年10月20日	2024年3月1日
建筑碳中和评定标准	T/CECS 1442-2023	2023年10月20日	2024年3月1日
预制混凝土桩齿牙式机械连接技术规程	T/CECS 1443-2023	2023年10月20日	2024年3月1日
外套钢管增大截面加固用灌注材料技术规程	T/CECS 1444-2023	2023年10月20日	2024年3月1日
热泵系统参与电网调峰技术规程	T/CECS 1445-2023	2023年10月20日	2024年3月1日
多联机空调（热泵）系统运行能效与节能量现场检测标准	T/CECS 1446-2023	2023年10月20日	2024年3月1日
工程项目建筑信息模型应用成熟度评价标准	T/CECS 1447-2023	2023年10月26日	2024年3月1日
水性硅酸盐防结露涂料应用技术规程	T/CECS 1448-2023	2023年10月26日	2024年3月1日
超市冷链制冷系统能耗测量评价方法标准	T/CECS 1449-2023	2023年10月26日	2024年3月1日
建设项目全过程造价咨询管理标准	T/CECS 1450-2023	2023年10月26日	2024年3月1日
国际建设项目风险管理标准	T/CECS 1451-2023	2023年10月26日	2024年3月1日
变电站智能设备防雷技术导则	T/CECS 1452-2023	2023年10月26日	2024年3月1日
绿色城市隧道评价标准	T/CECS 1453-2023	2023年10月26日	2024年3月1日
人工湿地运行与维护标准	T/CECS 1454-2023	2023年10月30日	2024年3月1日
冷库吸气式感烟火灾报警系统技术规程	T/CECS 1455-2023	2023年10月30日	2024年3月1日
冷库地面工程技术规程	T/CECS 1456-2023	2023年10月30日	2024年3月1日
机场航站楼环境控制系统信息模型标准	T/CECS 1457-2023	2023年10月30日	2024年3月1日
黄土填方场地岩土工程监测技术规程	T/CECS 1458-2023	2023年10月30日	2024年3月1日
防腐型硅橡胶涂料应用技术规程	T/CECS 1459-2023	2023年10月30日	2024年3月1日
零碳建筑及社区技术规程	T/CECS 1460-2023	2023年11月20日	2024年4月1日
工业建筑太阳能光伏系统评价标准	T/CECS 1461-2023	2023年11月20日	2024年4月1日
渗沥液浓缩液处理技术规程	T/CECS 1462-2023	2023年11月20日	2024年4月1日
立体生态建筑技术规程	T/CECS 1463-2023	2023年11月20日	2024年4月1日
管线墙体集成系统应用技术规程	T/CECS 1464-2023	2023年11月20日	2024年4月1日
地下工程抗震支吊架技术规程	T/CECS 1465-2023	2023年11月20日	2024年4月1日
节水建筑评价标准	T/CECS 1466-2023	2023年11月20日	2024年4月1日
人工环境实验室建设技术规程	T/CECS 1467-2023	2023年11月20日	2024年4月1日
预制吊顶辐射板加独立新风空调系统技术规程	T/CECS 1468-2023	2023年11月20日	2024年4月1日
矿区专用铁路路基煤矸石填筑施工标准	T/CECS 1469-2023	2023年11月20日	2024年4月1日
塌陷区既有铁路桥涵维护与加固施工标准	T/CECS 1470-2023	2023年11月20日	2024年4月1日
城镇排水管道注浆法修复工程技术规程	T/CECS 1471-2023	2023年12月6日	2024年5月1日
城镇排水管道碎裂管法修复工程技术规程	T/CECS 1472-2023	2023年12月6日	2024年5月1日
蒸气压缩冷热源设备及系统维护更新技术标准	T/CECS 1473-2023	2023年12月6日	2024年5月1日

续表

标准名称	标准编号	发布日期	实施日期
绿色航站楼建筑评价标准	T/CECS 1474-2023	2023年12月6日	2024年5月1日
建筑门窗结构设计标准	T/CECS 1475-2023	2023年12月6日	2024年5月1日
智能建造实训中心设置标准	T/CECS 1476-2023	2023年12月6日	2024年5月1日
高盐高湿环境钢结构防腐蚀涂料应用技术规程	T/CECS 1477-2023	2023年12月6日	2024年5月1日
工程余泥渣土绿色处置及利用技术规程	T/CECS 1478-2023	2023年12月6日	2024年5月1日
工程余泥渣土受纳场技术规程	T/CECS 1479-2023	2023年12月6日	2024年5月1日
工程余泥渣土制备固化土应用技术规程	T/CECS 1480-2023	2023年12月6日	2024年5月1日
一体化净水设备应用技术规程	T/CECS 1481-2023	2023年12月6日	2024年5月1日
精密钢型材玻璃幕墙工程技术规程	T/CECS 1482-2023	2023年12月6日	2024年5月1日
钢结构焊接对接接头超声衍射时差法（TOFD）检测技术规程	T/CECS 1483-2023	2023年12月8日	2024年5月1日
深基坑安全监测信息管理系统技术规程	T/CECS 1484-2023	2023年12月8日	2024年5月1日
清水混凝土修补与防护技术规程	T/CECS 1485-2023	2023年12月8日	2024年5月1日
清水混凝土技术规程	T/CECS 1486-2023	2023年12月8日	2024年5月1日
装配式高层钢-混凝土混合结构技术规程	T/CECS 1487-2023	2023年12月8日	2024年5月1日
绿色市政基础设施评价标准	T/CECS 1488-2023	2023年12月8日	2024年5月1日
建设工程施工总承包信息化管理标准	T/CECS 1489-2023	2023年12月8日	2024年5月1日
智慧城市道路设计标准	T/CECS 1490-2023	2023年12月8日	2024年5月1日
中央厨房设计标准	T/CECS 1491-2023	2023年12月8日	2024年5月1日
高等级生物安全实验室控制系统技术规程	T/CECS 1492-2023	2023年12月8日	2024年5月1日
市政桥梁挂篮施工安全风险管理标准	T/CECS 1493-2023	2023年12月8日	2024年5月1日
海绵城市建设浅层土渗透性测试标准	T/CECS 1494-2023	2023年12月18日	2024年5月1日
生鲜及冷冻食品加工车间排水工程技术规程	T/CECS 1495-2023	2023年12月18日	2024年5月1日
可回收垃圾收集与利用技术规程	T/CECS 1496-2023	2023年12月18日	2024年5月1日
建设工程档案验收标准	T/CECS 1497-2023	2023年12月18日	2024年5月1日
房屋安全鉴定管理标准	T/CECS 1498-2023	2023年12月18日	2024年5月1日
铁路混凝土疲劳性能试验规程	T/CECS 1499-2023	2023年12月18日	2024年5月1日
企业建筑信息模型实施能力成熟度评价标准	T/CECS 1501-2023	2023年12月18日	2024年5月1日
超高性能混凝土集成模块建筑技术标准	T/CECS 1502-2023	2023年12月18日	2024年5月1日
民用建筑钢结构检测技术规程	T/CECS 1503-2023	2023年12月18日	2024年5月1日
光伏板索支承结构技术规程	T/CECS 1504-2023	2023年12月18日	2024年5月1日
城市信息模型基础平台测试标准	T/CECS 1505-2023	2023年12月20日	2024年5月1日
城市市政基础设施高质量发展规划导则	T/CECS 1506-2023	2023年12月20日	2024年5月1日
室外排水管道检测与评估技术规程	T/CECS 1507-2023	2023年12月20日	2024年5月1日

续表

标准名称	标准编号	发布日期	实施日期
弹性地板及墙板一体化技术规程	T/CECS 1508-2023	2023年12月20日	2024年5月1日
蒸压砂加气混凝土低内应力保温复合墙板应用技术规程	T/CECS 1509-2023	2023年12月20日	2024年5月1日
建筑工程施工控制技术标准	T/CECS 1510-2023	2023年12月20日	2024年5月1日
民用建筑生活排水系统噪声现场测试标准	T/CECS 1511-2023	2023年12月20日	2024年5月1日
建筑发泡陶瓷复合条板隔墙技术规程	T/CECS 1512-2023	2023年12月26日	2024年5月1日
公共厨房通风系统技术规程	T/CECS 1513-2023	2023年12月26日	2024年5月1日
民用建筑工程场地土壤氡检测方法标准	T/CECS 1514-2023	2023年12月26日	2024年5月1日
冷梁空调系统工程技术规程	T/CECS 1515-2023	2023年12月26日	2024年5月1日
分布式空气源热泵供热系统技术规程	T/CECS 1516-2023	2023年12月26日	2024年5月1日
装配式压制玻璃钢排水检查井应用技术规程	T/CECS 1517-2023	2023年12月26日	2024年5月1日
埋地高密度聚乙烯（HDPE）双平壁钢丝增强排水管道应用技术规程	T/CECS 1518-2023	2023年12月26日	2024年5月1日
塔式组合支撑架技术规程	T/CECS 1519-2023	2023年12月26日	2024年5月1日
建设项目全过程工程咨询BIM应用管理标准	T/CECS 1520-2023	2023年12月26日	2024年5月1日
异形钢管混凝土柱结构技术规程	T/CECS 1521-2023	2023年12月26日	2024年5月1日
气水冲洗滤池整体浇筑滤板及可调式滤头应用技术规程	T/CECS 178-2023	2023年7月18日	2023年12月1日
健康住宅建设技术规程	T/CECS 179-2023	2023年12月26日	2024年5月1日
水处理气浮技术指南	T/CECS 20012-2023	2023年3月31日	2023年8月1日
既有城市工业区功能提升与改造后评估技术指南	T/CECS 20013-2023	2023年11月20日	2024年4月1日
建（构）筑物托换技术规程	T/CECS 295-2023	2023年7月18日	2023年12月1日
胶圈电熔双密封聚乙烯复合供水管道工程技术规程	T/CECS 395-2023	2023年3月10日	2023年8月1日
轻质发泡陶瓷板应用技术规程	T/CECS 480-2023	2023年8月8日	2024年1月1日
绿色建筑工程竣工验收标准	T/CECS 494-2023	2023年6月16日	2023年11月1日
防水工程系统构造-DWTC防水系统	T/CECS 50003J-23	2023年5月30日	2023年9月1日
埋地排水用聚乙烯共混聚氯乙烯双壁波纹管道工程技术规程	T/CECS 635-2023	2023年11月20日	2024年4月1日
公路建设项目工程总承包变更管理标准	T/CECS G：C60-01-2023	2023年10月26日	2024年3月1日
公路建设项目全过程环境保护咨询服务标准	T/CECS G：C30-01-2023	2023年1月12日	2023年6月1日
公路隧道地质灾害防治技术规程	T/CECS G：C50-01-2023	2023年7月10日	2023年12月1日
公路隧道施工安全隐患排查技术规程	T/CECS G：C52-01-2023	2023年3月6日	2023年8月1日

续表

标准名称	标准编号	发布日期	实施日期
自行车专用路技术规程	T/CECS G：D10-01-2023	2023年3月16日	2023年8月1日
公路煤矸石路基技术规程	T/CECS G：D22-03-2023	2023年12月22日	2024年5月1日
公路路基土工格室应用技术规程	T/CECS G：D23-01-2023	2023年3月16日	2023年8月1日
公路寿命逐层递增式耐久性沥青路面设计标准	T/CECS G：D50-01-2023	2023年1月6日	2023年6月1日
多级迭代骨架密实沥青混合料设计规程	T/CECS G：D54-07-2023	2023年3月16日	2023年8月1日
高速公路高掺量胶粉沥青长寿命路面设计与施工技术规程	T/CECS G：D54-08-2023	2023年8月18日	2024年1月1日
道路高黏弹应力吸收层技术规程	T/CECS G：D56-03-2023	2023年5月31日	2023年10月1日
骨架密实型应力吸收层技术规程	T/CECS G：D56-04-2023	2023年8月18日	2024年1月1日
公路超高性能混凝土（UHPC）桥梁技术规程	T/CECS G：D60-02-2023	2023年1月12日	2023年6月1日
悬索桥猫道设计与施工技术规程	T/CECS G：D64-02-2023	2023年8月18日	2024年1月1日
公路防腐耐磨螺纹钢管涵洞技术规程	T/CECS G：D66-03-2023	2023年3月16日	2023年8月1日
公路隧道防排水技术规程	T/CECS G：D72-01-2023	2023年5月31日	2023年10月1日
高速公路隧道消防供水技术规程	T/CECS G：D73-50-2023	2023年12月8日	2024年5月1日
公路隧道内装漫反射材料应用技术规程	T/CECS G：D76-01-2023	2023年3月16日	2023年8月1日
公路智能网联突起路标技术标准	T/CECS G：D83-03-2023	2023年3月16日	2023年8月1日
公路玻纤增强环氧基、乙烯基树脂复合材料隔离栅应用技术规程	T/CECS G：D83-04-2023	2023年8月8日	2024年1月1日
建筑排水系统水封保护技术规程	T/CECS 172-2023	2023年8月18日	2024年1月1日
公路工程多功能蓄能发光材料应用技术规程	T/CECS G：D83-06-2023	2023年12月8日	2024年5月1日
公路桥梁伸缩缝处护栏设置技术规程	T/CECS G：D83-07-2023	2023年12月8日	2024年5月1日
公路玻璃纤维筋混凝土护栏与铺装结构应用技术规程	T/CECS G：D83-08-2023	2023年12月22日	2024年5月1日
公路施工作业区安全性评价规程	T/CECS G：E10-01-2023	2023年12月22日	2024年5月1日
公路交通防护设施安全性能仿真评价标准	T/CECS G：E35-02-2023	2023年12月22日	2024年5月1日

续表

标准名称	标准编号	发布日期	实施日期
公路限速实施效果评价标准	T/CECS G：E35-03-2023	2023年12月22日	2024年5月1日
公路移动实验室安全技术规程	T/CECS G：E36-01-2023	2023年8月18日	2024年1月1日
公路建设项目环境影响评价制图标准	T/CECS G：E50-01-2023	2023年4月18日	2023年9月1日
公路工程环（水）保验收无人机遥感调查技术规程	T/CECS G：E51-01-2023	2023年12月22日	2024年5月1日
公路桥梁抗洪能力检测评定标准	T/CECS G：F50-01-2023	2023年7月10日	2023年12月1日
公路桥梁伸缩装置现场验收与安装施工技术规程	T/CECS G：F58-01-2023	2023年3月16日	2023年8月1日
公路工程信息模型费用评估标准	T/CECS G：G60-01-2023	2023年5月31日	2023年10月1日
公路勘测产品质量检验评定标准	T/CECS G：H15-01-2023	2023年3月16日	2023年8月1日
公路深路堑高路堤及特殊路基监测技术规程	T/CECS G：J22-01-2023	2023年3月6日	2023年8月1日
公路路面结构层厚度三维探地雷达快速检测规程	T/CECS G：J41-01-2023	2023年3月16日	2023年8月1日
桥梁后张预应力孔道压浆技术规程	T/CECS G：J51-02-2023	2023年1月12日	2023年6月1日
桥梁拉索磁致伸缩导波检测标准	T/CECS G：J55-01-2023	2023年7月10日	2023年12月1日
公路隧道衬砌结构地质雷达检测技术规程	T/CECS G：J61-02-2023	2023年12月22日	2024年5月1日
路面轮式加速加载磨光试验规程	T/CECS G：J81-01-2023	2023年3月16日	2023年8月1日
公路免振免养水泥稳定碎石基层施工技术规程	T/CECS G：K23-03-2023	2023年5月31日	2023年10月1日
公路钢渣沥青面层施工技术标准	T/CECS G：K44-03-2023	2023年3月16日	2023年8月1日
道路彩色薄层防滑路面施工技术规程	T/CECS G：K44-04-2023	2023年3月16日	2023年8月1日
公路施工承插型盘扣式钢管支架安全技术规程	T/CECS G：K50-20-2023	2023年5月31日	2023年10月1日
公路旋挖钻孔灌注桩施工标准	T/CECS G：K51-10-2023	2023年3月16日	2023年8月1日
公路直流供电施工规程	T/CECS G：K73-01-2023	2023年7月18日	2023年12月1日
山区交通公路智慧梁厂建设技术规程	T/CECS G：K80-02-2023	2023年4月18日	2023年9月1日

续表

标准名称	标准编号	发布日期	实施日期
公路绿化工程施工及验收技术规程	T/CECS G：K90-01-2023	2023年12月22日	2024年5月1日
公路路面半刚性基层泡沫沥青就地冷再生应用技术规程	T/CECS G：M32-01-2023	2023年10月26日	2024年3月1日
薄层排水沥青混凝土磨耗层技术规程	T/CECS G：M52-03-2023	2023年12月8日	2024年5月1日
公路开普复合封层技术规程	T/CECS G：M53-05-2023	2023年10月26日	2024年3月1日
公路排水沥青路面养护技术规程	T/CECS G：M55-01-2023	2023年8月18日	2024年1月1日
公路预应力混凝土箱梁桥养护技术规程	T/CECS G：M61-02-2023	2023年10月26日	2024年3月1日
公路隧道病害调查技术规程	T/CECS G：M72-01-2023	2023年12月22日	2024年5月1日
公路桥梁体外预应力加固技术规程	T/CECS G：P50-01-2023	2023年12月8日	2024年5月1日
高速公路智慧视频监测系统设计标准	T/CECS G：Q30-01-2023	2023年3月16日	2023年8月1日
公路桥梁结构监测数据管理和应用技术规程	T/CECS G：Q32-01-2023	2023年5月31日	2023年10月1日
高速公路基础设施数字化数据标准	T/CECS G：Q70-01-2023	2023年8月18日	2024年1月1日
寒区公路隧道设计标准	T/CECS G：T34-2023	2023年7月18日	2023年12月1日
公路养护碎石封层技术规程	T/CECSG：M54-01-2023	2023年3月6日	2023年8月1日

2023年土木工程建设企业科技创新能力排序各指数评分情况　　　　附表4-5

名次	企业	指数评分			综合评价得分
		专利指数	荣誉指数	软著指数	
1	中国建筑第八工程局有限公司	96.09	100	100	98.24
2	中国建筑第三工程局有限公司	33.38	83.97	60.55	56.52
3	中国建筑第二工程局有限公司	56.47	43.71	41.8	49.07
4	中国建筑第五工程局有限公司	41.62	17.19	63.28	37.4
5	上海建工控股集团有限公司	34.78	37.81	33.59	35.6
6	中国建筑一局（集团）有限公司	37.05	37.58	23.83	34.59
7	中交一公局集团有限公司	45.11	14.16	33.59	31.97
8	北京建工集团有限责任公司	26.93	29.77	14.06	25.35
9	中铁四局集团有限公司	26.95	28.43	13.67	24.81

续表

名次	企业	指数评分			综合评价得分
		专利指数	荣誉指数	软著指数	
10	山西建设投资集团有限公司	29.31	17.49	16.8	22.67
11	中国建筑第七工程局有限公司	26.91	19.53	16.02	22.15
12	中铁隧道局集团有限公司	16.89	30.36	13.67	20.96
13	中铁十二局集团有限公司	17.05	27.17	10.16	19.21
14	中铁建工集团有限公司	24.11	19.13	5.86	18.72
15	中交路桥建设有限公司	28.23	9.37	9.77	17.94
16	北京城建集团有限责任公司	18.97	20.21	4.69	16.55
17	陕西建工控股集团有限公司	11.45	28.75	3.52	15.92
18	中交第一航务工程局有限公司	23.32	6.13	12.89	15.22
19	中铁十一局集团有限公司	16.96	14.11	12.11	14.99
20	中建安装集团有限公司	15.59	12.43	12.89	13.94
21	中交第二公路工程局有限公司	14.39	5.71	26.56	13.79
22	中国水利水电第七工程局有限公司	10.6	12.2	23.44	13.73
23	中国二十冶集团有限公司	20.35	10.93	3.13	13.61
24	中铁大桥局集团有限公司	12.44	18.1	8.2	13.57
25	中铁一局集团有限公司	10.34	21.36	5.47	13.22
26	中铁三局集团有限公司	14	17.31	4.3	13.21
27	中铁十八局集团有限公司	8.41	18.43	13.67	12.97
28	中国十七冶集团有限公司	23.02	5.06	1.56	12.44
29	中国一冶集团有限公司	21.9	5.45	0.78	11.92
30	武汉城市建设集团有限公司	23.61	2.55	1.17	11.75
31	中国建筑第四工程局有限公司	15.33	11.66	3.13	11.6
32	上海宝冶集团有限公司	11.28	15.02	4.69	11.27
33	中铁建设集团有限公司	11.2	15.03	4.69	11.24
34	中铁十六局集团有限公司	8.71	15.37	7.03	10.7
35	中交疏浚（集团）股份有限公司	10.47	10.36	9.77	10.29
36	中铁十四局集团有限公司	8.51	15.46	4.3	10.1
37	中铁五局集团有限公司	10.53	11.65	1.95	9.21
38	中铁十九局集团有限公司	12.17	10.38	0.39	9.19
39	中铁二十局集团有限公司	6.54	14.15	5.08	8.91
40	上海城建（集团）有限公司	7.45	6.9	14.84	8.74
41	中国五冶集团有限公司	12.48	5.55	5.86	8.73
42	中国建筑第六工程局有限公司	10.53	7.24	5.47	8.36

续表

名次	企业	指数评分			综合评价得分
		专利指数	荣誉指数	软著指数	
43	中国水利水电第五工程局有限公司	5.1	6.76	17.19	8.1
44	中天建设集团有限公司	2.01	17.75	4.69	8.06
45	中铁七局集团有限公司	6.87	8.05	10.55	8.02
46	中交第三航务工程局有限公司	10.86	5.25	5.86	7.89
47	中铁电气化局集团有限公司	7.36	7.52	8.2	7.58
48	安徽建工集团控股有限公司	8.88	5.34	8.2	7.51
49	中交第二航务工程局有限公司	4.27	14.62	1.56	7.35
50	中国水利水电第十四工程局有限公司	4.82	8.1	11.72	7.35
51	中国铁建大桥工程局集团有限公司	3.65	13.52	4.69	7.31
52	湖南建工集团有限公司	4.01	9.99	8.98	7.1
53	中铁上海工程局集团有限公司	7.2	8.84	2.73	6.88
54	广西建工集团有限责任公司	2.88	11.83	7.03	6.84
55	中国二十二冶集团有限公司	7.6	5.3	7.03	6.68
56	中电建路桥集团有限公司	7.14	2.51	12.5	6.59
57	广州市建筑集团有限公司	3.7	4.88	15.23	6.42
58	中铁城建集团有限公司	10.46	4.32	0.78	6.38
59	中冶天工集团有限公司	5.12	8.46	4.69	6.2
60	中国公路工程咨询集团有限公司	9.02	0.11	10.16	6.13
61	中铁二局集团有限公司	7.06	7.92	0.78	6.1
62	浙江交工集团股份有限公司	5.75	0.6	16.02	6
63	中铁十五局集团有限公司	6.25	5.06	7.03	5.99
64	山东省路桥集团有限公司	8.34	1.01	8.98	5.9
65	中亿丰建设集团股份有限公司	3.37	11.3	1.95	5.86
66	中交第四航务工程局有限公司	8.13	5.99	0.39	5.83
67	中铁十七局集团有限公司	2.64	12.51	0.39	5.64
68	中铁六局集团有限公司	5.44	8.67	0.78	5.64
69	广东省建筑工程集团控股有限公司	6.87	6.7	0.39	5.51
70	中国核工业建设股份有限公司	4.06	9.17	2.34	5.5
71	中铁十局集团有限公司	3.74	9.33	1.95	5.34
72	南通四建集团有限公司	1.81	12.85	0	5.31
73	中国十九冶集团有限公司	9.38	2.59	0.78	5.28
74	中国水利水电第九工程局有限公司	7.02	1.46	7.42	5.16
75	中国水利水电第十一工程局有限公司	7.22	4.34	1.56	5.08
76	江苏南通二建集团有限公司	0.47	13.78	0	5.03

续表

名次	企业	指数评分			综合评价得分
		专利指数	荣誉指数	软著指数	
77	中铁二十二局集团有限公司	6.36	5.4	1.17	4.99
78	江苏省苏中建设集团股份有限公司	0.4	13.32	0	4.84
79	中国水利水电第三工程局有限公司	6.07	4.51	2.34	4.78
80	江苏省建筑工程集团有限公司	2.06	8.69	3.13	4.59
81	四川公路桥梁建设集团有限公司	6.83	1.87	4.3	4.59
82	中铁八局集团有限公司	6.26	4.83	0.39	4.58
83	青建集团股份公司	1.91	8.71	3.13	4.53
84	中铁二十四局集团有限公司	4.73	5.97	1.56	4.53
85	中铁二十一局集团有限公司	1.76	10.36	0.39	4.49
86	中冶建工集团有限公司	7.09	1.94	2.34	4.34
87	中国水利水电第八工程局有限公司	3.33	7.16	1.56	4.32
88	江苏扬建集团有限公司	0.77	11.16	0	4.25
89	天元建设集团有限公司	5.97	3.8	1.17	4.25
90	中铁二十三局集团有限公司	3.88	6.48	1.17	4.25
91	云南省建设投资控股集团有限公司	3.25	6.63	1.95	4.17
92	中国华冶科工集团有限公司	8.38	0.56	0	3.97
93	中铁北京工程局集团有限公司	3.51	4.79	2.73	3.8
94	江苏省华建建设股份有限公司	0.68	9.52	0.78	3.79
95	中建科技集团有限公司	5.6	0.93	4.69	3.78
96	中国水利水电第四工程局有限公司	5	3.45	1.56	3.77
97	黑龙江省建设投资集团有限公司	1.28	7.29	3.13	3.75
98	江苏江都建设集团有限公司	0	10.18	0	3.56
99	广西路桥工程集团有限公司	3.94	1.05	7.03	3.55
100	中国电建市政建设集团有限公司	2.72	4.38	3.91	3.54

图书在版编目（CIP）数据

中国土木工程建设发展报告.2023 / 中国土木工程学会组织编写.-- 北京：中国建筑工业出版社，2024.12.-- ISBN 978-7-112-30759-3

Ⅰ.TU

中国国家版本馆 CIP 数据核字第 2025QU0380 号

责任编辑：王砾瑶
责任校对：李美娜

中国土木工程建设发展报告 2023
中国土木工程学会　组织编写
*
中国建筑工业出版社出版、发行（北京海淀三里河路 9 号）
各地新华书店、建筑书店经销
北京海视强森图文设计有限公司制版
北京盛通印刷股份有限公司印刷
*
开本：787 毫米 × 1092 毫米　1/16　印张：23¾　插页：12　字数：424 千字
2024 年 12 月第一版　2024 年 12 月第一次印刷
定价：198.00 元
ISBN 978-7-112-30759-3
　　　　（44501）

版权所有　翻印必究
如有内容及印装质量问题，请与本社读者服务中心联系
电话：（010）58337283　QQ：2885381756
（地址：北京海淀三里河路 9 号中国建筑工业出版社 604 室　邮政编码：100037）